DIANQI SHEBEI
YUFANGXING SHIYAN JISHU WENDA

电气设备预防性试验技术

问答

张 磊 主 编

秦 旷 姚力夫 郭海云 副主编

中国电力出版社
CHINA ELECTRIC POWER PRESS

内 容 提 要

本书共分十二章，主要内容包括电气设备绝缘和试验基础知识，电力变压器试验，断路器试验，电力电缆试验，电力电容器试验，电力互感器试验，避雷器试验，接地装置试验，套管、绝缘子试验，GIS常规电气试验、油中溶解气体分析和红外热成像检测试验等。

本书可供电气试验专业人员作为工具书使用，也可供检修运行相关专业的技术人员参考使用。

图书在版编目（CIP）数据

电气设备预防性试验技术问答/张磊主编. —北京：中国电力出版社，2017.7（2024.10重印）
ISBN 978-7-5198-0850-1

Ⅰ. ①电… Ⅱ. ①张… Ⅲ. ①电气设备—试验—问题解答 Ⅳ. ①TM64-33

中国版本图书馆 CIP 数据核字（2017）第 143609 号

出版发行：中国电力出版社
地　　址：北京市东城区北京站西街 19 号（邮政编码 100005）
网　　址：http://www.cepp.sgcc.com.cn
责任编辑：莫冰莹（010-63412526）　盛兆亮
责任校对：李　楠
装帧设计：王英磊　赵姗姗
责任印制：杨晓东

印　　刷：北京天宇星印刷厂
版　　次：2017 年 7 月第一版
印　　次：2024 年 10 月北京第六次印刷
开　　本：787 毫米×1092 毫米　16 开本
印　　张：17.5
字　　数：428 千字
印　　数：6001—6500 册
定　　价：69.00 元

前　言

随着社会经济的进步，我国电力生产发展迅速。针对目前电力生产中新设备、新技术应用较快，一线工作人员更新较快，同时电气绝缘基础理论较难理解等实际的问题，国网河南省电力公司技能培训中心组织编写了本书。希望读者从书中学到经验与技巧，学到指导实际工作的方式方法，学到针对现场出现问题的理论分析，达到举一反三的效果，为今后的工作起到指引作用。本书在编写过程中以 DL/T 596—1996《电力设备预防性试验规程》、GB 50150—2016《电气装置安装工程　电气设备交接试验标准》、DL/T 393—2013《输变电设备状态检修试验规程》等为依据，密切结合生产实践，尽量做到严谨准确，能为一线工作人员提供帮助。

本书以实例形式讲解复杂的理论知识、技术要求、工艺标准，有针对性、深入浅出。同时，本书在编写过程中邀请一线工作的技术专家参与，尽量介绍现场使用、有效果的新技术，如红外热成像检测诊断技术、油中气体色谱分析技术等。按照实用够用的原则，满足一线技术人员的使用需求。

本书共分十二章，主要内容包括电气设备绝缘和试验基础知识，以及电力变压器、高压断路器、电力电缆、电力电容器、电力互感器、避雷器、接地装置、绝缘子、套管试验等。本书可供电气试验专业人员作为工具书使用，也可供检修运行相关专业的技术人员参考使用。

本书由国网河南省电力公司技能培训中心组织编写，国网河南省电力公司技能培训中心张磊任主编，国网郑州供电公司秦旷、姚力夫、国网河南省电力公司技能培训中心郭海云任副主编。第一、二、四、十二章由张磊编写，第三章由国网河南省电力公司技能培训中心赵秀娜编写，第五章由国网河南省电力公司技能培训中心岳婷编写，第六章由国网河南省电力公司技能培训中心徐幻南编写，第七章由国网河南省电力公司检修公司赵胜男编写，第八章由国网河南省电力公司技能培训中心罗东君编写，第九章由国网河南省电力公司技能培训中心王海霞编写，第十章由国网河南省电力公司检修公司王敏编写，第十一章由国网河南省电力公司技能培训中心马晓娟编写。另外，国网郑州供电公司姜伟、国网厦门供电公司熊军、国网河南省电力公司电力科学研究院郑含博、王栋、蒲兵舰、邵颖彪、王伟、国网新乡供电公司王新宇、国网河南省电力公司技能培训中心陈邓伟、符贵、彭理燕、孟昊、国网河南省电力公司检修公司鲁永、牛田野等参与了本书的编辑整理和视频拍摄。本书第一、二、六、八、九章由陈邓伟审稿，第三、四、五、七、十、十一、十二章由符贵审稿。本书由张磊负责统稿和定稿。

限于编写人员水平，书中难免有疏漏或不当之处，恳请广大读者批评指正。

编　者

2017 年 2 月

目　录

第一章　电气设备绝缘和试验基础知识

第一节　电介质基础知识

1-1　高电压技术研究的内容有哪几个方面？

答： 高电压技术研究的内容相当广泛，主要有下列四个方面：

（1）绝缘问题的研究。绝缘的作用就是只让电荷沿导线方向移动，而不让它往其他任何方向移动，这是高电压技术中最关键的问题，涉及绝缘的问题有：各种绝缘的特性；各种绝缘在高电压下的放电原理和耐电强度；各种绝缘的结构、生产和老化规律；各种绝缘和大自然的关系，如气候环境；怎样才能延长各种绝缘的寿命等。

（2）过电压问题的研究。电力设备除了承受交流或直流工作电压的作用外，还会遇到雷电过电压和内部过电压的作用，过电压对电力设备的绝缘会带来严重的危害。因此就需要研究过电压的发生和变化规律，以及防止过电压引起事故的技术措施。

（3）高电压试验与测量技术的研究。为了研究绝缘和过电压问题，就必须进行各种高电压试验，因而就必须研究试验的方法、测量技术以及研制各种高电压测试设备。

（4）绝缘表面防污闪问题的研究。随着人类社会的发展，环境问题逐渐凸显，环境污染在影响人类生存的同时，也影响着电气设备外绝缘。目前输电线路和变电站污闪问题已经成为引起电网故障的主要问题，因此研究污闪的机理及其预防措施具有重要现实意义。

1-2　什么是电介质，什么是导体？常见的电介质有哪些类型？

答： 一般来说电介质即绝缘材料。绝缘材料是指用于防止导电元件之间导电的材料。

常见的电介质分为三类：

（1）气体电介质：空气、SF_6、真空等。

（2）液体电介质：变压器油、纯净的油等。

（3）固体电介质：瓷、橡胶、玻璃、塑料、绝缘纸、纸板等。

导体即能导电的物体，包括金属、有杂质的水、人体的血液、肌肉组织等。

1-3　固体绝缘材料有什么作用？常用的有哪几种？

答： 固体绝缘材料一般在电气设备中起隔离、支撑等作用。常用的有漆膜和橡胶、塑料类、复合材料、天然纤维和纺织品、浸渍织物、云母、陶瓷，以及各类绝缘纸、各类木质绝缘件等。

1-4　液体绝缘材料有什么作用？常用的有哪几种？

答： 液体绝缘材料用以隔绝不同电位导电体，填充固体材料内部或极间的空隙，以提高其介电性能，并改善设备的散热能力。例如，在油浸纸绝缘电力电缆中，不仅显著地提高绝缘性能，还增强散热作用；在电容器中提高介电性能，增大单位体积的储能量；在断路器中除起绝缘作用外，主要起灭弧作用。常用的液体绝缘材料包括矿物绝缘油、合成绝缘油（硅油、十二烷基苯、聚异丁烯、异丙基联苯、二芳基乙烷等）、植物绝缘油等。

1-5 电介质在电场作用下的电气性能用哪些参数来表征？

答：可用四个参数来表征，即极化性能用介电常数 ε 表征；导电性能用电阻率 ρ 表征；介质损耗性能用介质损耗因数 $\tan\delta$ 表征；击穿性能用击穿强度 E 表征。对气体电介质而言，由于极化、电导和损耗较弱，所以只研究其击穿性能，而对固体、液体电介质四个性能均要研究。目前的电气设备例行试验为了适应状态检修的需要，主要是检测表征电介质电气性能的四个参数的变化。

1-6 电介质中各种极化的性质和特点是什么？

答：电介质极化种类及比较见表 1-1。

表 1-1 常见电介质极化种类及特点

极化种类	产生场合	所需时间	能量损耗	产生原因
电子式极化	任何电介质	10^{-15}s	无	束缚电子运动轨道偏移
离子式极化	离子式电介质	10^{-13}s	几乎没有	离子的相对偏移
偶极式极化	极性电介质	$10^{-10}\sim10^{-2}$s	有	偶极子的定向排列
夹层式极化	多层介质交界面	10^{-2}s～数分钟	有	自由电荷的移动

在外电场的作用下，介质原子中的电子运动轨道将相对于原子核发生弹性位移，此为电子式极化或电子位移极化。

离子式结构化合物，出现外电场后，正负离子将发生方向相反的偏移，使平均偶极距不再为零，电介质对外呈现出极性，这种由离子的位移造成的极化称为离子式极化。

极性化合物的每个极性分子都是一个偶极子，在电场作用下，原先排列杂乱的偶极子将沿电场方向转动，整个电介质的偶极矩不再为零，对外呈现出极性，这种由偶极子转向造成的极化称为偶极式极化。

在电场作用下，带电质点在电介质中移动时，可能被晶格缺陷捕获或在两层介质的界面上堆积，造成电荷在介质空间中新的分布，从而产生电偶极矩，这就是夹层式极化。

1-7 什么是绝缘的吸收现象？

答：在电介质上加直流电压时，初始瞬间电流很大，以后在一定时间内逐渐衰减，最后稳定下来。电流变化的这三个阶段表现了不同的物理现象。初始瞬间电流是由电介质的弹性极化所决定，弹性极化建立的时间很快，电荷移动迅速，所以电流就很大，持续的时间也很短，这一电流称为电容电流（I_C）。接着随时间缓慢衰减的电流，是由电介质的夹层极化和松弛极化所引起的，它们建立的时间越长，则这一电流衰减也越慢，直至松弛极化完成，这一过程称为吸收现象，这个电流称为吸收电流（I_c）。最后不随时间变化的稳定电流，是由电介质的电导所决定的，称为电导电流（I_g），它就是电介质直流试验时的泄漏电流。

图 1-1 所示为电介质的吸收电流曲线。吸收现象在夹层极化中表现得特别明显。如发电机和油纸电缆都是多层绝缘，属于夹层极化，吸收电流衰减的时间均很长。中小型变压器的吸收现象要弱些。绝缘子是单一的绝缘结构，松弛极化很弱，故基本上不呈现吸收现象。由于夹层绝缘的吸收电流随时间变化比较显著，故在实际试验中可以利用这一特点来判断绝缘的状态。由于吸收电流随时间变化，所以在测试绝缘电阻和泄漏电流时都要规定时间。例如在现行电气设备交接和例行试验的有关标准中，利用 60s 及 15s 时的绝缘电阻比值（即吸收比 R_{60s}/R_{15s}），加压 10min 时的绝缘电阻值与加压 1min 时的绝缘电阻值之比（极化指数），作为判断绝缘受潮程度或脏污状况的一个指标。绝缘受潮或脏污后，泄漏电流增加，吸收现象就不明显了。

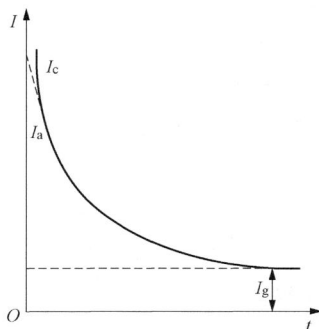

图 1-1　电介质吸收电流曲线

1-8　某些电容量较大的电气设备经直流高电压试验后，其接地放电时间要求长达 5～10min，为什么？

答：由于介质夹层极化，电气设备通常含多层介质，直流充电时由于空间电荷极化作用，电荷在介质夹层界面上堆积，初始状态时电容电荷与最终状态时不一致；接地放电时由于设备电容较大且设备的绝缘电阻也较大，则放电时间常数较大（电容放电时间常数与电容值和放电电阻值的乘积成正比，电容较大导致不同介质所带电荷量差别大，绝缘电阻大导致流过的电流小，界面上电荷的释放靠电流完成），放电速度较慢，故放电时间要长达 5～10min。

1-9　为什么介质的绝缘电阻随温度升高而减小，金属材料的电阻却随温度升高而增大？

答：绝缘材料电阻率很大，其导电性质是离子性的，而金属导体的导电性质是自由电子性的，在离子性导电中，作为电流流动的电荷是附在分子上的，它不能脱离分子移动。当绝缘材料中存在一部分从结晶晶体中分离出来的离子后，则材料具有一定的导电能力，当温度升高时，材料中原子、分子的活动增加，产生离子的数目也增加，因而导电能力增加，绝缘电阻减小。绝缘物内的水分及其中含有的杂质、盐分等物质也呈扩散趋势，使电导增加，绝缘电阻降低。

而在自由电子性导电的金属中，其所具有的自由电子数目是固定不变的，而且不受温度影响，当温度升高时，材料中原子、分子的运动增加，自由电子移动时与分子碰撞的可能性增加，因此，所受的阻力增大，即金属导体随温度升高电阻也增大了。

第二节　气体电介质放电基础知识

1-10　什么是气体放电、气体击穿、击穿电压、击穿强度？

答：气体放电：在外加电压作用下，气体间隙导通电流的现象叫气体放电。

气体击穿：气体绝缘在外加电压的作用下，由绝缘状态变为导电状态的过程叫气体击穿，一般伴随有发光、发热、发声等现象。气体击穿一定是气体放电，但是气体放电不一定是气体击穿。比如电晕放电是一种气体放电现象，但是这时候高压金属电极和其他导体之间并没有发生气体击穿。

击穿电压：让绝缘材料击穿的最低电压叫击穿电压。单位是 V 或者 kV。

击穿强度：单位长度的绝缘材料击穿所需的电压叫击穿强度。也叫击穿场强、绝缘强度、电气强度、耐电强度。单位是 kV/cm 或 V/m。

$$击穿强度 = \frac{击穿电压}{绝缘距离}$$

击穿强度是衡量常见电介质绝缘性能的指标。相同厚度的电介质的击穿强度越大，越不容易被击穿。

1-11　常见的气体放电形式有哪些？

答：常见的气体放电形式有：

（1）电晕放电：例如夜晚高压线上淡蓝紫色的荧花，并伴有"滋滋"声。

（2）电弧放电：电极之间狭窄明亮的放电通道，有爆鸣声，放电过程可以持续。如电焊机。扫描二维码观看电弧放电视频。仔细观察可见，试验中在第一次电弧上漂，拉长熄灭之前，电极中心第二次电弧已经燃烧，所以整体上是连续的，没有间断。

（3）火花放电：电极之间狭窄明亮的放电通道，有爆鸣声，放电过程不能持续。如闪电、衣物之间的静电火花等。

（4）辉光放电：在密闭空间、稀薄气体、高电压下气体整体发光放电现象。如霓虹灯。

（5）沿面放电：沿着绝缘子、套管表面的空气击穿形成的放电。

1-12　什么是游离，常见的游离有哪些类型？

答：中性的气体分子或原子在外界能量的作用下，分解成带负电的自由电子和带正电的正离子的过程叫游离。常见的游离有以下四种类型：

（1）碰撞游离：自由电子在强电场的作用下高速运动，撞击中性的气体分子，撞出来新的自由电子，叫碰撞游离。自由电子越来越多，形成"电子崩"，微观上电子崩，在宏观上就是见到的电弧。

（2）热游离：电弧的温度有 5000～13 000℃，在高温下，空气分解成电子和正离子，叫热游离。由于热游离大部分电弧可以持续燃烧。瓷可以耐受电弧的高温，而金属等会被气化。

（3）光游离：紫外线，α、β、γ 射线，宇宙射线等高能射线可以使中性的气体分解出来自由电子。在平时，1cm³ 的空气中大约有 1000 对正负电荷。扫描二维码观看光游离的三维动画演示。

（4）表面游离：在高能射线照射下，或者强电场作用下，金属电极中的电子会逃脱金属的束缚，形成自由电子。如光电效应。

1-13　汤逊理论是如何描述均匀电场中火花放电的基本物理过程的？

答：汤逊理论是分析低气压、短距离的均匀电场气隙的火花放电过程的理论。汤逊理论认为自由电子的碰撞游离和正离子撞击阴极表面的电离是放电产生和发展的原因。特点是强调表面游离加碰撞游离，即认为引发电子崩的第一个有效自由电子由金属电极表面发出。描述火花放电的基本物理过程的要点如下：

从加压到第一个有效电子出现的阶段：只有在气隙中出现这个有效电子后，才开始产生碰撞游离，并不断发展，使自由电荷不断增长。由于外界游离因素具有偶然性，所以有效电子的出现也具有偶然性。

电子崩阶段：这个阶段是从出现第一个有效电子到第一个电子崩发展成熟。气隙中出现这个有效电子后，开始产生碰撞游离，撞击中性气体分子形成新的有效电子，再撞击出更多的自由电子。到达某一程度自由电子大量爆发形成电子崩。

自持放电阶段：在这个阶段中γ过程（正离子碰撞阴极，从阴极打出一个电子）起重要作用。γ过程出现使气隙由绝缘状态变为导电状态。因此发生了质变。γ过程出现是质变的标志。

1-14　流注理论描述气体放电的特点是什么？适用范围是什么？

答：汤逊理论无法解释许多实验现象，比如大气中的闪电推进的速度远远高于汤逊理论计算的结果。流注理论在描述气体放电时考虑空间电荷畸变电场的作用和光游离的概念，认为光游离引起各个子崩的同时发展，从而促进导电等离子体通道形成。汤逊理论适用于低气压、短间隙。流注理论适用于高电压、长间隙。

1-15　什么是空气的电气间隙？

答：空气的电气间隙是指两个带电部件之间，或带电部件与地（或接地物体）之间的空气距离。

1-16　什么是电弧？电弧的熄灭方法有哪些？

答：宏观上见到的电弧，在微观上就是电子崩。电弧熄灭的方法有以下几类：
（1）阻止带电质点的定向运动。
1）切断电源。
2）增加电极间距离。
3）在电弧形成路径中设置固体绝缘障碍。比如高压熔断器中利用石英砂灭弧。
4）用金属栅极灭弧。吸收电弧热量，降低温度。
5）用强电负性的高耐电强度气体，如 SF_6 等吸附自由电子。
（2）使带电质点扩散。如在断路器的灭弧室中用油流或者高压 SF_6 气体吹弧。

第三节　大气条件对气体电介质放电的影响

1-17　简述在工程实践中巴申定律的意义。

答：巴申定律指在均匀的电场中，击穿电压 U 是气体的大气压力 p、极间距离 d 乘积的函数。

$$U=f(pd)$$

式中：p 是气隙的压力；d 是气隙距离。

在工程实践中可认为：当气体成分、电极材料不变，电极间距离一定时，气体间隙的气压由零（即接近真空）开始升高，气体的击穿电压经历一个先减小再增大的过程，中间有一个最小值。高气压和高真空都可以提高气体间隙击穿电压。如图 1-2 所示，空气中电极距离 d=10cm，大约 p=0.01 大气压时，空气最容易击穿。气压上升或者下降，击穿电压都会升高。

其原因可解释如下：假设 d 保持不变，当气压增加，气体密度增大时，电子的平均自由行程缩短了，相邻两次碰撞之间，电子积聚到足够动能的概率减小了，故必然增大击穿电压。反之当气压降低，气体密度减小时，电子在碰撞前积聚到足够动能的概率虽然增大了，但气体很稀薄，电子在走完全程中与气体分子相撞的总次数却减到很小，欲使击穿也须增大击穿电压。故在这两者之间，总有一个值对造成撞击游离最有利，此时最小。

另外当气体压力一定时，电极间距离 d 越大，击穿电压越高。

还有一种极端情况，如果电极间距离 d 小于相邻的气体分子的平均距离（大约几个纳米）的时候，电子在走完全程中所遇到的撞击次数已减到很小，故要求外加电压增大，才能击穿，但是这种极端情况在工程实践中不常遇到，一般可以不用考虑。

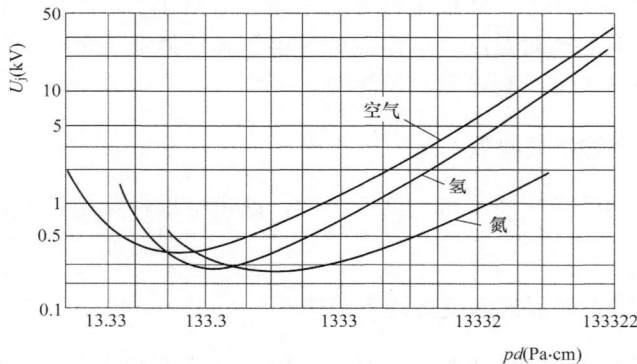

图 1-2　均匀电场中击穿电压与 pd 关系图

U_j—击穿电压；pd—气体压力与两极间距离的乘积

1-18　为什么随着海拔增加，空气介质的放电电压会下降？

答： 随着海拔增加，空气密度下降，电场中电子平均自由行程增大，电子在两次碰撞间能够聚集起更大的动能（与正常密度相比），更易引起电离，从而使空气介质的放电电压下降。

1-19　在平原地区试验的高压断路器用于高原时应考虑哪些因素？

答： 在平原地区试验的高压断路器，若使用于高原时，由于随着海拔的增加，空气逐渐稀薄，空气密度下降，空气的击穿电压也随之下降，结果导致高压断路器的外绝缘耐压强度下降。为此必须对用于高原地区而又在平原地区进行试验的高压断路器进行绝缘补偿，即乘以海拔修正系数 x，来提高试验电压，修正系数按下式计算

$$x = \frac{1}{k - \dfrac{h}{10000}}$$

式中：k 为系数，取 1.1；h 为安装点海拔，m。

这个公式适用于海拔 1000～3500m 的设备。

随着海拔增加，对温升也会带来不利影响。高压断路器散热通过辐射和对流来完成。在高原地区，空气密度小，断路器散热差，会使温升增高。但高原地区气温比平原低，海拔每升高 1000m，气温大约降低 0.6℃，这就和海拔升高散热不利相抵消，因而高原地区对温升不予校正。

1-20 真空间隙的绝缘性能如何？

答： 真空间隙气体稀薄，气体分子少，分子的平均自由行程大（平均自由行程是指粒子在气体或液体中无碰撞运动距离的平均值），发生碰撞的概率很小。例如真空度为 $1.33×10^{-2}$Pa 时，气体分子的密度约为 $3.4×10^{12}$cm^3。此时，自由电子的平均自由行程约为 282cm，远大于真空灭弧室的几何尺寸（常温下一个大气压的空气中，气体分子的密度为 $2.68×10^{19}$cm^3，电子的平均自由行程约为 $3.7×10^{-5}$cm）。可见，即使在真空间隙中存在自由电子，在其从一个电极运动到另一个电极，也很少有机会与气体分子碰撞。所以，碰撞游离不是真空间隙击穿的主要原因。由此可见，真空间隙的绝缘强度远比空气的高。理论上，真空间隙的击穿强度可达 100kV/mm，实际试验结果为 30～40kV/mm。不同介质的绝缘间隙击穿电压比较，如图 1-3 所示。

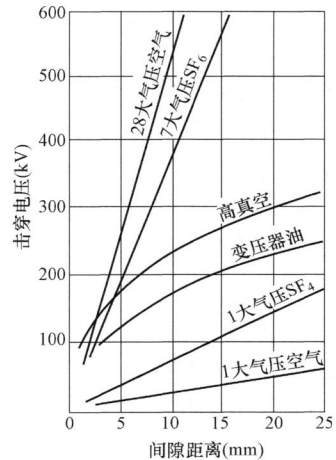

图 1-3 不同介质的绝缘间隙击穿电压比较

第四节 电场分布状况对气体电介质放电的影响

1-21 常见的电场类型有哪些？对气体的放电击穿现象有什么影响？

答： 常见的电场类型有均匀电场和不均匀电场。不均匀电场又分为极不均匀电场和稍不均匀电场。

（1）均匀电场：两个无限大的电极平行放置，中间的电场就是均匀电场。在均匀电场中，所有电力线平行且疏密均匀，电场强度到处大小相等，方向相同。电场强度决定了电荷受电场力的大小和方向。

（2）不均匀电场：除了均匀电场以外的所有电场都是不均匀电场。

1）稍不均匀电场：指不能维持电晕放电的电场。

2）极不均匀电场：指可以维持电晕放电的电场。常见的有棒-棒电极、棒-板电极电场。

棒-棒电极：比如两根高压线之间的电场。棒-板电极：比如高压线和地面，墙面之间的电场。

均匀电场中空气的击穿场强 E=30kV/cm（最大值）

棒-棒电极中空气的击穿场强 E=3.8kV/cm（有效值）=5.37kV/cm（最大值）

棒-板电极中空气的击穿场强 E=3.35kV/cm（有效值）=4.74kV/cm（最大值）

可见电场越均匀，气体间隙的击穿电压越高，气体间隙越不容易击穿。

1-22 常见的电气设备里，属于改善电场分布的措施有哪些？

答：属于改善电场分布的措施有：变压器绕组上端增加静电屏；设备高压端装均压环；电缆主绝缘外加屏蔽层。另外电缆外屏蔽层的作用也有使绝缘层和金属护套有良好的接触。

1-23 电晕产生的机理是什么？它有哪些有害影响？试列举工程上各种防晕措施的实例。

答：（1）电晕放电是极不均匀电场中的一种自持放电现象，在极不均匀电场中，在气体间隙还没有击穿之前，在曲率较大（曲率半径较小）的电极附近空间局部的场强已经很大了，从而在这局部强场中产生强烈的电离，伴随着游离、复合、激励、反激励等过程而有声、光、热等效应，发出"咝咝"的声音，蓝色的晕光以及使周围气体温度升高等。但离电极稍远处场强已大为减弱，故此电离区域不能扩展到很大，只能在电极的表面产生放电的现象。

（2）电晕放电的危害主要表现在以下几个方面：

1）电晕放电，会有能量损耗。

2）在尖端或电极的某些突出处，电子和离子在局部强场的驱动下高速运动，与气体分子交换能量，形成"电风"。当电极固定得刚性不够时，气体对"电风"的反作用力会使电晕极振动或转动。有可能诱发导线的舞动。

3）电晕会产生高频脉冲电流，其中还包含着许多高次谐波，这会造成对无线电通信、精密电子仪器测量的干扰。

4）电晕产生的化学反应产物 O_3、NO、NO_2 等强腐蚀性气体具有强烈的氧化和腐蚀作用，所以，电晕是促使有机绝缘老化的重要因素。

5）电晕还可能产生噪声污染。

（3）减少电晕放电的根本措施在于降低电极表面的场强，具体的措施有：改进电极形状、增大电极的曲率半径，采用分裂导线等。需要强调指出的是，电晕放电的强弱只和高压金属电极表面的场强成正比，和电压高低无关。如我国 1000kV 特高压线路的电晕放电强度就低于 500kV 超高压线路。原因是特高压导线的直径比较大，分裂导线的数目多，使得导线表面的场强较低。

1-24 什么是极性效应？在空气中和 GIS 设备中，极性效应有什么特点？

答：无论是长气隙还是短气隙，击穿的发展过程都随着电压极性的不同而有所不同，即存在极性效应。不对称电场才有极性效应，对称的电场如均匀电场和棒-棒电极电场没有极性效应。

在不对称的极不均匀电场中，如棒-板电极电场，极性效应的特点是：

（1）棒极带负电，容易电晕，不容易击穿。如验电笔验直流电，只有一极发光，发光极带负电，因为验电笔内的电极属于不对称电场。

（2）棒极带正电，容易击穿，不容易维持电晕。如在棒-板电极电场中加交流电，在正半周容易击穿，放电都在正半周最大值发生。

在不对称的稍不均匀电场中，气体的极性效应是在负极性时先击穿。因为稍不均匀电场同样在棒极带负电的时候先产生电晕，但是电晕不能维持所以马上击穿。所以在不对称的稍不均匀电场中加交流电，在负半周容易击穿，放电都在负半周最大值发生。

因为在极不均匀电场中，SF_6 气体的放电特性不稳定，所以 GIS 设备中，一般都采用稍不均匀电场，所以在 GIS 设备中，极性效应一般是在负半周容易击穿，放电都在负半周最大值发生。

同样 SF_6 气体在不对称电场才有极性效应，对称的棒-棒电极没有极性效应，例如在 GIS 设备中悬浮放电的电极属于对称电场，放电不存在极性效应；电晕放电的电极属于不对称电场，放电存在极性效应。

1-25 为什么 GIS 设备中的电极，一般都采用稍不均匀电场？并且 GIS 设备的气体压力一般都要求维持在 5～6 个大气压？

答：因为 SF_6 气体在极不均匀电场中的放电不稳定，存在所谓的"驼峰曲线"现象，如图 1-4 所示，即随着气体压力的增加，SF_6 气体的工频交流击穿电压出现先增大、再减小、再增大的过程。大约在 3 个大气压的时候。其击穿电压反而低于 1 个大气压和 5 个大气压的时候。所以从放电稳定性和绝缘可靠性方面考虑，GIS 设备中的电极，一般都采用稍不均匀电场。另外当气压超过 6 个大气压的时候，设备的密封性能无法满足要求，所以 GIS 设备的气体压力一般都要求维持在 5～6 个大气压。

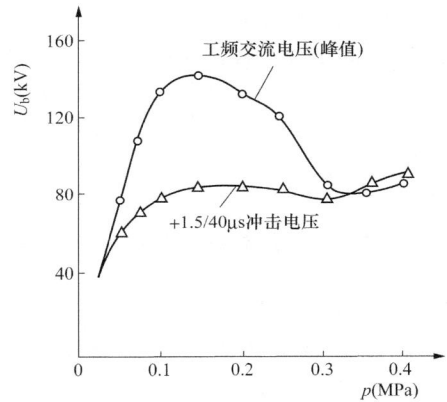

图 1-4 30mm 针-球间隙中 SF_6 气体在不同电压类型下的击穿电压与压力的关系

1-26 提高气体间隙击穿电压的措施是什么？

答：通常采取的措施有两个途径：

（1）让电场分布均匀。

（2）减少气体分子的游离。

具体措施有：

（1）让电极表面保持平整光滑，减少毛刺、棱角、锈斑，从而减小电晕。

（2）在电极间加屏障。如带电作业中覆盖在带电导线表面的绝缘垫。试验表明，在棒-板电极距棒极 1/4 的位置处加一张绝缘纸后，电极间击穿场强最高可以增大 5～6 倍，原因是正离子比较重，被屏障阻挡，均匀分布在屏障表面，让电场变均匀，从而提高击穿电压。另外，现场一般用环氧树脂板，橡胶垫作为屏障，它们本身击穿强度就很高，从而可以大大提高间隙的击穿电压。同时需指出，理论上均匀电场电力线分布已经很均匀，放一个击穿电压为 0 的屏障（如绝缘纸），不能提高间隙的击穿电压，但实际中放环氧树脂板绝缘垫也可以提高击穿电压。

（3）采用高气压。如 GIS 设备和 SF_6 断路器的灭弧室中，SF_6 气体一般有 5～6 个大气压。

（4）采用高真空。如真空断路器的灭弧室。

（5）采用高耐电强度气体。比如 SF_6。

第五节 沿 面 放 电

1-27　何谓沿面放电？什么是闪络？沿面放电受哪些主要因素的影响？

答：当带电体电压超过一定限度时，常常在固体介质和空气的交界面上出现沿绝缘表面放电的现象，称为沿面放电。如果沿面放电发展到对面的电极，造成两电极之间介质表面的空气绝缘贯穿性击穿，叫闪络。沿面放电主要受电极形式和表面状态的影响。扫描二维码观看沿面放电的视频演示。

1-28　什么是闪络？

答：沿绝缘介质表面发生沿面放电，如果沿面放电发展到对面的电极，造成两电极之间介质表面的空气绝缘贯穿性击穿，叫闪络。

1-29　沿面放电发展阶段有哪些？

答：沿面放电有电晕放电、刷状放电、闪络三个发展阶段。

1-30　什么是爬电距离？什么是泄漏比距？什么是绝缘穿透距离？

答：爬电距离是指在绝缘子正常施加运行电压的导电部件之间沿其表面的最短距离或最短距离之和；水泥或其他非绝缘的胶合材料表面不能计入爬电距离；若在绝缘子的绝缘件上施有高阻层，该绝缘件视为有效绝缘表面，其表面距离计入爬电距离。

绝缘穿透距离是指绝缘的厚度。

泄漏比距指外绝缘"相-地"之间的爬电距离（cm）与系统最高工作（线）电压（kV，有效值）之比。

1-31　固体电介质表面潮湿的时候沿面闪络的击穿强度如何变化？怎么防止固体电介质表面脏污潮湿？

答：在均匀电场中，纯空气的击穿强度大约为 30kV/cm。

固体电介质表面清洁干燥的时候沿面闪络的击穿强度（干闪）大约为 10kV/cm；固体电介质表面清洁潮湿的时候沿面闪络的击穿强度（湿闪）会比干闪大幅下降；固体电介质表面脏污潮湿的时候沿面闪络的击穿强度（污闪）会比湿闪进一步大幅，甚至接近导通状态。

防护措施：烘干，用无水酒精或者丙酮擦拭表面。

例如：一次进行 10kV 遮蔽罩交流耐压试验时，当试验电压升至 1800V 时试品表面发生闪络，断开试验电源检查，发现试品表面有脏污，擦拭清洁后试验通过。

1-32　表征电气设备外绝缘污秽程度的参数主要有哪几个？

答：主要有以下三个：

（1）污层的等值附盐密度。它以绝缘子表面每平方厘米的面积上有多少毫克的氯化钠来等值表示绝缘子表面污秽层导电物质的含量。

（2）污层的表面电导。它以流经绝缘子表面的工频电流与作用电压之比，即表面电导来反映绝缘子表面综合状态。

（3）泄漏电流脉冲。在运行电压下，绝缘子能产生泄漏电流脉冲，通过测量脉冲次数，可反映绝缘子污秽的综合情况。

1-33 防止输变电设备污闪事故的措施有哪些？

答：（1）选站时应避让 d、e 级污区；如不能避让，变电站宜采用 GIS、HGIS 设备或全户内变电站。

（2）中性点不接地系统的设备外绝缘配置至少应比中性点接地系统配置高一级，直至达到 e 级污秽等级的配置要求。

（3）加强零值、低值瓷绝缘子的检测，及时更换自爆玻璃绝缘子及零值、低值瓷绝缘子。

（4）宜优先选用加强 RTV-Ⅱ型防污闪涂料，防污闪辅助伞裙的材料性能与复合绝缘子的高温硫化硅橡胶一致。

1-34 防污闪涂料与防污闪辅助伞裙的使用应遵循哪些原则？

答：（1）绝缘子表面涂覆"防污闪涂料"和加装"防污闪辅助伞裙"是防止变电设备污闪的重要措施，其中避雷器不宜单独加装辅助伞裙，宜将防污闪辅助伞裙与防污闪涂料结合使用。

（2）宜优先选用加强 RTV-Ⅱ型防污闪涂料，防污闪辅助伞裙的材料性能与复合绝缘子的高温硫化硅橡胶一致。

（3）加强防污闪涂料和防污闪辅助伞裙的施工和验收环节，防污闪涂料宜采用喷涂施工工艺，防污闪辅助伞裙与相应的绝缘子伞裙尺寸应吻合良好。

（4）在重粉尘污染等冰闪、雨闪高发地区，可考虑对母线、主变压器回路瓷套等关键设备加装增爬裙。一般，110kV 设备不超过 2 片，220kV 设备不超过 4 片。

（5）新建站内大型瓷套一般不加装增爬裙，水平布置的绝缘子串不考虑加装增爬裙，未涂敷防污闪涂料的避雷器不加装增爬裙，其他设备绝缘配置到位时一般不加装增爬裙。

1-35 运行中的悬式绝缘子串劣化绝缘子的检测方法是什么？

答：对运行中的悬式绝缘子串劣化绝缘子的检出测量，应选用测量电位分布，火花间隙放电叉，红外热成像检测的方法。

1-36 什么是亲水性介质和憎水性介质，有什么特点？

答：亲水性介质指的是介质表面的水分会形成水膜。如玻璃、瓷等。

憎水性介质指的是介质表面的水分会形成水珠。如硅橡胶、蜡、漆膜等。

一般来说，在脏污潮湿时，憎水性介质的沿面闪络电压大约是亲水性介质的沿面闪络电压的 2 倍，即 $U_憎 \approx 2U_亲$。

硅橡胶具有憎水性迁移的特性。亲水性的灰尘等落在其表面以后，一段时间以后，会变成憎水性，因此硅橡胶具有 30 年免清扫的特性。

1-37　气体间隙在冲击电压作用下的放电具有什么特性？

答： 气体间隙在冲击电压作用下的放电具有分散性。电压越高，击穿的可能性越大。

1-38　什么叫冲击系数？均匀电场和稍不均匀电场及极不均匀电场的冲击系数为多少？

答： 50%冲击击穿电压和持续作用电压下击穿电压之比称为冲击系数。均匀电场和稍不均匀电场的冲击系数为1；极不均匀电场的冲击系数大于1。

在均匀电场和稍不均匀电场中，50%冲击击穿电压近似等于持续电压作用下的击穿电压。在极不均匀电场中，50%击穿电压高于持续电压作用下的击穿电压。

50%冲击击穿电压指在进行冲击耐压试验时，在该试验电压下冲击击穿发生的概率为50%，一般采用升降法测得；持续电压指的是直流电和工频交流电的最大值。

1-39　湿度增加对气体间隙和沿面闪络电压的影响是否相同？为什么？

答： 不相同。对气体间隙，在不均匀电场中，当湿度增加时，由于水分子能够捕捉电子形成负离子。使间隙中的电子数目减少，因而游离减弱，这样就不容易发展电子崩和流注，导致火花放电电压升高；在均匀电场中，由于放电的形成时延短，平均场强又较大，电子运动速度较快，不容易被水分子捕获，所以在均匀电场中，湿度增加时，可以认为火花放电电压基本不变，正因为如此，在球隙放电电压表中只规定了标准气压和温度，而没有规定湿度。

当间隙间放入固体介质时，湿度增加，固体介质表面吸附潮气形成水膜，在高压电场下水分子分解为离子，沿着固体介质表面向电极附近积聚电荷，会使电极附近场强增大，电极附近的空气首先发生游离，从而引起整个介质表面易于闪络，导致闪络电压降低。

第六节　液体、固体电介质的放电

1-40　为什么绝缘油内稍有一点杂质，它的击穿电压就会下降很多？

答： 因为水分和杂质可以形成小桥。就是水分和杂质在电场作用下发生极化，一端带正电，一端带负电，首尾相接，形成放电通道，俗称小桥。

以变压器油为例来说明这种现象。在变压器油中，通常含有气泡（一种常见杂质），而变压器油的介电系数比空气高2倍多，由于电场强度与介电常数是成反比的，再加上气泡使其周围电场畸变，所以气泡中内部电场强度也比变压器油高2倍多，气泡周边的电场强度更高了。而气体的耐电强度比变压器油本来就低得多。所以，在变压器油中的气泡就很容易游离。气泡游离之后，产生的带电粒子再撞击油的分子，油的分子又分解出气体，由于这种连锁反应（或称恶性循环）的气体增长将越来越快，最后气泡就会在变压器油中沿电场方向排列成行，最终导致击穿。

如果变压器油中含有水滴，特别是含有带水分的纤维（棉纱或纸类），对绝缘油的绝缘强度影响最为严重。杂质虽少，但由于会发生连锁反应并可以构成贯通性缺陷，所以会使绝缘油的放电电压下降很多。扫描二维观看变压器油中存在的棉花纤维杂质，在直流高压作用下形成小桥过程的视频演示。

1-41　能够形成小桥的杂质有哪些？不能形成小桥的杂质有哪些？

答：冰晶和水滴不会形成小桥，金属屑、溶解在油中的气体分子也不会形成小桥。

只有溶解在油中的水分子和受热变成气泡的水蒸气才会形成小桥。纤维、油离碳成为气泡也可以形成小桥。

简单来说容易发生极化的电介质容易形成小桥。不容易发生极化的电介质不容易形成小桥。

1-42　为什么对含有少量水分的变压器油进行击穿强度试验时，在不同的温度时分别有不同的耐压数值？

答：造成这种现象的原因是变压器油中的水分在不同温度下的状态不同，因而形成"小桥"的难易程度不同。

含有微量水分的变压器油在大约+5℃的时候，击穿电压最低，因为这时候水分子溶解在油中的比例最高。温度降低会变成冰晶析出，油黏稠，冰晶不能形成小桥；温度升高水分子会聚结成微小水滴，小桥形成变得不容易，整体看击穿电压会升高。

同样含有微量水分的变压器油在大约+70℃的时候，击穿电压最高，因为这时候水分子溶解在油中的比例最低。温度降低会变成水分子，温度升高会变成气泡，都会是小桥形成变得容易，整体看击穿电压会降低。所以变压器平时运行的温度也控制在70℃左右。

1-43　为什么绝缘油击穿试验的电极采用平板形电极，而不采用球形电极？

答：绝缘油击穿试验用平板形电极，是因极间电场分布均匀，易使油中杂质连成"小桥"，故击穿电压较大程度上决定于杂质的多少。如用球形电极，由于球间电场强度比较集中，杂质有较多的机会碰到球面，接受电荷后又被强电场斥去，故不容易构成"小桥"。绝缘油击穿试验的目的是检查油中水分、纤维等杂质，因此采用平板形电极较好。我国规定使用直径为25mm的平板形标准电极进行绝缘油击穿试验，板间距离规定为2.5mm。

1-44　如何防止变压器油受潮？

答：预防措施以做好密封为主，如果已经受潮，干燥措施为：①滤油；②脱气；③吸潮，使用硅胶、白土等。把干燥剂放入油中和油一起过滤，有很好的效果。

1-45　固体电介质内部受潮的时候击穿强度如何变化？怎么防止固体电介质内部受潮？

答：对于固体有机绝缘，受潮后击穿电压会大幅度下降，比如聚乙烯受潮后击穿电压会下降一半。油浸渍纸绝缘含水量达到10%时，在工频交流电下，击穿电压比干燥时下降约10倍。对于交联聚乙烯受潮后在额定电压下还会形成水树枝劣化。防护措施：防潮，烘干（电吹风、碘钨灯烤）。

例如：220kV、240MVA变压器严重进水受潮，经带油简易干燥后，在42℃下，$\tan\delta=2\%$，低于DL/T 596—1996《电力设备预防性试验规程》所规定的允许值，投入运行2h发生击穿。后测得纸的介质损耗因数 $\tan\delta_P=4\%$，纸中含水量4.7%，仍属受潮情况。

1-46　何谓悬浮电位？试举例说明高压电力设备中的悬浮放电现象及其危害。

答：高压电力设备中某一金属部件，由于结构上的原因或运输过程和运行中造成断裂，失去接地或与高压部分的连接，处于高压与低压电极间，按其阻抗形成分压。而在这一金属上产生一对地电位，称之为悬浮电位。悬浮电位由于电压高，场强较集中，一般会使周围固体介质烧坏或炭化，也会使绝缘油在悬浮电位作用下分解出大量特征气体，从而使绝缘油色谱分析结果超标。变压器高压套管末屏失去接地会形成悬浮电位放电。

如：西南某电厂240MVA、220kV主变压器，1990年12月在运行中出现色谱异常，在2个月间乙炔由正常值增加到55μL/L，经色谱分析认为是电弧放电。由于电力供应紧张，实行在线监测，通过超声和电测联合测试，发现该变压器存在较多的放电脉冲。综合局部放电波形分析、幅值、超声测量和色谱分析结果判断为：该变压器有悬浮金属性放电故障，但尚未危害绝缘，短期内不会引起绝缘故障。后来，进行计划检修时发现变压器绝缘上附有大量金属粒子，绕组绝缘良好。金属粒子是由于潜油泵轴承严重磨损产生的。

1-47　电击穿的机理是什么？它有哪些特点？

答：在电场的作用下，当电场强度足够大时，介质内部的电子带着从电场获得的能量，急剧地碰撞它附近的原子和离子，使之游离。因游离而产生的自由电子在电场的作用下又继续和其他原子或离子发生碰撞，这个过程不断地发展下去，使自由电子越来越多。在电场作用下定向流动的自由电子多了，如此，不断循环下去，终于在绝缘结构中形成了导电通道，绝缘性能就完全被破坏。这就是电击穿的机理。

电击穿的特点是：外施电压比较高；强电场作用的时间相当短便发生击穿，通常不到1s；击穿位置往往从场强最高的地方开始（如电极的尖端或边缘处）；电击穿与电场的形状有关，而几乎与温度无关。

第七节　高压电气设备绝缘基础知识

1-48　什么是高压设备的绝缘水平？

答：设备耐受电压能力的大小称为绝缘水平。应保证高压设备的绝缘在最大工作电压的持续作用下和过电压（雷电、操作冲击）短时作用下都能安全工作。

1-49　高压设备的绝缘缺陷可以分为哪两类？

答：高压设备的绝缘缺陷可以分为集中性缺陷和分布性缺陷这两类。

（1）集中性缺陷：缺陷集中于绝缘的某一个或几个部分。如局部受潮、绝缘内部气泡、瓷裂纹、贯穿或非贯穿性缺陷、局部机械损伤等。

（2）分布性缺陷：指由于受潮，过热，动力负荷及长时间过电压作用导致的电气设备整体绝缘性能下降。如整体受潮、整体发热、绝缘油变质等。

1-50　电气设备放电有哪几种形式？

答：放电的形式按是否贯通两极间的全部绝缘，可以分为：

（1）局部放电。导体间绝缘介质内部所发生的局部击穿的一种放电。该放电可能发生在绝缘内部或邻近导体的地方，包括发生在固体绝缘空穴中、液体绝缘气泡中、不同介质特性的绝缘层间以及金属表面的棱边、尖端上的放电等。

（2）击穿。击穿包括火花放电和电弧放电。

根据击穿放电的成因还有电击穿、热击穿、化学击穿之划分。

根据放电的其他特征有辉光放电、沿面放电、爬电、闪络等。

1-51　设备绝缘产生局部放电的主要原因有哪些？

答：设备绝缘产生局部放电的原因有很多，其主要原因如下：

（1）固体绝缘介质中残存有气泡、裂缝，杂质没有清理干净。

（2）液体绝缘油有悬浮颗粒、气泡（气体）及含有微量水分。

（3）金属导体或半导体电极附近及边缘有尖锐突起。

（4）产品结构设计有缺陷、生产工艺处理不当。

制造过程中绝缘件残存有气泡、水分及其他杂质等。

1-52　影响介质绝缘强度的因素有哪些？

答：主要有以下几个方面：

（1）电压的作用。除了与所加电压的高低有关外，还与电压的波形、极性、频率、作用时间、电压上升的速度和电极的形状等有关。

（2）温度的作用。过高的温度会使绝缘强度下降甚至发生热老化、热击穿。

（3）机械力的作用。如机械负荷、电动力和机械振动使绝缘结构受到损坏，从而使绝缘强度下降。

（4）化学的作用。包括化学气体、液体的侵蚀作用会使绝缘受到损坏。

（5）大自然的作用。如日光、风、雨、露、雪、尘埃等的作用会使绝缘产生老化、受潮、闪络。

1-53　劣化与老化的含义是什么？

答：所谓劣化是指绝缘在电场、热、化学、机械力、大气条件等因素作用下，其性能变劣的现象。劣化的绝缘有的是可逆的，有的是不可逆的，例如，绝缘受潮后，其性能下降，但进行干燥后，又恢复其原有的绝缘性能，显然，它是可逆的。再如，某些工程塑料在湿度、温度不同的条件下，其机械性能呈可逆的起伏变化，这类可逆的变化，实质上是一种物理变化，没有触及化学结构的变化，不属于老化。

而老化则是绝缘在各种因素长期作用下发生一系列的化学物理变化，导致绝缘电气性能和机械性能等不断下降。绝缘老化原因很多，但一般电气设备绝缘中常见的老化是电老化和热老化，例如，局部放电时会产生臭氧，很容易使绝缘材料发生臭氧裂变，导致材料性能老化；油在电弧的高温作用下，能分解出碳粒，油被氧化而生成水和酸，都会使油逐渐老化。

由上分析可知，劣化含义较广泛，而老化的含义相对就窄一些，老化仅仅是劣化的一个方面，两者具体的联系与区别示意如下：

$$劣化\begin{cases}可逆\begin{cases}疲劳\\其他可逆的绝缘缺陷\end{cases}\\不可逆—老化\begin{cases}热老化\\电老化\end{cases}\end{cases}$$

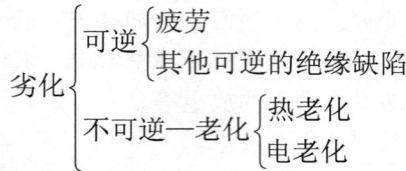

规程规定电力变压器、电压互感器、电流互感器交接及大修后的交流耐压试验电压值均比出厂值低，这主要是考虑设备绝缘的积累效应，即绝缘的可逆性劣化。

1-54 微量水分对绝缘特性有哪些影响？

答：绝缘油中的微量水分是影响绝缘特性的重要因素之一。绝缘油中微量水分的存在，对绝缘油的电气性能与理化性能都有极大的危害，水分可导致绝缘油的击穿电压降低，介质损耗因数增大，促进绝缘油老化，使绝缘性能劣化，损坏设备，导致电力设备的运行可靠性和寿命降低，甚至于危及人身安全。

图 1-5～图 1-7 给出了水分对绝缘油和油浸纸的火花放电电压或击穿电压及介质损耗因数的影响。

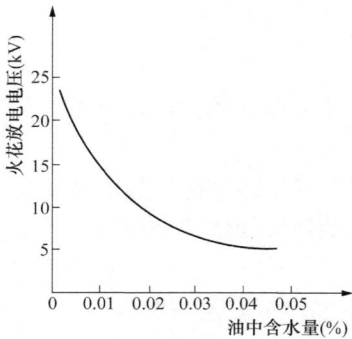

图 1-5　水分对油火花放电电压的影响

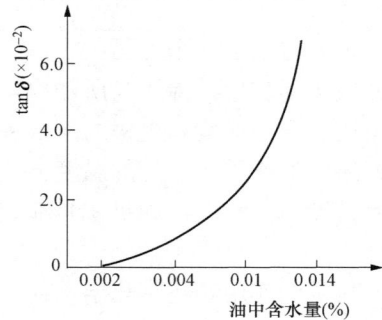

图 1-6　水分对油介质损耗因数的影响

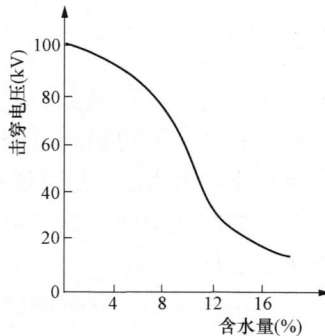

图 1-7　水分对油浸纸击穿电压的影响

1-55 SF$_6$ 管道充气电缆（GIC）有哪些优点？

答：目前 SF$_6$ 管道充气电缆绝缘子间距 3～6m，运行压力 0.25～0.45MPa，最高运行电压达 800～1200kV。其优点有：

（1）常规电缆绝缘介质的相对介电系数 ε_r 大，充电电流较大，输电容量和临界长度均受限制；SF_6 气体 $\varepsilon_r \approx 1$，对地电容小，充电电流小，临界长度可大大增加。

（2）介质损耗因数可忽略不计，导体直径可较大，提高了载流，并改善传热性能。

（3）结构简单，价格相对较低。

（4）无火灾危险，安装不受高落差限制，可以垂直安装敷设。

第八节　过电压基础知识

1-56　过电压是怎样形成的？过电压分哪几种形式？它有哪些危害？

答：一般来说，过电压的产生都是由于电力系统的能量发生瞬间突变所引起的。如果是由外部直击雷或雷电感应突然加到系统里所引起的，叫作大气过电压或外部过电压。大气过电压包括直击雷过电压、感应雷过电压和侵入波雷电过电压；如果是在系统运行中，由于操作故障或其他原因所引起系统内部电磁能量的振荡、积聚和传播，从而产生的过电压，叫作内部过电压，内部过电压包括暂态过电压和操作过电压，暂态过电压包括工频过电压及谐振过电压。

不论是大气过电压还是内部过电压，都是很危险的，均可能使输、配电线路及电气设备的绝缘弱点发生击穿或闪络，从而破坏电气系统的正常运行。

1-57　当雷电波自线路入侵变电站时，试分析变压器上出现振荡波的原因，以及变压器上电压高于避雷器残压的原因。

答：由于避雷器动作后产生的负电压波在避雷器与变压器之间多次折反射。变压器上电压高于避雷器残压的原因是变压器距避雷器有一定的距离，避雷器动作时刻刚过避雷器的电压也要经过变压器产生全反射，入射电压加上全反射电压大于避雷器残压。

1-58　简述在 110kV 及以下系统中，空母线带电磁式电压互感器产生铁磁谐振过电压的防止和限制措施。

答：防止和限制铁磁谐振过电压的措施如下：

（1）排除外界强烈的冲击扰动。例如，在电磁式电压互感器的中性点串入非线性阀片，当母线电压升高时非线性阀片动作，防止铁磁谐振过电压的发生。

（2）选用励磁性能好（饱和拐点比较高）的电磁式电压互感器或改用电容式电压互感器。

（3）在电磁式电压互感器的开口三角形绕组中加装一个阻尼电阻 R，使 $R \leqslant 0.4X_T$（互感器的励磁感抗）。

1-59　为什么要进行开断空载长线试验？什么叫断路器的复燃和重燃？

答：开断空载长线会产生切除空载长线过电压。因为开断空载长线实际上开断的是电容电流，开断电容电流的特点是，在交流电流过零熄弧后，负载侧（线路上）的电荷释放很慢，线路（即电容）上电压保持不变，断路器断口的工频恢复电压由于电源电压的变化而可以达到 2 倍相电压幅值。此时如果断口间的绝缘强度不够，将会发生重击穿。于是电流通过电感向电容（线路）高频充电。如果在高频电流第一次过零时熄弧，电容（线路）上的电压可以充到 3 倍相电压幅值。依次类推，线路上的过电压甚至可按 3、5、7 倍增长，从面威胁到设备的绝缘。

可见，重燃是产生过电压的主要原因。如果断路器不发生重燃，过电压就不会危及设备的绝缘。为了考核断路器开断空载长线的性能，应该进行开断电容负荷试验，尤其是在现场进行试验。高压断路器应该能具备切空载长线无重燃的性能。通常断路器在开断电容电流时，在电流过零灭弧后的 0.25 个工频周期内发生弧隙击穿的现象称为复燃，而在 0.25 个工频周期及更长时间内发生击穿的称为重燃。根据上述分析，复燃不产生较高的过电压，重燃会产生危险的过电压。

一般来说，采用 SF_6 断路器不容易发生重燃，采用少油断路器开断空载长线会发生 2～3 次重燃。

1-60 **开断空载变压器时有什么特殊现象？**

答：开断空载变压器时会在设备上产生切除空载变压器过电压。开断空载变压器是断路器的一项基本工作任务。在开断小电感电流时，由于电弧不稳定，在电流过零前会出现电流截断现象，这种截流是引起过电压的原因。

如图 1-8 所示，设 L 为变压器电感，C 为变压器对地电容。并假设被开断电流在过零前发生截断，截断电流为 I_j，截流时电容器上电压 U_0。由于电感和电容上储存的能量发生振荡，因而产生过电压 U_m。根据能量平衡公式，在忽略损耗时有

$$\frac{1}{2}CU_m^2 = \frac{1}{2}CU_0^2 + \frac{1}{2}LI_j^2$$

$$U_m = \sqrt{\frac{L}{C}I_j^2 + U_0^2}$$

如截流时 U_0 值较小，则过电压为

$$U_m = \sqrt{\frac{L}{C}}I_j$$

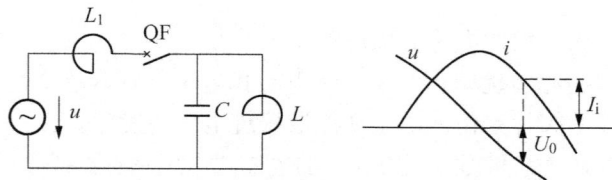

图 1-8　切除空载变压器过电压原理示意图

可见，截流过电压与截断电流大小和变压器的特征阻抗有关。由于变压器采用高质量的铁芯，空载电流较小，所以开断空载变压器的过电压事故很少发生。为了限制这种危险的过电压，通常可以加装保护装置，如采用氧化锌避雷器或 R-C 保护装置。

1-61 **有些三绕组变压器为何在低压侧装一支避雷器？**

答：运行时可能高、中压绕组工作，低压绕组开路，低压绕组对地电容小，静电感应分量

高，将危及绝缘。因为三相同时升高，则在任一相低压绕组直接出口处对地加一个避雷器即可。

1-62　避雷线的作用是什么？为什么降低接地电阻、架设耦合地线可以降低线路的雷击跳闸率，后者用于什么情况？

答：（1）吸引雷击于避雷线而避免导线直接受雷击，耦合作用降低导线上承受过电压。

（2）降低接地电阻，雷击杆塔或地线时可以降低过电压，防止反击事故的发生，减少线路的雷击跳闸率。架设耦合地线具有一定的分流作用和增大导地线之间的耦合系数，可以减少线路承受的过电压从而提高雷击跳闸率。后者用于降低杆塔接地电阻有困难的情况。

1-63　输电线路的防雷措施有哪些？

答：输电线路的防雷措施有：

（1）避雷线（架空地线）：沿全线装设避雷线是目前为止 110kV 及其以上架空线最重要和最有效的防雷措施。35kV 及以下一般不全线架设避雷线，因为其绝缘水平较低，即使增加绝缘水平仍很难防止直击雷，可以靠增加绝缘水平使线路在短时间故障情况运行，主要靠消弧线圈和自动重合闸装置。

（2）降低杆塔接地电阻：这是提高线路耐雷水平和减少反击概率的主要措施，措施有采用多根放射状水平接地体、降阻模块等。反击是当雷电击到避雷针时，雷电流经过接地装置通入大地。若接地装置的接地电阻过大，它通过雷电流时电位将升得很高，作用在线路或设备的绝缘上，可使绝缘发生击穿。接地导体由于地电位升高可以反过来向带电导体放电的这种现象叫"雷电反击"。

（3）加强线路的绝缘：如增加绝缘子的片数、改用大爬距悬式绝缘子、增大塔头空气距离。在实施上有很大的难度，一般为提高线路的耐雷水平，均优先采用降低杆塔接地电阻的方法。

（4）耦合地线：在导线的下方加装一条耦合地线，具有一定的分流作用和增大导地线之间的耦合系数，可提高线路的耐雷水平和降低雷击跳闸率。

（5）消弧线圈：能使雷电过电压所引起的单相对地冲击闪络不转变为稳定的工频电弧，即大大减少建弧率和断路器的跳闸次数。

（6）避雷器：不作密集安装，仅用作线路上雷电过电压特别大或绝缘薄弱点的防雷保护。能免除线路的冲击闪络，使建弧率降为零。

（7）不平衡绝缘：为了避免线路落雷时双回路同时闪络跳闸而造成的完全停电的严重局面，当采用通常的防雷措施都不能满足要求时在雷击线路时绝缘水平较低的线路首先跳闸，保护了其他线路。

（8）自动重合闸：由于线路绝缘具有自恢复功能，大多数雷击造成的冲击闪络和工频电弧在线路跳闸后能迅速去电离，线路绝缘不会发生永久性的损坏和劣化，自动重合闸的效果很好。

1-64　试说明在何种情况下，保护变电站免受直击雷的避雷针可以装设在变电站构架上，何种情况下则又不行，为什么？

答：110kV 及以上绝缘水平较高，避雷针可以装设在架构上，但变压器绝缘水平较低，变压器门形架构上不应装设避雷针。绝缘水平为 35kV 及以下的配电装置来说，雷击架构避雷针时很容易导致绝缘的逆闪络（反击），显然不允许。

第九节　电气设备绝缘试验的基础知识

1-65　高压设备的绝缘试验或检测的作用是什么？如何分类？

答：（1）作用是发现电气设备绝缘内部隐藏的缺陷，以便在进行设备检修时加以消除；了解和掌握设备的绝缘状态，确保高压电气设备安全、可靠运行。

（2）高压设备的绝缘试验或检测可分为离线检测（即停电试验）和在线监测。

1）离线检测：要求被测设备退出运行状态，只能是周期性间断的进行。试验周期由试验规程规定。

2）带电检测（在线监测）：在被测设备处于带电运行的情况下，对设备的绝缘状态进行连续或定时的检测。在线监测也属于带电检测的一种形式，通常是自动进行的，由安装在设备上的仪器自动进行连续的检测。在线监测采用的是非破坏性试验方法，由于可连续检测，故除测定绝缘特性的数值外，还可分析绝缘特性随时间的变化趋势，从而显著提高判断的准确性。

对于离线式试验又可分为以下两类：

1）绝缘特性试验（非破坏性试验、检查性试验）：在较低的电压下或用其他不会损伤绝缘的办法来测量绝缘的各种特性，从而判断绝缘的内部缺陷。缺点是对绝缘耐压水平的判断比较间接，尤其对于周期性的离线试验不易判断准确。

2）耐压试验（破坏性试验）：对绝缘考验严格，能保证绝缘具有一定的绝缘水平；缺点是只能离线进行，并可能因耐压试验对绝缘造成一定的损伤。

1-66　对电力设备进行耐压试验有什么重要意义？

答：电力设备在正常的运行过程中，不仅要承受额定电压的长期作用，还要耐受各种过电压，如工频过电压、雷电过电压、操作过电压。为了考核设备承受过电压的能力，人为模拟各种过电压，对设备的绝缘进行试验以检验其承受能力。这就是所谓的绝缘强度试验，也称耐压试验。

为了简化，现场常用等效的交、直流耐压来代替试验设备较为复杂的冲击试验，同时也考核了设备在工作电压下的绝缘裕度。耐压试验是破坏性试验，必须在所有的非破坏性试验合格后才能进行耐压试验。

1-67　对现场使用的电气仪器仪表有哪些基本要求？

答：对现场使用的电气仪器仪表的基本要求有：

（1）要有足够的准确度，仪表的误差应不大于测试所需准确度等级的规定，并有定期检验合格证书。

（2）抗干扰的能力要强，即测量误差不应随时间、温度、湿度以及电磁场等外界因素的影响而显著变化，其误差应在规定的范围内。

（3）仪表本身消耗的功率越小越好，否则在测小功率时，会使电路工况改变而引起附加误差。

（4）为保证使用安全，仪表应有足够的绝缘水平。

（5）要有良好的读数装置，被测量的值应能直接读出。

（6）使用维护方便、坚固，有一定的机械强度。

（7）便于携带，有较好的耐振能力。

1-68 使用万用表应注意什么？

答：使用万用表应注意以下几点：

（1）根据测量对象将转换开关转至所需挡位上。

（2）使用前应检查指针是否在机械零位。

（3）为保证读数准确，测量时应将万用表放平。

（4）应正确选择测量范围，使测量的指针移动至满刻度的 2/3 附近，这样可使读数准确。

（5）测量直流时，应将表笔的正负极与直流电压的正负极相对应。

（6）测量完毕，应将转换开关旋至交流电压挡。

1-69 为什么磁电系仪表只能测量直流电，而不能测量交流电？

答：因磁电系仪表由于永久磁铁产生的磁场方向不能改变，所以只有通入直流电流才能产生稳定的偏转，如在磁电系测量机构中通入交流电流，产生的转动力矩也是交变的，可动部分由于惯性而来不及转动，所以这种测量机构不能测量交流（交流电每周波的平均值为零，所以结果没有偏转，读数为零）。

1-70 高压试验现场应做好哪些现场安全措施？

答：试验现场应装设遮栏或围栏，向外悬挂"止步，高压危险！"的标示牌，并派人看守。被试设备两端不在同一点时，另一端还应派人看守。非试验人员不得进入试验现场。

1-71 高压试验加压前应注意些什么？

答：加压前必须认真检查试验接线、表计倍率、量程、调压器零位及仪表的开始状态，均正确无误，通知有关人员离开被试设备，并取得试验负责人许可，方可加压，加压过程中应有人监护并呼唱。

1-72 为什么 DL/T 596—1996《电力设备预防性试验规程》规定电力设备预防性试验应在空气相对湿度 80% 以下进行？

答：实测表明，在空气相对湿度较大时进行电力设备预防性试验，所测出的数据与实际值相差甚多。例如，当空气相对湿度大于 75% 时，测得避雷器的绝缘电阻由 2000MΩ 以上降为 180MΩ 以下；10kV 电缆的泄漏电流由 20μA 以下上升为 150μA 以上，且三相值不规律、不对称；35kV 多油断路器的介质损耗因数由 3% 上升为 8%，从而使测量结果无法参考。

造成测量值与实际值差别甚大的主要原因：一是水膜的影响；二是电场畸变的影响。当空气相对湿度较大时，绝缘表面将出现凝露或附着一层水膜，导致表面绝缘电阻大大降低，表面泄漏电流大大增加。另外，凝露和水膜还可能导致导体和绝缘物表面电场发生畸变，电场分布更不均匀，从而产生电晕现象，直接影响测量结果。为准确测量，通常在空气相对湿度为65%以下进行。在进行与环境温度、湿度有关的测试时，除专门有规定的情形之外，一般地，环境温度不低于+5℃，相对湿度不大于80%，且绝缘表面干燥、清洁。

1-73　为了对试验结果做出正确的分析，必须考虑哪几个方面的情况？

答：为了对试验结果做出正确的判断，必须考虑下列几个方面的情况：

（1）把试验结果和有关标准的规定值相比较，符合标准要求的为合格，否则应查明原因，消除缺陷。但对那些标准中仅有参考值或未作规定的项目，不应做轻率的判断，而应参考其他项目、制造厂规定和历史状况进行状态分析。

例如，某66kV电流互感器，测得U、W相的绝缘电阻均为25MΩ，显著降低；测得该两相的$\tan\delta$和电容值C_x分别为3.27%和1670.75pF；3.28%和1695.75pF。$\tan\delta$值超过DL/T 596—1996《电力设备预防性试验规程》要求值3%，C_x较正常值102pF增大约16.4倍，根据上述测量结果可判断绝缘受潮。检修时，从该互感器中放出大量水，证实了上述分析和判断的正确性。

（2）和过去的试验记录进行比较，这是一个比较有效的判断方法。如试验结果与历年记录相比无显著变化，或者历史记录本身有逐渐的微小变化，说明情况正常；如果和历史记录相比有突变，则应查明，找出故障加以排除。

例如，某66kV电流互感器，连续两年测得的介质损耗因数分别为0.58%和2.98%。由于认为没有超过DL/T 596—1996《电力设备预防性试验规程》要求值3%而投入运行，结果10个月后发生爆炸。实际上，只比较两次试验结果（2.98/0.58=5.1倍），就能判断不合格，从而避免事故的发生。

（3）对三相设备进行三相之间试验数据的对比，不应有显著的差异。因为对同一设备，各相的绝缘情况应当基本一样，如果三相试验结果相互比较差异明显，则说明有异常的相绝缘可能有缺陷。

例如，某FC-220J型磁吹避雷器（每相由两节FCZ-110J组成），用绝缘电阻表（兆欧表）测量并联电阻的绝缘电阻，其中一节为∞，另外五节均在800～1000MΩ范围内，这说明为∞的那节可能有问题，后来又测量电导电流并拍摄示波图，确认并联电阻出现了断线。

例如，某66kV电流互感器，连续两年测得的三相介质损耗因数分别为：U相0.213%和0.96%；V相0.128%和0.125%；W相0.152%和0.173%。没有超过DL/T 596—1996《电力设备预防性试验规程》要求值3%，但U相连续两年测量值之比为0.96/0.213=4.5。而且较V、W相的测量值也显著增加。可见U相绝缘不合格。打开端盖检查，上盖内有明显水锈迹，说明进水受潮。

（4）和同类设备的试验结果相对比，不应有显著差异。因为对同一类型的设备而言，其绝缘结构相同，在相同的运行和气候条件下，其测试结果应大致相同，若悬殊，则说明绝缘可能有缺陷。

例如，某66kV电流互感器，连续两年测得的三相介质损耗因数分别为：U相0.213%和0.96%；V相0.128%和0.125%；W相0.152%和0.173%。没有超过DL/T 596—1996《电力设备预防性试验规程》要求值3%，但U相连续两年测量值之比为0.96/0.213=4.5，而且较V、W相的测量值也显著增加，其比值分别为0.96/0.125=7.68；0.96/0.173=5.5。由综合分析可见，

U 相互感器的 $\tan\delta$ 值虽未超过 DL/T 596—1996《电力设备预防性试验规程》要求，但增长速度异常，且与同类设备比较悬殊较大，故判断绝缘不合格．打开端盖检查，上盖内有明显水锈迹，说明进水受潮。

（5）试验条件的可比性，气象条件和试验条件等对试验的影响。结合被试设备的运行及检修等情况进行综合分析。

最后必须指出，各种试验项目对不同设备和不同故障的有效性与灵敏度是不同的，这一点对分析试验结果、排除故障等具有重大意义。

1-74 各种预防性试验方法发现电力设备绝缘缺陷的效果如何？

答： 各种预防性试验方法和项目是从不同角度对电力设备进行诊断，各有其独特性，它们发现绝缘缺陷的效果，对不同的电力设备并不完全一样，根据现场的试验经验可以初步归纳成表 1-2 中所列的各项。因为对不同的设备，具体情况还不一样。所以，表内的观点只能作为初学者分析问题的参考意见，不能成为现场判定设备缺陷的依据。

表 1-2　　　　　　　　各种预防性试验方法发现电力设备绝缘缺陷及其效果

序号	测试方法	发现缺陷的可能性					总评
		分布于整个被试品的缺陷	在电极间构成桥路连续的贯穿性缺陷	没有构成贯穿的缺陷	磨损与污闪	电气强度的裕度降低	
1	绝缘电阻和泄漏电流	当严重受潮，贯穿性电导增长时能发现	可以发现，泄漏电流与电压的关系曲线更好	不易检出	可以很好地发现	对某些缺陷可给出间接指示	基本方法之一
2	吸收比	发现受潮很有效	能检出，但必须积累经验	能检出，但必须积累经验	能检出，但必须积累经验	不能发现	估计受潮程度
3	介质损耗因数	可以	小容量的试品，能很好地检出	小容量的试品，能发现	能检出	对某些缺陷可给出间接指示	基本方法之一
4	耐压试验	能发现	当电气强度降低时可能发现	当电气强度降低时可能发现	当电气强度降低时可能发现	能发现	与其他方法配合检查最低电气强度
5	油色谱分析	过热可以很容易发现（CO、C_2H_4），老化可以发现（CO_2）	产生高温和火花放电时可以发现（C_2H_4、C_2H_2）	局部放电可以发现（CH_4、H_2大）	沿面放电可以发现（C_2H_2大）	放电可以发现（C_2H_2大）	基本方法之一
6	局部放电试验	能很好地发现游离变化	不能	能检出火花放电和游离的缺陷	能间接判断，（沿面放电时可以发现）	能发现	基本方法之一
7	直流电阻	线径不一	分接开关不良	焊接不良，螺丝压得不紧			基本方法之一
8	油耐压试验	能	不能	不能	能	能	基本方法之一

1-75 进行电力设备预防性试验时应记录何处的温度作为试验温度？

答： DL/T 596—1996《电力设备预防性试验规程》规定，进行电力设备预防性试验时，应同时记录被试物和周围空气的温度。对变压器绕组，一般以"上层油温"为准；对互感器、断路器等少油电力设备，一般以"环境温度"；对于电缆，应取"土壤的温度"作为温度换算的依据。对变压器上的套管，则未明确规定，根据国内外运行经验，较准确的套管试验式计算

$$t=0.66t_1+0.34t_2（℃）$$

式中：t_1 为上层油温，℃；t_2 为周围环境温度，℃。

例如，若变压器的上层油温为 60℃，环境温度为 32℃，则套管的内部温度为

$$t=0.66×60+0.34×32=50.5（℃）$$

1-76　为什么 DL/T 596—1996《电力设备预防性试验规程》中对有些试验项目的"要求值"采用"自行规定"或"不作规定"的字样？

答：在 DL/T 596—1996《电力设备预防性试验规程》中对有些试验项目的"要求值"采用"自行规定"或"不作规定"的处理方法，要综合考虑下列因素。

（1）设备容量的影响。首先以变压器为例说明。变压器的绝缘电阻在一定程度上反映绕组的绝缘情况，而绝缘电阻为

$$R = \rho L / S$$

式中：ρ 为变压器绝缘材料的电阻率；L 为绕组间或绕组与外壳间距离；S 为绕组表面积。

对两台电压等级完全相同的变压器，L 应该相等，ρ 也应该相同。但是，若其容量不同，则 S 就不相等，容量大者 S 大，容量小者 S 小，这样，容量大者绝缘电阻就小，容量小者绝缘电阻就大，所以即使对同一电压等级的电力设备，简单地规定统一的绝缘电阻"要求值"是不合理的。

对电容器而言，其极间绝缘电阻的大小与电极面积或电容量有直接关系，电容量越大，绝缘电阻越小，所以无法规定统一的"要求值"。

（2）设备绝缘状况的影响。由于我国电力事业发展速度较快，各地区、各单位的设备运行时间不同，因而电力设备的绝缘状况就有差异。

（3）气候条件的影响。我国幅员辽阔，各地的气候条件相差很大，例如，北方空气较干燥，南方空气较潮湿，即使同一地区，不同季节的空气湿度也不尽相同。实测表明，空气湿度的差别对设备绝缘的试验结果有较大的影响。表 1-3 列出了某 110kV 电流互感器在不同空气相对湿度下用 QS1 型西林电桥测得的 $\tan\delta$ 值。由表 1-3 中数据可见，两种相对湿度下的测量结果相差甚大，以至于难以置信，而且易发生误判断。

表 1-3　　　　　　　不同空气相对湿度下测试 110kV 电流互感器的绝缘状况

相别	空气相对湿度28%，t=26℃				空气相对湿度95%，t=26℃			
	反接线		正接线		反接线		正接线	
	C_x（pF）	$\tan\delta$（%）	C_x（pF）	$\tan\delta$（%）	C_x（pF）	$\tan\delta$（%）	C_x（pF）	$\tan\delta$（%）
U	75	1.6	50	2.5	78	6.5	50	−1.2
V	74	1.7	49	2.6	77	7.2	49	−2.3
W	72	1.9	49	2.6	76	7.4	49	−3.1

考虑到气候条件的影响，DL/T 596—1996《电力设备预防性试验规程》规定，试验应在天气良好、干燥并在瓷套管表面清洁的状态下进行，空气相对湿度一般不高于80%。

由于气候条件的影响，不同地区对"要求值"的规定有不同的意见。气候条件较为干燥的地区，希望将"要求值"订得较严些，例如，有的干燥地区认为，35kV以上的少油断路器，在40kV直流电压下，泄漏电流值一般不大于10μA的规定较宽，因为少油断路器的绝缘电阻多为10000MΩ，按欧姆定律计算，其泄漏电流应为4μA，但实际测量泄漏电流大多在2～3μA以下，若大于5μA，则可能存在绝缘缺陷。而气候条件较为潮湿的地区，希望将"要求值"订得较宽些，例如，有的潮湿地区认为少油断路器有绝缘缺陷时，泄漏电流大多超过10μA，故难以统一其"要求值"。

（4）试验方法和接线的影响。比较突出的是串级式电压互感器。首先，国产串级式电压互感器高压绕组接地端的绝缘较低，制造厂设计时所考虑的出厂试验电压为2000V，因此在预防性试验中，试验电压不宜过高，一般仅能施加1600V，但是，有的单位曾在试验中施加2500～3000V电压，并未发现端部绝缘损坏或其他异状。由于所加试验电压不同，所以测得的tanδ就不同，因而不宜使用同一"要求值"。

其次，近年来，不少单位根据串级或电压互感器结构特点，研究采用"自激法""末端屏蔽法""末端加压法"等进行tanδ测量，测量方法不同、接线不同，对同一设备的测量结果就不会相同。表1-4列出了几台进水受潮的JCC1-220型电压互感器用末端屏蔽法与常规法的测量结果，由表1-4可见，两者差别很大，不宜规定同一"要求值"，其他试验方法与"要求值"自行规定。

表1-4 常规法与末端屏蔽法测量tanδ的结果比较

设备序号	常规法（%）	末端屏蔽法（%）	设备序号	常规法（%）	末端屏蔽法（%）
1	2.44	6.1	4	3.35	11
2	5	17.6	5	5.1	16
3	8.7	26.7	6	15	13.5

（5）绝缘的下限值尚难确定。目前，电力设备预防性试验还不能保证在下一次试验前不发生事故。如上述，某些试验合格的设备，在投运后几个月内就发生爆炸。这些事实迫使试验工作者考虑两个问题：一是试验方法的有效性。二是判据的合理性。对于前者，目前正在推广新技术和在线监测方法加以解决；对于后者，还需要从理论上和实践中继续加以论证，通过论证明确绝缘性能到底下降到什么程度会出问题。由于对有的项目目前还缺乏足够的证据，所以执行起来各地悬殊甚大。

例如，变压器轭铁梁和穿芯螺栓的绝缘电阻"要求值"的下限究竟为多少，各地区很不一致。表1-5列出了国内几个地区和单位的数据，由表1-5可见，彼此之间差别很大，难以统一。

表1-5 变压器轭铁梁和穿芯螺栓的绝缘电阻允许值

项目	辽宁省		陕西省	北京供电局	北京石景山电厂
	有初始值	无初始值			
电压等级（kV）	不分	0.4～30	6～330	不分	不分
绝缘电阻（MΩ）	≥50%初始值	≥90～300	≥2～20	≥10	≥1

综上所述，由于各地区气候条件、设备绝缘结构及绝缘状态、试验方法和接线的差异，除少数结构比较简单和部分低电压设备规定有最低绝缘电阻值外，多数高压电力设备的绝缘电阻难以规定统一的"要求值"，故在 DL/T 596—1996《电力设备预防性试验规程》中采用了"自行规定"或"不作规定"的处理方法，同时强调综合分析判断的方法，正确判断电力设备绝缘状况。

1-77 为什么 DL/T 596—1996《电力设备预防性试验规程》中的有些试验项目只在"必要时"才做？

答：在 DL/T 596—1996《电力设备预防性试验规程》中对有些试验项目只在"必要时"进行，主要原因如下：

（1）电力设备容量的变化。近些年来的试验实践表明，随着变压器的单台容量增大，制造、检修质量的不断提高，绝缘油防劣化措施普遍加强，使变压器整体受潮和劣化缺陷相应减少，有的项目检出缺陷的灵敏度就不够理想。例如，测整台变压器绝缘的介质损耗因数 $\tan\delta$ 实际上反映的是绕组绝缘、套管绝缘、引线绝缘等部分综合的介质损耗因数。如果仅仅有一部分绝缘的介质损耗因数增大，而它又仅占此变压器绝缘结构中很小的一部分，则测得的 $\tan\delta$ 仍变化不大。由于有的地区多年来测量变压器的 $\tan\delta$ 值没有发现缺陷，所有提出在预防性试验中可不进行该项试验，单台变压器容量越大的地区，这种意见越强烈。然而，对老旧变压器，特别是中、小变压器较多的地区，在实践中用 $\tan\delta$ 值来反映变压器的受潮程度还是较为有效的，认为该项试验仍应保留，所以 DL/T 596—1996《电力设备预防性试验规程》提出"必要时"进行该项试验。

（2）试验设备的限制。交流耐压试验是检查电力设备绝缘缺陷很有效的方法，它能对绝缘强度直接进行检验并把弱点明显地暴露出来。所以 DL/T 596—1996《电力设备预防性试验规程》规定，对额定电压为 110kV 以下的电力设备，应进行耐压试验，对 110kV 及以上的电力设备，在必要时应进行耐压试验。"必要时"，一般是指对设备在安装（运输）过程中发现异常或设备绝缘有怀疑时，应创造条件进行耐压试验。这主要是考虑到对 110kV 及以上的高电压、大容量的电力设备进行耐压所需的试验电压高、试验设备容量大，目前不少单位还无条件进行这项试验。若有条件时，也应对高电压、大容量的电力设备进行耐压试验，以及时发现和消除隐患。

（3）综合判断的需要。由于每种试验项目都具有独特性，它只能从某一角度反映绝缘缺陷，而且灵敏度也各有所异。所以为了进一步确定电力设备有无缺陷或缺陷性质与部位，为检修人员做好向导，往往需要增做一些试验项目，如测量绕组直流电阻、空载试验、局部放电试验、操作波试验和测量油中含水量等。

对变压器而言，其潜伏性故障有过热和放电两种型式，而过热又分为绝缘过热和金属性过热，金属性过热又包括分接开关接触不良、接点焊接不良、内部引线螺丝压接不紧、铁芯多点接地及匝间、股间短路等。

例如，某文献中列出了 6 台变压器，首先从油中溶解气体色谱分析判断其故障，均属局部金属性高温过热，这种金属性高温过热可以发生在电路方面，也可以发生在磁路方面。为判断它发生在何处，又对 6 台变压器分别进行直流电阻和低压单相空载损耗测量，通过测量确定，5 台变压器相间直流电阻不平衡，属电路方面的问题，1 台变压器的 U、W 相磁路损耗偏大，属于磁路方面的问题，吊芯检查上夹件两侧穿芯螺丝接地。再如，某 SFSL1-15000kVA/110kV 变压器，在 1982 年底到 1984 年 4 月期间进行色谱分析时，总烃含量从 "0.017%逐渐增加到 0.092%，而且乙烯含量占主要成分，判断为内部裸金属过热，后来测量其直流电阻，发现 35kV 侧直流电阻不平衡系数大于 4%，经综合分析确认 V 相分接开关接触不良，经多次转动后正常。由此可见，对有些试验项目在必要时增做，作为检查性试验（在定期试验发现有异常时，为了进一步查明故障，进行相应的一些试验，也称诊断试验或跟踪试验），对综合分析判断具有重要意义。

（4）检测特定缺陷的需要。根据现场调查，油浸式互感器存在结构设计、制造质量不良的缺陷。在国产电压互感器中，主要存在端部结构密封不良进水、绝缘受潮，绕组绝缘匝间短路，绕组端部绝缘裕度不够，绝缘支架的绝缘板开裂，铁芯的穿芯螺丝电位悬浮，铁芯的磁通密度选用过高等缺陷；在国产电流互感器中，主要存在端部结构密封不良进水、绝缘受潮，电容芯棒的电容屏放置错误，绝缘包扎松散，一次绕组的支撑螺丝松动，铁芯电位悬浮等缺陷。例如，为检查支架缺陷，DL/T 596—1996《电力设备预防性试验规程》规定，在必要时应测量绝缘支架的介质损耗因数。为检查局部缺陷，必要时，进行局部放电试验等。

（5）缩短试验周期。实际运行统计表明，电力设备在整个寿命期间，故障率与时间的关系为：刚投入运行的设备，大约在 4 年的时间内，由于设计、制造工艺、出厂试验条件、安装和运行维护等方面的原因，故障率较高；大约经过 8~12 年到了损耗期，由于零部件老化、磨损等原因，故障率又开始增高，所少在这两个阶段中，经常检查特别重要，为此试验周期有必要缩短，以提高及时发现缺陷的概率。在偶然故障阶段，试验周期可适当延长。

例如，对电容器来说，投运的头两年为早期损坏率，一般高一些，以后 10~15 年时间内年损坏率较低，变化不大，再往后损坏率又要升高。基于此，DL/T 596—1996《电力设备预防性试验规程》规定投运后第一年内要进行预防性试验，以后可在 1~3 年或 1~5 年内进行一次预防性试验，当然在投运 10~15 年以后，又应该适当缩短预防性试验周期。

另外，当测量的参数增长幅度较大时，也应缩短检测周期。

总之，在诊断过程中，有针对性地增加某些必要的试验项目，对提高检出缺陷的灵敏度、确定故障性质和部位都具有重要意义。

1-78　为什么 DL/T 596—1996《电力设备预防性试验规程》规定预防性试验应在天气良好，且被试物及周围环境温度不低于+5℃的条件下进行？

答： 运行经验表明，温度较低时，电力设备绝缘预防性试验结果的准确性差，不易做出正确判断。某电业局曾在低温（低于+5℃）下对 106 件充油设备及套管的 $\tan\delta$ 进行测试，并在较高温度（13~20℃）下进行复试，其结果见表 1-6。高、低温测量过程中未作任何检修处理。

表 1-6　　　　　　　　　　　　在不同温度下设备绝缘试验结果

试验数量		高低温均良好	不能正确分析判断情况				
			低温不良 高温良好	低温良好 高温不良	低温良好 高温可运行	低温不良 高温可运行	低温不能 下结论
件	106	44	14	8	4	2	34
（%）	100	41.5	13.2	7.54	3.77	1.89	32.1

由表 1-6 可见，约有 58.5%的电力设备难以根据低温试验结果做出正确判断。吉林、北京、山西等地区在低温试验中也曾发现类似的情况。

分析认为，当电力设备中有水时，水分多沉积在底部。在低温下水结冰，$\tan\delta$ 值不易灵敏地反映这种状态；在高温下，冰逐渐溶化成水并混入油中，使绝缘劣化，$\tan\delta$ 值有明显增加。如东北某电业局曾先后发生两次国产 66kV 油纸电容式套管爆炸，事故发生后发现套管油中有冰碴。又如东北某电业局发现国产 SW6-220 型少油断路器 V 相内部断路器油的击穿强度为 18.8kV，但到冬季 12 月再次试验就合格了。次年 4 月初该相断路器即发生爆炸，说明低温下测试设备绝缘虽然合格，并不能代表真实情况。

应当指出，某些绝缘材料在温度低于某一临界值时，$\tan\delta$ 值可能随温度的降低而上升，而潮湿的材料在 0℃以下时水分结冰，$\tan\delta$ 会降低。所以过低温度下测得的 $\tan\delta$ 值不能反映真实的绝缘状况。

第十节　绝缘电阻和吸收比试验基础知识

1-79　为什么用绝缘电阻表测量大容量绝缘良好设备的绝缘电阻时，其数值随时间延长而越来越高？

答： 用绝缘电阻表测量绝缘电阻实际上是给绝缘介质上加上一个直流电压，在此电压作用下，绝缘物中产生一个电流 i，所测得的绝缘电阻为 $R_{\mathrm{I}}=U/i$。

由研究和试验分析得知，在绝缘介质上施加直流电压后，产生的总电流 i 由电导电流、电容电流和吸收电流三部分组成。测量绝缘电阻时，由于绝缘电阻表电压线圈的电压是固定的，而流过绝缘电阻表电流线圈的电流随时间的延长而变小，故绝缘电阻表反映出来的电阻值越来越高。

设备容量越大，吸收电流和电容电流越大，绝缘电阻随时间升高的现象就越显著。

1-80　用绝缘电阻表测量绝缘电阻时，10min 的测量结果准，还是 1min 的测量结果准？

答： 当直流电压作用于绝缘介质时，在其中流过充电电容电流、吸收电流和电导电流，随着加压时间的增长，这三种电流的总和值下降，最后稳定为电导电流。由电导电流所决定的电阻即是绝缘电阻。从测量开始稳定到电导电流的过程就称为绝缘吸收过程。这一过程的完成决定于时间常数 $\tau=RC$（R 为试品等值电阻，C 为试品等值电容）。加压时间越长，吸收过程完成得越彻底，也就是流过试品的电流越接近于电导电流，因此，加压时间越长，测量的绝缘电阻越准。但对一般试品，加压 1min 后，吸收过程已基本完成，相应的绝缘电阻已基本代表了试品的绝缘状况。所以一般规定 1min 的绝缘电阻为试品的绝缘电阻值。但对某些大电容试品，如电力电缆、并联电容器、大型发电机、大型变压器等。由于试品电容量大且多为复合介质，极化（吸收）过程往往 1min 不能完成，所以宜测量 10min 的绝缘电阻。

1-81　用绝缘电阻表测量大容量试品的绝缘电阻时，测量完毕为什么绝缘电阻表不能骤然停止，而必须先从试品上取下测量引线后再停止？

答： 在测量过程中，绝缘电阻表电压始终高于被试品的电压，被试品电容逐渐被充电，而当测量结束前，被试品电容已储存有足够的能量；若此时骤然停止，则因被试品电压高于绝缘电阻表电压，势必对绝缘电阻表进行反充电，有可能烧坏绝缘电阻表。

1-82 测绝缘电阻过程中为什么不应用布或手擦拭绝缘电阻表的表面玻璃？

答：对于老式的手摇式绝缘电阻表，用布或手擦拭绝缘电阻表的表面玻璃，也会因摩擦产生静电荷，影响测量结果，所以测试过程中不应擦拭表的表面玻璃。对于新型的电子式绝缘电阻表，也尽量在试验前进行表面玻璃清洁工作。

1-83 影响绝缘电阻测量的因素有哪些？各产生什么影响？

答：影响测量的因素有：

（1）温度。温度升高，绝缘介质中的极化加剧，绝缘介质的电导增加，绝缘电阻降低。

（2）湿度。湿度增大，绝缘表面易吸附潮气形成水膜，表面泄漏电流增大，影响测量准确性。

（3）放电时间。每次测量绝缘电阻后应充分放电，放电时间应大于充电时间，以免被试品中的残余电荷流经绝缘电阻表中流比计的电流线圈，影响测量的准确性。

（4）试品表面污秽。大气中的污秽物随机沉降在运行电气设备的绝缘外表层，形成了设备绝缘表面的污秽层，其成分复杂，但可分为两类物质：可溶于水的导电性物质，以及不溶于水的吸水性物质。正常时，对绝缘的介电性能影响不大；当空气相对湿度较大时，空气中的水分或污秽层被润湿，可溶性导电物质在溶解后使绝缘体表面污秽层的电导率急剧增加，其不溶性的吸水性物质保持水分，起到促进污秽层电导率增大的作用，在外加电压的作用下，绝缘体表面泄漏电流随之大幅度增加，使得其绝缘特性明显降低。

（5）正确地选用测量绝缘电阻表计。

1-84 为什么测量电力设备的绝缘电阻时要记录测量时的温度？

答：电力设备的绝缘材料都在不同程度上含有水分和溶解于水的杂质性（如盐类、酸性物质等）构成电导电流。温度升高，会加速介质内部分子和离子的运动，水分和杂质沿电场两极方向伸长而增加导电性能。因此温度升高，绝缘电阻就按指数函数显著下降。例如，温度升高 10℃，发电机的 B 级绝缘电阻下降 1.9～2.8 倍；变压器 A 级绝缘电阻下降 1.7～1.8 倍。

受潮严重的设备，其绝缘电阻随温度的变化更大。因此测量绝缘电阻时，要记录环境温度。

若刚停运的设备，其温度尚未冷却，还要记录绝缘内的真实温度或变压器的涂层油温，以便将绝缘电阻换算到同一温度进行比较和分析。

1-85 绝缘电阻下降就一定是被试品受潮吗？

答：不一定，充油设备的油质发生变化，也会导致整体绝缘电阻下降。这种油质变化取决于油产地及其添加剂，并不反映变压器绝缘受潮情况，但仍然需要处理。

例如：220kV、360MVA 变压器，在制造厂试验时，利用空载加温测试了较高温时的绝缘电阻值。吸收比随温度升高而增大，极化指数大于 2；介质损耗因数很小，绝缘含水量很小，说明变压器绝缘状况良好。该变压器运到现场，注入现场准备好的合格变压器油，绝缘电阻大幅度下降。这是否反映出在运输与安装过程中受潮呢？现场温度 33℃时，测得吸收比为 700MΩ/260MΩ=2.69，极化指数 3300MΩ/700MΩ=4.71；tanδ=0.25%，油中含水量为 22μL/L，绝缘测量值除绝缘电阻下降外，其他值均呈现良好状态，说明变压器绝缘没有受潮。进一步采样检测发现，纸绝缘电阻 R_P=3220MΩ，油绝缘电阻 R_O=398MΩ，由此看出，油质发生变化，绝缘电阻偏小，导致整体绝缘电阻（纸和油串联）下降。这种油质变化取决于油产地及其添加剂，并不反映变压器绝缘受潮情况。

1-86　介质严重受潮后，吸收比为什么接近 1？

答： 受潮绝缘介质的吸收现象主要是在电场作用下形成夹层极化电荷，此电荷的建立即形成吸收电流，由于水是强极性介质，又具有高电导而很快过渡为稳定的泄漏电流，故吸收现象减弱或消失，吸收比接近 1。

例如：35kV、31.5MVA 变压器，水冷却器漏水，绝缘测试数据普遍低下；28℃时，吸收比 160MΩ/150MΩ；极化指数 170MΩ/160MΩ；tanδ=8.1%，吸收比、极化指数与介质损耗因数均不良，纸中含水量远高于 5%，受潮严重，幸亏变压器电压等级低，绝缘裕度大，才没有在投入运行时立即发生事故。

1-87　什么是极化指数，具体有什么要求？

答： 某些容量较大的电气设备，其吸收过程很长，吸收比 K 不能充分反映绝缘吸收的全过程。引入另一指标极化指数 P，加压 10min 时的绝缘电阻 R_{10} 与加压 1min 时的绝缘电阻 R_1 的比值：

$$P = \frac{R_{10}}{R_1}$$

绝缘良好时，极化指数 P 不应小于某一定值（一般为 1.5）。

对各类高压电气设备绝缘所要求的绝缘电阻、吸收比 K、极化指数 P 的值，在 DL/T 596—1996《电力设备预防性试验规程》中有明确的规定。

1-88　为什么吸收比和极化指数不进行温度换算？

答： 由于吸收比与温度有关，对于良好的绝缘，温度升高，吸收比增大；对于油或纸绝缘不良时，温度升高，吸收比较小。若知道不同温度下的吸收比，则就可以对变压器绕组的绝缘状况进行初步分析。

对于极化指数而言，绝缘良好时，温度升高，其值变化不大，例如某台 167MVA、500kV 的单相电力变压器，其吸收比随温度升高而增大，在不同温度时的极化指数分别为 2.5（17.5℃）、2.65（30.5℃）、2.97（40℃）和 2.54（50℃）；另一台 360MVA、220kV 的电力变压器，其吸收比随温度升高而增大，而在不同温度下的极化指数分别为 3.18（14℃）、3.11（31℃）、3.28（38℃）和 2.19（47.5℃）。它们的变化都不显著，也无规律可循。所以吸收比和极化指数不进行温度换算。

1-89　为什么变压器的绝缘电阻和吸收比反映绝缘缺陷有不确定性？

答： 首先分析变压器的绝缘及其吸收过程。变压器主绝缘是组合绝缘结构，由纸板和油隙组成。在进行绝缘电阻测试时，有持续时间很长的吸收过程。因此测量的 60s 的绝缘电阻和吸收比都受绝缘的吸收参数 G 的影响，而 G 取决于各层介质绝缘的不均匀度和$(R_1 \times C_1 - R_2 \times C_2)^2$（$R_1$、$C_1$、$R_2$、$C_2$ 分别为相邻两层绝缘材料的绝缘电阻值和电容值）的大小有关，G 具有不确定性，所以变压器的绝缘电阻和吸收比反映绝缘缺陷有不确定性。比如变压器绝缘不良但是各层劣化的程度接近，即介质的不均匀度一致，那么 G 就很小，K 也很小。但是 K 很小，是变压器绝缘良好的表现，这样就给综合分析判断带来了复杂性。所以变压器的绝缘电阻和吸收比反映绝缘缺陷有不确定性。虽然出现这种问题的概率很低，但是也必须保持足够的警惕，因此现场往往还需要开展其他的绝缘预防性试验来综合判断设备绝缘状况。

1-90　当前在变压器吸收比的测量中遇到的矛盾是什么？它有哪些特点？

答：当前在变压器吸收比的测量中遇到的主要矛盾如下：

（1）一般工厂新生产的变压器，发现吸收比偏低，而多数绝缘电阻值却比较高。

（2）运行中有相当数量的变压器，吸收比低于 1.3；但一直运行安全，未曾发生过问题。

对这些现象有各种各样的分析，一时难以统一。但有些看法是共同的，认为吸收比不是一个单纯的特征数据，而是一个易变动的测量值，总结起来有以下特点：

1）吸收比有随着变压器绕组的绝缘电阻值升高而减小的趋势。

2）绝缘正常情况下，吸收比有随温度升高而增大的趋势。

3）绝缘有局部问题时，吸收比会随温度上升而呈下降的现象。

在实际测量中也发现有一些变压器的吸收比随着温度上升反而呈现下降的趋势，其中有一部分变压器绝缘状况属于合格范围，研究者对此进行了分析：

当变压器纸绝缘含水量很小（约 0.3%），油的 $\tan\delta$ 较大（约 0.08%～0.52%），吸收比数值会随温度上升而下降。这时的绝缘状况仍然合格。

当变压器纸绝缘含水量越大，其绝缘状况越差，绝缘电阻的温度系数越大，吸收比数值较低，且随温度上升而下降。

有的研究者认为，由于干燥工艺的提高，油纸绝缘材质的改善，变压器的大型化，吸收过程明显变长，出现绝缘电阻提高、吸收比小于 1.3 而绝缘并非受潮的情况是可以理解的。因此，当绝缘电阻高于一定值时，可以适当放松对吸收比的要求。

究竟绝缘电阻高到什么数值情况下，吸收比不作要求。从经验上说，当温度在 10℃时，110、220kV 的变压器，其绝缘电阻 $R_{60''} > 3000\text{M}\Omega$ 时，可以认为其绝缘状况没有受潮，可以对吸收比不做考核要求。另一个判别受潮与否的经验数据是：绝缘受潮的变压器，$R_{60''}$ 与 $R_{15''}$ 之差通常在数十兆欧以下，且最大值不会超过 200MΩ（$R_{60''}$ 与 $R_{15''}$ 分别为持续加压测试至第60s 和第 15s 时绝缘电阻的测得值）。

1-91　绝缘电阻和吸收比试验在进行结果分析的时候有什么注意事项？

答：绝缘电阻 R、吸收比 K 只是参考性指标，其合格不能肯定绝缘良好，尤其是电压高的设备，因绝缘电阻表（兆欧表）额定电压低。但其不合格绝缘中肯定有某种缺陷。

测绝缘电阻能有效发现的缺陷有：总体绝缘质量欠佳；绝缘整体受潮；两极间有贯穿性的导电通道；表面脏污（比较有或无屏蔽极时所测得的数值）。

测绝缘电阻不能发现的缺陷有：绝缘中的局部缺陷（如非贯穿性的局部损伤、裂缝、内部气隙等缺陷）；绝缘的老化（因为老化了的绝缘，其绝缘电阻还可能是比较高的）。

1-92 用绝缘电阻表测量电气设备的绝缘电阻时应注意些什么？

答： 用绝缘电阻表测量电气设备的绝缘电阻时应注意以下几条：

（1）根据被测试设备不同的电压等级，正确选用相应电压和电流等级的绝缘电阻表。表计使用前应检验正常。

（2）使用时应将绝缘电阻表水平放置。

（3）测量大容量电气设备绝缘电阻时，测量前被试品应充分放电，以免残余电荷影响测量的准确性。

（4）绝缘电阻表达到额定转速再搭上测量线，同时记录时间。

（5）指针平稳或达到规定时间后再读取测量数值。

（6）先断开测量线，再停止摇动绝缘电阻表手柄或关断绝缘电阻表电源。

（7）对被试品充分放电。

（8）试验接线应该接牢，高压线应该短而且悬空，不能拖地或接触设备仪器的外壳。

（9）试验前应尽量拆除相关设备的高压引线。

例如：某变电站一台 SFZ11-40000/110 变压器，2005 年 12 月 22 日进行绝缘电阻测试，发现该变压器高、低压侧吸收比小于 1.3，而低压侧绝缘电阻值与前一次试验结果相比偏小，高压侧绝缘电阻值与前一次试验结果相比基本相等。两次测试条件：2003 年 11 月 20 日，天气阴、气温 15℃、湿度 58%、变压器温度 48℃；2005 年 12 月 22 日，天气阴、气温 11℃、湿度 62%、变压器温度 45℃。测验结果，比较（已进行过温度换算）见表 1-7。

表 1-7　　　　　　　　　　　变压器二次测试结果比较

试验日期	2003 年 11 月 20 日		2005 年 12 月 22 日	
测试部位	绝缘电阻（MΩ）	吸收比	绝缘电阻（MΩ）	吸收比
低压-高压及地	18 000	1.35	8000	1.05
高压-低压及地	35 000	1.37	32 000	1.10

现场分析发现，该变压器高、低压侧的引线未解，低压侧连接 10kV 母线桥，高压侧连接至 110kV 隔离开关（已断开），将变压器高、低压侧的引线解开后，低压侧绝缘电阻达到 16 000MΩ，吸收比 1.31，高压侧吸收比 1.34。

1-93 为什么绝缘电阻表与被试品间的 L 与 E 连线不能铰接或拖地？

答： 绝缘电阻表与被试品间的连线应采用厂家为绝缘电阻表配备的专用线，而且 L 与 E 线不能铰接或 L 线拖地，否则会产生测量误差。两根连线铰接后测量值变小；两根连线铰接后再接地测量值更小。为保证测量的准确性，应采用绝缘电阻高的导线作为连接线，否则会引起很大误差。例如，某台 1000kVA、10kV 的配电变压器高压绕组对低压绕组、高压绕组对地的绝缘电阻应为 1700MΩ，现场测量时，由于采用长而拖地连接线，测得的绝缘电阻仅为 50～80MΩ。再如，测试 3 台 S7-400/10 型变压器的绝缘电阻，其值均为 150MΩ，而出厂试验报告上的绝缘电阻均为 104MΩ左右，数据很不相符。经检查，是绝缘电阻表两引线盘绕在一起所致。

第十一节　常规介质损耗因数试验基础知识

1-94　产生介质损耗的原因是什么？

答：产生介质损耗的原因有：

（1）电导引起的损耗。

（2）电介质极化引起的损耗。

（3）局部放电引起的损耗。交流电压下，绝缘体内的局部放电产生电介质损耗比直流电压下强烈。一般油浸纸绝缘交流电容器用于直流时，往往长期运行电压能用到原额定值的4～5倍，而不是1.732倍，也是这个原因。

1-95　介质损耗因数的物理特性有什么特点？

答：介质损耗因数是在交流电压作用下电介质中电流的有功分量和无功分量的比值，是一个无量纲的数，反映的是电介质内单位体积中能量损耗的大小。

$$\tan\delta = \frac{I_\text{R}}{I_\text{C}} = \frac{\dfrac{U}{R}}{U\varepsilon C}$$

平板电容器的绝缘电阻和电容为

$$R = \rho\frac{d}{S}$$

$$C = k\varepsilon\frac{S}{d}$$

$$\tan\delta = \frac{1}{\varepsilon CR} = \frac{1}{\omega k\varepsilon\rho}$$

可见，对于均匀介质，绝缘介质损耗因数是只与被试品的材料特性有关，它反映单位体积内的介质损耗，而与被试品的结构、形状、几何尺寸、体积无关。

1-96　为什么说测量电气设备的介质损耗因数，对判断设备绝缘的优劣状况具有重要意义？

答：在绝缘受潮和有缺陷时，泄漏电流要增加，在绝缘中有大量气泡、杂质和受潮的情况，将使夹层极化加剧，极化损耗要增加。这样，介质损耗因数的大小就直接与绝缘的好坏状况有关。同时，介质损耗引起绝缘内部发热，温度升高，这促使泄漏电流增大，导致极化加剧，介质损耗增大使绝缘内部更热，如此循环，可能在绝缘弱的地方引起击穿，故介质损耗值既反映了绝缘本身的状态，又可反映绝缘由良好状况向劣化状况转化的过程。同时介质损耗本身就是导致绝缘老化和损坏的一个因素。测试变压器绕组连同套管的 $\tan\delta$ 的目的主要是检查变压器整体是否受潮、绝缘油及纸是否劣化、绕组上是否附着油泥及存在严重局部缺陷等。还可以测量变压器绕组的 $\tan\delta$ 和电容量，作为绕组变形判断的辅助手段之一。另外对于电气设备的电压致热型缺陷，还可以与红外热成像测试中的精确测温试验方法相互验证。

1-97　现场测量 $\tan\delta$ 时，往往出现 $-\tan\delta$，阐述产生 $-\tan\delta$ 的原因。

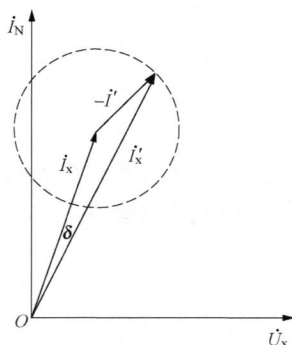

图 1-9　干扰电流 $-I'$ 引起的 $\tan\delta$ 变化示意图

答：产生 $-\tan\delta$ 的原因有：

（1）标准电容器 C_N 有损耗，或者标准电容器受潮，使得 $\tan\delta_N > \tan\delta_x$。

（2）电场干扰。

（3）磁场干扰。

（4）试品周围构架杂物与试品绝缘结构形成的空间 T 形干扰网络的影响。

（5）空气相对湿度及绝缘表面脏污的影响。

如图 1-9 所示，干扰电流 $-I'$ 引起的 $\tan\delta$ 的变化随干扰电流 $-I'$ 的数值及相位决定。干扰电流 $-I'$ 的相位是任意的，干扰源固定时，干扰电流的"→"端轨迹为一圆。显然当干扰电流的"→"端落在纵轴左侧虚线圆圈所在位置的时候，就会出现 $-\tan\delta$。

1-98　在电场干扰下测量电力设备绝缘的 $\tan\delta$，其干扰电流是怎样形成的？

答：在现场预防性试验中，往往是部分被试设备停电，而其他高压设备和母线则带电。因此停电设备与带电母线（设备）之间存在着耦合电容，如果被试设备通过测量线路接地，那么沿着它们之间的耦合电容电流便通过测量回路。如图 1-10 所示，若把被试设备以外的所有测量线路都屏蔽起来，这时从外部通过被试设备在测量线路中流过的所有电流之和称为干扰电流。因此，干扰电流是沿着干扰元件与测量线路相连接的试品间的部分电容电流的总和。干扰电流的大小及相位取决于干扰源和被试设备之间的耦合电容，以及取决于干扰源上电压的高低和相位。干扰电流的数值可利用西林电桥进行测量。

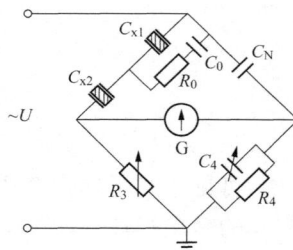

图 1-10　西林电桥

干扰电流实际上在大多数情况下是由一个最靠近被试设备的干扰元件（例如一带电母线或邻近带电设备）所产生的，但也必须考虑到所有干扰元件的影响。因为总干扰电流是由各个干扰源的各自干扰电流所组成，而次要干扰元件能使通过被试设备的干扰电流有不同的数值和相位。由此可知，干扰电流是一个相量，它有大小和方向，当被试设备确定和运行方式不变的情况下，干扰电流的大小和方向即可视为不变。

1-99　测量电气设备的介质损耗因数时，消除或减小电场干扰的方法有哪些？

答：消除或减小电场干扰方法有以下 5 种：

（1）使用移相器消除干扰法。使干扰电流 I' 与 I 同相或反相，则流过 R_3 的电流 $I_{x'}$ 与 I_x 的夹角为 0，有无干扰测得的 $\tan\delta$ 是相同的。

（2）用选相倒相法。

（3）在被试品上加屏蔽环或罩，将电场干扰屏蔽掉。在被试品高压部分加屏蔽罩，并将屏蔽罩与电桥的屏蔽相连，以消除耦合电容的影响。

（4）用分级加压法。

（5）桥体加反干扰源法。

1-100 测量电气设备的介质损耗因数时，消除或减小磁场干扰的措施有哪些？

答：当电桥靠近漏磁通较大的设备时，会受到磁场的干扰。这一干扰主要是由于磁场作用与电桥检流计内的电流线圈回路引起的。

将电桥移至磁场干扰范围以外，或将桥体就地转动改变角度找到干扰的最小的方位。

或将检流计极性转换开关分别置于正、反两个位置测量两次来消除磁场干扰的影响。

若存在磁场干扰时，电桥调平衡后测量臂的数值为 $R_3+\Delta R_3$、$C_4+\Delta C_4$，此时检流计两端有电位差。因需要克服磁场干扰电势才使检流计指零。

改变检流计极性开关位置测量，电桥调平衡后测量臂的数值为 $R_3-\Delta R_3$、$C_4-\Delta C_4$。

实际试品的 $\tan\delta$ 及 C_x 为

$$\tan\delta \approx \frac{\tan\delta_1 + \tan\delta_2}{2}$$

$$C_x \approx C_N \frac{R_4}{R_3} = C_N R_4 \frac{2}{R_3' + R_3''} = \frac{2C_x'C_x''}{C_x' + C_x''}$$

1-101 在进行小电容量试品的介质损耗因数测量时，应注意哪些外界因素的影响？

答：外界因素的影响有：

（1）电力设备绝缘表面脏污。

（2）电场干扰和磁场干扰。

（3）试验引线的设置位置、长度。

（4）温度与湿度。

（5）周围环境杂物等。

这是因为当 C_x 较小时，$|\tan\delta|$ 值较大，因此在进行电容套管、电流互感器、串级式电压互感器支架等小电容试品的介质损耗因数测量时，尤其要注意空间干扰网络的影响。

例如：在华东某 110kV 变电站对 1 号主变压器 110kV 套管进行测试。当时该套管未安装在变压器上，将套管由螺丝紧固在套管铁支架上，再将铁支架接地，进行套管的 $\tan\delta$ 测试时，$\tan\delta$ 测量值 U 相为 -10%，V 相为 -8.3%，W 相为 -9.6%。查找各方面原因，最后用接地线直接将法兰接地，负值消除，测得套管的 $\tan\delta$ 值 U 相为 0.5%，V 相为 0.5%，W 相为 0.6%。显然，套管 $\tan\delta$ 出现负值是由于法兰没有很好接地引起的。

1-102 能否用屏蔽法消除测量高压电流互感器介质损耗因数时出现的电磁干扰？

答：可以。为消除电磁干扰，现场曾用 QS1 型电桥反接线并采用部分屏蔽法和全屏蔽法测量 $LCWD_2$-110 型高压电流互感器的介质损耗因数，其测量结果如下：

（1）部分屏蔽法。采用钢板进行部分屏蔽，如图 1-11 所示，其测量结果见表 1-8，$U_S=10kV$。

表 1-8 | LCWD$_2$-110 型高压电流互感器的 tanδ 测量结果 单位：%

项目	U	V	W	备　　注
大修后	8.7	4.2	2.4	三相电阻为 4000、4000、6000MΩ，油耐压为 58kV，合格，tanδ 值较大，有人建议换油
换油后	8.6	3.8	1.6	U、V 相 tanδ 值仍然不合格，分析为电流互感器上方带电母线干扰所致
部分屏蔽	−7.3			屏蔽起作用，但仍然超出规程范围，说明屏蔽面积小
全屏蔽	0.3	0.1	0.3	用铁丝网格将电流互感器上部全部屏蔽，效果好

可见，屏蔽对带电母线引起的电场干扰起了一定作用，所测值有所下降，但仍超出那范围，这说明屏蔽面积小，所以决定采用全屏蔽。

（2）全屏蔽法。用铁丝网将电流互感器的上部全部屏蔽起来，如图 1-12 所示，测量结果见表 1-8。由表 1-8 可见，全屏蔽法基本消除了电磁场干扰。所以它是消除电磁场干扰行之有效的方法之一。

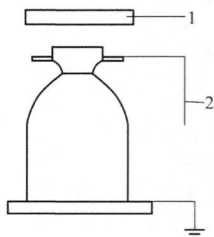

图 1-11　用钢板部分屏蔽

1—钢板；2—试验线

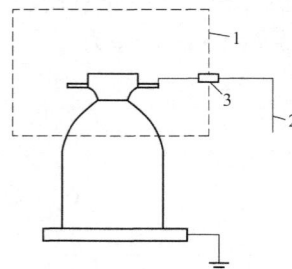

图 1-12　用屏蔽罩全屏蔽

1—屏蔽罩；2—试验线；3—引线小套管

1-103　**为什么在测量介质损耗因数时，QS1 型西林电桥高压引出线不能接触设备仪器的外壳，也不能拖在地上，必须悬空？**

答：悬空会避免导致试验结果失真，或出现 −tanδ。

如：安徽省某供电局在某变电站 110kV 全停的条件下曾对两台耦合电容（型号为 Y-110/$\sqrt{3}$）用 QS1 型西林电桥测量介质损耗因数，均出现相似的异常测量结果，其中一台的测量结果为，正接线时 tanδ=0.2%，反接线时 tanδ=−0.6%，试验电压为 10kV。由于电源正反相时试验结果相同，说明没有外界电场干扰。并且用反接线测量时，介质损耗因数随试验电压的增高不断减小，而用正接线测量时却没有这一异常现象。一般情况下，用反接线测量时电容量应该比正接线多出一个并联支路，即一次对底座及地的电容。理论上应该是反接线测量的电容值比正接线要大，而实际测得的电容值却小于正接线测得的电容值。

研究表明，出现异常现象的主要原因是不同接线时杂散阻抗的影响。对于 tanδ 检查发现主要是引出线的三脚插头胶木已靠着出线有机玻璃板，且试验时相对湿度为 78% 使有机玻璃板和胶木的电导增加，并且随试验电压的增加电导电流相应增加，从而使被试品和标准电容的杂散电容损耗 tanδ_{X0} 和 tanδ_{N0} 随试验电压增高而增加，以致反接线时出现表中 tanδ 的异常结果。对于电容值，反接线测得的电容量小于正接线测量值的主要原因是反接线测量时由于被试品电容量较大，杂散电容 C_{X0} 的影响可以忽略。C_{N0} 的影响使标准电容器的电容量增大，但在计算被试品电容时却仍按 $C_N=50pF$ 进行计算，使计算出的电容量较实际电容量小，所以出现偏小的测量误差。而在正接线测量时，没有 C_{N0} 的影响，所以测得的电容量为实际被试品的电容量。从而使反接线测量的电容量小于正接线测量的电容量。目前现场适用的光导电桥等设备，高压线一般都有屏蔽措施，可以拖在地上。

1-104　测量介质损耗因数的试验有哪些接线方式？有什么特点？

答：测量 $\tan\delta$ 有正接线和反接线两种接线方式。被试品两极均可以对地绝缘最好用正接线。如套管和绝缘子等。正接线不宜受外界干扰，测量结果比较准确。但是现场大部分被试品如大型变压器是固定在地上的，属于死接地，测量变压器绕组的 $\tan\delta$ 只能用反接线。反接线时电桥本身带高压，测量要采取充分地安全措施，并且电桥本体易受电磁场干扰，测量结果不太准确。

1-105　测量小容量试品的介质损耗因数时，为何要求高压引线与试品的夹角不小于 90°？

答：由于试品容量很小，高压引线与试品的杂散电容对测量的影响不可忽视。图 1-13 为测量互感器介质损耗因数的接线图。高压引线与试品（端绝缘和支架）间存在杂散电容 C_0，当瓷套表面存在脏污并受潮时，该杂散电流存在有功分量，使介质损耗因数的测量结果出现正误差。某单位曾对一台电压互感器在高压引线角度为 10°、45°和 90°下进行测量，测得 $\tan\delta_{10°}:\tan\delta_{45°}:\tan\delta_{90°}=4:2:1$。显然，为了测量准确，应尽量减小高压引线与试品间的杂散电容，在气候条件较差的情况下尤为重要。由上述实测结果表明，当高压引线与试品夹角为 90°时，杂散电容最小，测量结果最接近实际介质损耗因数。

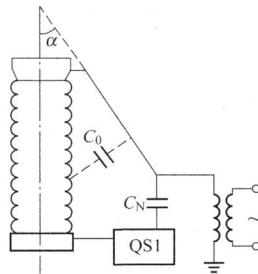

图 1-13　测量互感器介质损耗因数的接线图

1-106　为什么用电桥测量小电容试品介质损耗因数时，采用正接线好？

答：小电容（＜500pF）试品主要有电容型套管、电容型电流互感器等。对这些试品采用电桥的正、反接线进行测量时，其介质损耗因数的测量结果是不同的，其原因分析如下。

按正接线测量一次对二次或一次对二次及外壳（垫绝缘）的介质损耗因数，测量结果是实际被试品一次对二次及外壳绝缘的介质损耗因数。而一次与顶部周围接地部分之间的电容和介质损耗因数均被屏蔽掉（电桥正接线测量时，接地点是电桥的屏蔽点）。为了在现场测试方便，可直接测量一次对二次的绝缘介质损耗因数，便可以灵敏地发现其进水受潮等绝缘缺陷，而按反接线测量的是一次对二次及地的介质损耗因数值。由于试品本身电容小，而一次与顶部对周围接地部分之间的电容所占的比例相对就比较大，也就对测量结果（反接线测量的综合介质损耗因数）有较大的影响。

由于正接线具有良好的抗电场干扰、测量误差较小的特点，一般应以正接线测量结果作为分析判断绝缘状况的依据。

1-107 为什么测量大电容量、多元件组合的电力设备绝缘的 $\tan\delta$，对反映局部缺陷并不灵敏？

答：对小电容量电力设备的整体缺陷，$\tan\delta$ 确有较高的检测力，比如纯净的变压器油耐压强度为 250kV/cm；坏的变压器油是 25kV/cm；相差 10 倍。但测量介质损耗因数时，$\tan\delta_{(好油)}=0.01\%$，$\tan\delta_{(坏油)}=10\%$，要相差 1000 倍。可见介质损耗试验灵敏得多。但是，对于大容量、多元件组合的设备，如发电机、变压器、电缆、多油断路器等，实际测量的总体设备介质损耗因数 $\tan\delta_x$ 则是介于各个元件的介质损耗因数的最大值与最小值之间。因为局部集中性的缺陷所引起的损失增加只占总损失的极小部分，不足以使整台设备的介质损耗因数明显变化而被掩盖。因此不能从整体的介质损耗因数反映出来。这样，对于局部的严重缺陷，测量 $\tan\delta_x$ 反映并不灵敏。从而有可能使隐患发展为运行故障。

鉴于上述情况，对大容量、多元件组合体的电力设备，测量 $\tan\delta$ 必须解体试验，才能从各元件的介质损耗因数值的大小上检验其局部缺陷。

1-108 试验中有时发现绝缘电阻较低，泄漏电流大而被认为不合格的被试品，为何同时测得的 $\tan\delta$ 值还合格呢？

答：绝缘电阻较低，泄漏电流大而不合格的试品，一般表明在被试的并联等值电路中，某一支路绝缘电阻较低，而若干并联等值电路的 $\tan\delta$ 值总是介于并联电路中各支路最大值与最小值之间，且比较接近体积较大或电容较大部分的值，只有当绝缘状况较差部分的体积很大时，实测 $\tan\delta$ 才能反映出不合格值，当此部分体积较小时，测得整体的 $\tan\delta$ 不一定很大，可能小于规定值，对于大型变压器的试验，经常出现这种现象，应引起注意，避免误判断。

例如：某变电站使用 QS1 型西林电桥对一台双绕组变压器（型号为 SJL-6300/60）进行预防性试验。高压绕组对低压绕组及地的泄漏电流值高达 42μA，较上年测试值均增长 5 倍，但 $\tan\delta$ 为 0.2%，和上年相同。分解试验后，测高压侧套管的 $\tan\delta$，发现 V 相 $\tan\delta$ 值达 5.3%，明显不合格。

1-109 测量绝缘油的 $\tan\delta$ 时，为什么一般要将油加温到约 90℃后再进行？

答：绝缘油的 $\tan\delta$ 随温度升高而增大，越是老化的油，其 $\tan\delta$ 随温度的变化也越快。例如，老化的油在 20℃时 $\tan\delta$ 值仅相当于新油 $\tan\delta$ 值的 2 倍，在 100℃时可相当于 20 倍。也常遇到这种情况，20℃时油的 $\tan\delta$ 值不大，而 90℃所测得的 $\tan\delta$ 又远远超过标准，所以应尽量在高温时测量油的 $\tan\delta$。

另外，变压器油的温度常能达到 70~90℃，所以测量 90℃绝缘油的 $\tan\delta$ 值对保证变压器安全运行是一个较重要的参数。

基于上述，DL/T 596—1996《电力设备预防性试验规程》规定在 90℃下测量绝缘油的 $\tan\delta$。

1-110 为什么说在低于 5℃时，介质损耗试验结果准确性差？

答：温度低于 5℃时，受潮设备的介质损耗试验测得的 $\tan\delta$ 值误差较大，这是由于水在油中的溶解度随温度降低而降低，在低温下水析出并沉积在底部，甚至成冰。此时测出的 $\tan\delta$ 值显然不易检出缺陷，而且仪器在低温下准确度也较差，故应尽可能避免在低于 5℃时进行设备的介质损耗试验。

1-111　测试 $\tan\delta$ 能有效发现绝缘的缺陷是什么？不能有效发现绝缘的缺陷是什么？

答：测试 $\tan\delta$ 能有效发现绝缘的下列缺陷：

（1）受潮；

（2）贯穿性导电通道；

（3）绝缘老化劣化，绕组上积附油泥；

（4）绝缘内含气泡的电离，绝缘分层；

（5）绝缘油脏污、劣化等。

测试 $\tan\delta$ 对于下列缺陷不太灵敏：

（1）非贯穿性的局部损坏；

（2）很小部分绝缘的老化劣化；

（3）个别的绝缘弱点。

即测量 $\tan\delta$ 对较大面积的分布性的绝缘缺陷较灵敏，对个别局部的非贯穿性的绝缘缺陷不灵敏。

另外用测量 $\tan\delta$ 的方法分析绝缘时，要求 $\tan\delta$ 不应有明显的增加或下降。因为当绝缘有缺陷时，有的使 $\tan\delta$ 增大，有的使 $\tan\delta$ 减小。如某变压器进水受潮，但测 $\tan\delta$ 却下降。进水后既可导致有功功率 P 增加（I_R 增大），也可导致无功功率 Q 增大（水的介电常数大，I_{Cx} 增大）。

1-112　测试 $\tan\delta$ 测量时主要注意事项是什么？

答：测试 $\tan\delta$ 测量时主要注意事项有：

（1）尽可能分部分测量。一般测得的 $\tan\delta$ 值是被测绝缘各个部分 $\tan\delta$ 的平均值，全部被测绝缘体可以看成是各个部分绝缘体的并联。假定电容为 C_2 的部分存在缺陷，当缺陷部分的体积与整个绝缘的体积之比越小，即 C_2/C_x 越小，C_2 中的缺陷在测量整体的 $\tan\delta$ 时越难发现。

对电容量较小的设备，如套管、互感器等，测量 $\tan\delta$ 能有效地发现局部集中性和整体分布性的缺陷。但对电容量较大的设备，如大中型变压器、电力电缆、电容器、发电机等，测 $\tan\delta$ 只能发现整体分布性缺陷。因此，通常对运行中的电机、电缆等设备进行预防性试验时，不做 $\tan\delta$ 测试。

对于可以分解为几个绝缘部分的被试品，分解后来进行 $\tan\delta$ 的测试，可以更有效地发现缺陷。

（2）测量时应选取合适的温度。绝缘的 $\tan\delta$ 值与温度有关，但 $\tan\delta$ 值与温度之间没有准确的换算关系，故应尽量在差不多的温度条件下测量 $\tan\delta$，并以此作比较。通常以 20℃时的 $\tan\delta$ 值作为参考标准。

（3）测量时应选取合适的试验电压。良好的绝缘，在其额定电压范围内，$\tan\delta$ 值是几乎不变。如果绝缘中存在气泡、分层、脱壳等，当所加试验电压足以使绝缘中的气泡或气隙放电，或者电晕、局部放电发生时，$\tan\delta$的值将随试验电压的升高而迅速增大。测定 $\tan\delta$时所加的电压，原则上最好接近于被试品的正常工作电压。所加电压过低，则不易发现绝缘中的缺陷，过高则容易对绝缘造成不必要的损失。实际上多难以达到正常工作电压，一般多用 10kV。

（4）测量时注意消除被试品表面泄漏电流的影响。表面泄漏电流对 $\tan\delta$测量结果的影响程度与被试品电容量有关，对小容量的被试品如套管、互感器等表面泄漏电流影响较大。试验时被试品表面应清洁、干燥，必要时加屏蔽环，屏蔽环应装设在被试品与桥体相连的一端附近的表面上，且应与被试品与桥体连线的屏蔽相连。

（5）测量变压器绕组的整体 $\tan\delta$时必须将每个绕组的首尾短接，非被测绕组的首尾短接接地，否则会产生很大的误差。

原因：绕组绝缘的容性电流流过绕组时产生较大的磁通，绕组电感和励磁铁损会使测量结果产生很大的误差。

（6）尽量消除试验回路里可能产生的高压电晕现象。比如高压线要足够粗，高压线和设备连接的地方不能裸露金属线头，尽量把所有的金属线头都压在连接螺母的下面。高压引线的直径较细时，当试验电压超过一定数时，就可能产生电晕。

例如，某 110kV 电流互感器用不同的高压引线测量 $\tan\delta$，施加电压为 36.5kV，高压引线分别为 ϕ38mm 铜管、ϕ80mm 蛇皮管、$10mm^2$ 软铜线、细铁丝时，测得的 $\tan\delta$分别为 0.4%、0.4%、0.63%、1.46%。可见当高压引线的直径较细时，就可能产生电晕，使测得的 $\tan\delta$值偏大。实测表明，当高压引线的直径取为 50～100mm 时可以获得正确的测量结果。试验现场使用的均是高压屏蔽导线。不会产生电晕，如果使用的仪器没有高压屏蔽线，就必须考虑这个因素。

1-113　测量介质损耗因数的时候是不是要必须放电，有什么注意要点？

答：拆、接试验接线前，应将被试设备对地充分放电，时间不小于 5min。否则设备内部的残余电荷会干扰试验结果。试验结束后，也必须对被试品充分放电。特别是如果试验过程中出现了高压引线的松动脱落，必须对被试品进行充分放电，才能够触碰被试品。因为在非正常切断高压回路的时候，如在升压试验时如果高压引线意外脱落，高压交流电路发生截弧，这时被试品上面带有大容量的高压电，不放电直接触碰，极易造成人身伤亡事故。

1-114　解决表面泄漏引起正接线测量介质损耗减小的方法是什么？

答：方法有：
（1）擦干净瓷套表面的脏污。
（2）在阳光下曝晒试品或加热烤干瓷套，变压器套管吹干中间三裙。
（3）高压线尽量水平拉远，不要贴近瓷套表面。
（4）改用末端加压法或常规法测量电磁式电压互感器。
（5）做安装前存放的变压器套管时一定要放在套管架上试验，不能斜靠在墙上或躺放在地上。

1-115　分析判断 $\tan\delta$试验的测量结果有什么值得注意的要点。

答：介质损耗因数既反映了绝缘本身的状态，又可反映绝缘由良好状况向劣化状况转化的过程。同时介质损耗本身就是导致绝缘老化和损坏的一个因素。因此对所测到的 $\tan\delta$，既要注意绝对值，也要注意增长率。对接近允许值且历次数据有增长趋势者要引起注意。

案例 1 有一台 220kV 的电流互感器，其 tanδ 值在预防性试验中是 1.4%，与 DL/T 596—1996《电力设备预防性试验规程》规定的 1.5% 接近，但比前一年的 0.4% 增长了 2.5 倍。由于认为未超标准，未引起重视，结果发生了事故。因此 tanδ 的增长率甚至比其绝对值更重要。

案例 2 与设备历次（年）的试验结果相互比较。例如，某 66kV 电流互感器，连续两年测得的 tanδ 分别为 0.58% 和 2.98%。由于认为没有超过 DL/T 596—1996《电力设备预防性试验规程》要求值 3% 而投入运行，结果 10 个月后发生爆炸。

1-116 为什么用 tanδ 值进行绝缘分析时，要求 tanδ 值不应有明显的增加和下降？

答：绝缘的 tanδ 值是判断设备绝缘状态的重要参数之一。当绝缘有缺陷时，有的使 tanδ 值增加。有的却使 tanδ 值明显下降。如华东某变电站一台 120000/220 型自耦变压器，在安装过程中发现进水受潮，但测其 tanδ 值却下降，例如低压对高压中压和地的 tanδ 值由 0.4% 下降到 0.1%，而 C_x 却增加，约为 2%～2.7%。因为进水后绝缘等值相对介电常数（电容率）增加，从而使电容量增加。这样变压器进水后，既可导致有功功率 P 增加，也可导致无功功率 $Q=\omega C_x U^2$ 增加，而 tanδ=P/Q。所以 tanδ 值既有可能增加也有可能不变，甚至减小。

在这种情况下，若再测量电容量，则有助于综合分析，发现受潮。另外，若绝缘中存在的局部放电缺陷发展到在试验电压下完全击穿并形成短路时，导电的离子杂质增加，也会使 tanδ 值明显下降。因此现场用 tanδ 值进行电力设备绝缘分析时，要求 tanδ 值不应有明显的增加和下降，即要求 tanδ 值在历次试验中不应有明显变化。

1-117 tanδ 与电压的关系是什么？

答：良好绝缘的 tanδ 随电压升高应无明显变化。当 tanδ 随电压升高明显减小或明显增加时，则说明绝缘存在缺陷，比较表 1-9 三台 500kV 电流互感器即可看出这一点。

IEC 标准中规定，套管在不同电压下 tanδ 增量允许值为从 $0.5U_m/1.732$ 可增至 $1.05U_m/1.732$，应不大于 0.1%。TA 与套管绝缘结构相同，可参考使用。国产电流互感器 TA 的 tanδ 标准可适当放宽到 0.3%。

表 1-9　　　　　　　　　　　tanδ 与电压的关系的典型的例子

序号	测量电压		备　　注
	160kV	320kV	
1	0.31	0.33	施加 320kV 电压，1250A 电流 36h，tanδ 稳定在 0.3
2	0.63	0.71	施加 320kV 电压，1250A 电流 18h，tanδ 稳定在 0.8
3	0.79	0.56	施加 320kV 电压，加热 64℃，2h 后热击穿

相别	绝缘电阻（MΩ）	tanδ（%）		预防试验规程要求值
		上年	本年	
U	10 000	0.213	0.96	
V	10 000	0.128	0.125	tanδ≤2.5%
W	10 000	0.152	0.173	

第十二节　常规泄漏电流试验的基础知识

1-118　泄漏和泄漏电流的物理意义是什么？

答：绝缘体是不导电的，但实际上几乎没有一种绝缘材料是绝对不导电的。任何一种绝缘材料，在其两端施加电压，总会有一定电流通过，这种电流的有功分量叫作泄漏电流，而这种现象也叫作绝缘体的泄漏。

1-119　直流泄漏试验和直流耐压试验相比，其作用有何不同？

答：直流泄漏试验和直流耐压试验方法虽然一致，但作用不同。直流泄漏试验是检查设备的绝缘状况，其试验电压较低，直流耐压试验是考核设备绝缘的耐电强度，其试验电压较高，它对于发现设备的局部缺陷具有特殊的意义。

1-120　测量直流高压有哪几种方法？

答：测量直流高压必须用不低于 1.5 级的表计和分压器进行，常采用以下几种方法：
（1）高电阻串联微安表测量，这种方法可测量数千伏至数万伏的高压。
（2）高压静电电压表测量。
（3）在试验变压器低压侧测量。
（4）用球隙测量。

1-121　在测量泄漏电流时如何排除被试品表面泄漏电流的影响？

答：为消除被试品表面吸潮、脏污对测量的影响应做如下工作：
（1）可采用干燥的毛巾或加入酒精、丙酮等对被试品表面擦拭。
（2）在被试品表面涂上一圈硅油。
（3）采用屏蔽使表面泄漏电流通过屏蔽线不流入测量仪表。
（4）用电吹风干燥试品表面。

1-122　直流泄漏试验可以发现哪些缺陷？试验中应注意什么？

答：做直流泄漏试验易发现贯穿性受潮、脏污及导电通道一类的绝缘缺陷。
做泄漏试验时应注意：
（1）试验时电压逐段上升，并相应的读取泄漏电流值，每升压一次，待微安表指示稳定后（即加上电压 1min）读取相应的泄漏电流，画出伏安特性曲线。
（2）试验前应检查接线、仪表量程、调压器零位，试验后先将调压器退回零位，再切断电源，将被试品接地放电。
（3）记录温度，并将泄漏电流换算到同一温度下进行比较。

1-123　有时进行少油断路器泄漏电流试验时，为什么有时带上高压引线空试的泄漏电流比带上被试开关时泄漏电流大？遇到这种情况应如何处理？

答：不带被试开关时，由于高压引线较细且接线端部为尖端，在高电压下电场强度超过空气的游离场强便发生空气游离使泄漏电流增加。而当接上被试开关以后，由于开关的面积较大，使尖端电场得到改善，引线泄漏电流减少，加上开关本身泄漏电流一般很小（小于10μA），往往小于尖端引起的泄漏电流，所以会出现不接被试开关时泄漏电流大于接上被试开关的测量结果。遇到这种情况，可以更换较粗的高压引线（或用屏蔽线），同时使用均压球等均匀电场措施，使空试时接线端部电场得到改善，以减小空试时的泄漏电流值。目前在现场使用少油断路器已经不多，但是这种现象仍然在进行别的试验时观察到。

1-124 直流高电压试验有什么条件要求？

答：试验宜在干燥的天气条件下进行。试品和周围的物体必须有足够的安全距离。试品表面应抹拭干净，试验场地应保持清洁。因为被试品的残余电荷会对试验结果产生很大的影响，因此，试验前要将被试品对地直接放电 5min 以上，试验后也应对被试品进行放电。

1-125 变压器泄漏电流过大是由什么原因引起？

答：测量变压器泄漏电流的作用与测量绝缘电阻相似，但由于直流泄漏试验的电压一般要比绝缘电阻表电压高，并可任意调节，因而测量仪表灵敏度相比绝缘电阻表高，发现缺陷更灵敏，且有效性高，特别是能灵敏地反映瓷质绝缘的裂纹、夹层绝缘的内部受潮及局部松散断裂、绝缘油劣化、绝缘的沿面炭化等。变压器泄漏电流过大可能是油和绕组的绝缘有问题，需要检查确定；也有可能是改变了接线或者与设计有关。

1-126 直流试验电压测量系统误差的可能来源有哪些？用什么方法减小或消除？

答：现场直流试验电压测量系统误差的可能来源如下：
（1）高阻器的电阻值变化引起的误差。包括：
1）电阻元件发热。
2）支架绝缘电阻低。
3）高压端电晕放电。在高阻器的高压端和靠近高压端的电阻元件，由于处于高电位而发生电晕放电。
（2）直流电阻分压器与周围带交流电压的导体之间的耦合电容电流引起的误差。当直流电压的测量系统靠近带交流电压的导体时，该系统会受带交流电压导体电场的影响而引起误差。如果有交流高压导体存在而引起的耦合电容电流的干扰，用电阻分压器和低压有效值电压表的测量系统测量直流试验电压，加在被试设备上的实际电压值有可能低于标准中规定的电压值，这样就有可能使不合格的被试设备通过试验。

为了减小或消除这种误差，可以采取远离交流高压导体和选用高阻器与微安表串联的测量系统进行测量，这种测量系统不受外界电磁场的影响，这也是 ZBF 24002—1990《现场直流和交流耐压试验电压测量系统使用导则》中首先推荐采用高阻器与微安表串联的测量系统测量直流试验电压的原因。

1-127 直流泄漏试验和直流耐压试验后，如何进行放电？

答：试验完毕，一般需待试品上的电压降至 1/2 试验电压以下后，再切断高压电源，将被试品经电阻接地放电，最后直接接地放电。对于大容量试品，如长电缆、电容器、大电机等，需放电 5min 以上，以使试品上的充电电荷放尽。另外，对附近电力设备，有感应静电电压的可能时，也应予以放电或事先短接。经过充分放电后，才能接触试品。对于在现场组装的倍压整流装置，要对各级电容器逐级放电后，才能进行更改接线或结束试验，拆除接线。

对电力电缆、电容器、发电机、变压器等，必须先经适当的放电电阻对试品进行放电。如果直接对地放电，可能产生频率极高的振荡过电压，对试品的绝缘有危害。放电电阻视试验电压高低和试品的电容而定，必须有足够的电阻值和热容量。通常采用水电阻，电阻值大致上可为每千伏 200～500Ω。放电电阻器两极间的有效长度可参照高压保护电阻器的长度 l 选用。放电棒的绝缘部分的长度 l 应符合安全规程的规定，并不小于放电电阻器的有效长度。

1-128 不拆引线，如何测量变压器本体的泄漏电流？

答：若要既不拆除全部引线，又屏蔽掉并联元件，如电容式电压互感器、MOA、隔离开关等的影响，可采用铁芯串接微安表的方法，测量其泄漏电流。微安表串接于铁芯与地之间，故表中通过的仅为高、中压绕组对低压绕组及铁芯间绝缘的泄漏电流。因此，可正确的反映变压器的绝缘状况。而变压器外部的所有对地电流 I_f 均由电源提供直接入地，不流过微安表。当变压器外部的所有并联元件对地电容 C_p 取为 100μF 时，其工频阻抗为 3.2Ω，远低于 R_L 引线及测试回路电阻值（1MΩ），因此，几乎全部交流干扰电容电流均被旁路掉。而 R_L 值又远远小于被试变压器的绝缘电阻 R_X，故不会对测量产生影响。这种接线的缺点是不能测出绕组、引线、分接开关对外壳间的绝缘状况。

1-129 在分析泄漏电流测量结果时，应考虑哪些可能影响测量结果的外界因素？

答：在分析泄漏电流测量结果时，应考虑的外界影响因素主要有：
（1）高压引线及端头对地电晕电流。
（2）空气湿度、试品表面的清洁程度。
（3）环境湿度、试品湿度。
（4）试验接线、微安表位置。
（5）强电场干扰、地网电位的干扰。
（6）硅堆的质量。

1-130 如何根据直流泄漏试验的结果，对电气设备的绝缘状况进行分析？

答：现行标准中，对泄漏电流有规定的设备，应按是否符合规定值来判断。对标准中无明确规定的设备，将同一设备各相进行互相比较，并与历年试验结果进行比较，同型号的设备互相进行比较，视其变化情况来分析判断，无明显差别，视为合格。

对于重要设备（如主变压器、发电机等），可做出电流随时间变化的曲线 $I=f(t)$ 和电流随电压变化的关系曲线 $I=f(u)$ 进行分析，无明显差别或无不成比例的明显变化时，视为合格。

1-131 在 500kV 变电站测变压器泄漏电流时，如何消除感应电压的影响？

答：若 500kV 变电站测变压器泄漏电流时，由于部分停电，会有感应电压的影响，有时感应电压很高，给测量带来困难。现场试验表明，当在导线上对地并联一个 0.1μF 的电容时，导线上的感应电压便从 19.6kV 下降至 250V。可见在变压器上对地并联一个 0.1μF 的电容器后，便可消除感应电压的影响，顺利地进行直流泄漏电流试验了。

1-132　变压器绕组连同套管的泄漏电流测试时应注意哪些事项？

答： 变压器绕组连同套管的泄漏电流测试时应注意：

（1）分级绝缘变压器试验电压应按被试绕组电压等级的标准，但不能超过中性点绝缘的耐压水平。

（2）高压引线应使用屏蔽线以避免引线泄漏电流对结果的影响，高压引线不应产生电晕。

（3）微安表应在高压端测量。

（4）负极性直流电压下对绝缘的考核更严格，应采用负极性。

（5）由于出厂试验一般不进行直流泄漏电流测量，直流泄漏电流值应符合有关标准规定，并为以后试验比较判断留存依据。

（6）如果泄漏电流异常，可采用干燥或屏蔽等方法加以消除。

第十三节　交流耐压试验基础知识

1-133　为什么要对电力设备做交流耐压试验？交流耐压试验有哪些特点？

答： 交流耐压试验是鉴定电力设备绝缘强度最有效和最直接的方法。

电力设备在运行中，绝缘长期受到电场、温度和机械振动的作用会逐渐发生劣化，其中包括整体劣化和部分劣化，形成缺陷。例如，由于局部地方电场比较集中或者局部绝缘比较脆弱就存在局部的缺陷。各种预防性试验方法各有所长，均能分别发现一些缺陷、反映出绝缘的状况，但其他试验方法的试验电压往往都低于电力设备的工作电压，作为安全运行的保证还不够有力。直流耐压试验虽然试验电压比较高，能发现一些绝缘的弱点，但是由于电力设备的绝缘大多数都是组合电介质，在直流电压的作用下，其电压是按电阻分布的，所以使用直流做试验就不一定能够发现交流电力设备在交流电场下的弱点，如发电机的槽部缺陷在直流下就不易被发现。交流耐压试验符合电力设备在运行中所承受的电气状况，同时交流耐压试验电压比运行电压高，因此通过试验后，设备有较大的安全裕度，所以这种试验已成为保证安全运行的一个重要手段。

但是由于交流耐压试验所采用的试验电压比运行电压高得多，过高的电压会使绝缘介质损失增大、发热、放电，会加速绝缘缺陷的发展，因此，从某种意义上讲，交流耐压试验是一种破坏性试验。

在进行交流耐压试验前，必须预先进行各项非破坏性试验，如测量绝缘电阻、吸收比、介质损耗因数、直流泄漏电流等，对各项试验结果进行综合分析，以决定该设备是否受潮或含有缺陷。若发现已存在问题，需预先进行处理，待缺陷消除后，方可进行交流耐压试验，以免在交流耐压试验过程中，发生绝缘击穿，扩大绝缘缺陷，延长检修时间，增加检修工作量。

1-134 交流耐压试验一般有哪几种？

答：交流耐压试验有以下几种：

（1）工频耐压试验。

（2）感应耐压试验。

（3）变频谐振交流耐压试验。

（4）0.1Hz 超低频耐压试验。

1-135 工频耐压试验接线中球隙及保护电阻有什么作用？

答：在现场对电气设备 C_x 进行工频耐压试验，常按图 1-14 接线（R_1 为保护电阻，R_2 为球隙保护电阻，F 为球隙）。

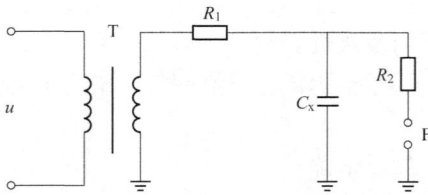

图 1-14 电气设备工频交流耐压试验原理示意

球隙由一对铜球构成，并联在被试品 C_x 上，其击穿电压为被试品耐压值的 1.1～1.2 倍，接上被试品进行加压试验过程中，当因误操作或其他原因出现过电压时球隙就放电，避免被试品因过电压而损坏。

当球隙放电时，若流过的电流较大，会使铜球烧坏，因此在球隙上串一电阻 R_2（按 $1\Omega/V$ 来选）以减少流过球隙的电流。R_2 还有一个重要作用，就是起阻尼作用，在加压试验中，如球隙击穿放电，电源被自动断开后，由于被试品 C_x（相当于一个电容器）已充电，因此电容中的电能通过连线和球隙及大地形成回路放电。因为连线中存在电感 L，所以电容中的电能 $CU^2/2$，转为电感中的磁能 $LI^2/2$，电能与磁能之间的变换会形成振荡，可能产生过电压，损坏被试品，串上 R_2 后可使振荡很快衰减下来，降低振荡过电压，因此，R_2 也称阻尼电阻。R_1 的作用是当被试品 C_x 击穿时，限制试验变压器输出电流，限制电磁振荡过电压，避免损坏仪器设备。

1-136 在工频耐压试验中，被试品局部击穿，为什么有时会产生过电压？如何限制过电压？

答：若被试品是较复杂的绝缘结构，可认为是几个串联电容，绝缘局部击穿就是其中一个电容被短接放电，其等值电路如图 1-15 所示。

图 1-15 中 E 为归算到试验变压器高压侧的电源电动势，L 为试验装置漏抗。当一个电容击穿，它的电压迅速降到零，无论此部分绝缘强度是否自动恢复，被试品未击穿部分所分布的电压已低于电源电动势，电源就要对被试品充电，使其电压再上升。这时，试验装置的漏抗和被试品电容形成振荡回路，使被试品电压超过高压绕组的电压，电路里接有保护电阻，一般情况下，可限制这种过电压。但试验装置漏抗很大时，就不足以阻尼这种振荡。这种过电压一般不高，但电压等级较高的试验变压器绝缘裕度也不大，当它工作在接近额定电压时，这种过电压可能对它有危险，甚

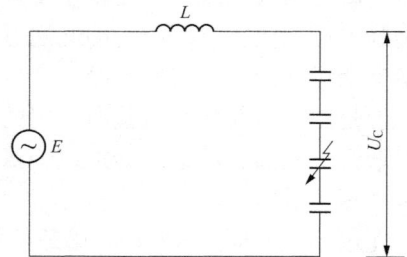

图 1-15 工频耐压试验高压侧回路原理示意图

至击穿被试品。一般被试品并联保护球隙，当出现过电压时，保护球隙击穿，限制电压升高。

1-137 在交流耐压试验中，为什么要测量试验电压的峰值？

答：在交流耐压试验和其他绝缘试验中，规定测量试验电压峰值的主要原因有：

（1）波形畸变。近几年来，用电单位投入了许多非线性负荷，增大了谐波电流分量，使地区电网电压波形产生畸变的问题越来越严重。为了保证试验结果正确，对高压交流试验电压的测量，应按 DL/T 474—2006《现场绝缘试验实施导则》（所有部分）的规定，测量其峰值。

（2）电力设备绝缘的击穿或闪络、放电取决于交流试验电压峰值。在交流耐压试验和其他绝缘试验时，被试电力设备被击穿或产生闪络、放电，通常主要取决于交流试验电压的峰值。这是由于交流电压波形在峰值时，绝缘中的瞬时电场强度达到最大值，若绝缘不良，一般都在此时发生击穿或闪络、放电。这个现象已为长期的实践和理论研究所证实，而且对内绝缘击穿（大多数为由严重的局部放电发展为击穿）和外绝缘的闪络、放电都是如此。交流高压试验常遇到试验电压波形畸变的情况，因此形成了交流高电压试验电压值应以峰值为基准的理论基础。

1-138 在工频交流耐压试验中，如何发现电压、电流谐振现象？

答：在做工频交流耐压试验时，当稍微增加电压就导致电流剧增时，说明将要发生电压谐振。当电源电压增加，电流反而有所减小，这说明将要发生电流谐振。

1-139 被试品的电容量为 C_x（μF），耐压试验电压为 U_{exp}（kV），如做工频耐压试验，所需试验变压器的容量是多少？

答：进行试品耐压试验所需试验变压器的容量为：

$$S \geqslant \omega C_x U_{exp} U_N \times 10^{-3}$$

式中：U_N 为试验变压器高压侧额定电压 kV；C_x 为试品电容，μF；U_{exp} 为试验电压，kV；$\omega=2\pi f$。

在实际使用时，因为对于不同设备情况比较复杂，参数有变化。所以必须针对具体被试的电气设备详细分析。

1-140 进行大容量被试品工频耐压时，当被试品击穿时电流表指示一般是上升，但为什么有时也会下降或不变？

答：根据试验接线的等值电路，并由等值电路求得

$$I = \frac{U}{\sqrt{R^2 + (X_C - X_L)^2}}$$

当被试品击穿时，相当于 X_C 短路，此时电流为

$$I = \frac{U}{\sqrt{R^2 + X_L^2}}$$

式中：X_C 为试品容抗，Ω；X_L 为试验变压器漏抗，Ω；I 为试验回路电流，A；U 为试验

电压，V。

比较可看出：当 $X_C-X_L=X_L$，即 $X_C=2X_L$ 时，击穿前后电流不变；当 $X_C-X_L>X_L$，即 $X_C>2X_L$ 时，击穿后电流增大；当 $X_C-X_L<X_L$，即 $X_C<2X_L$ 时，击穿后电流减小。一般情况下 $X_C>2X_L$，因此击穿后电流增大，电流表指示上升，但有时因试品电容量很大或试验变压器漏抗很大时，也可能出现 $X_C\leqslant2X_L$ 的情况，这时电流表指示就会不变或下降，这种情况属非正常的，除非有特殊必要（例如用串联谐振法进行耐压试验）一般应避免。

1-141　画出由两台试验变压器串级升压的原理接线图。

答：两台试验变压器串级升压的原理接线如图 1-16 所示。

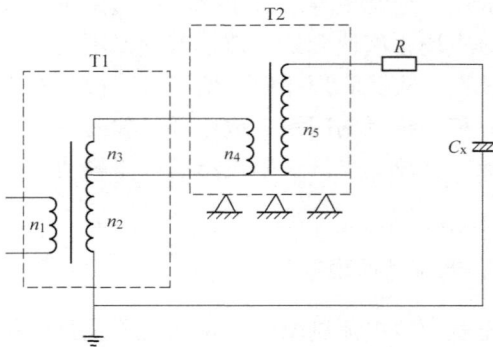

图 1-16　变压器串级升压的原理接线

1-142　耐压试验时对升压速度有无规定？为什么？

答：除对瓷绝缘、开关类的试品不作规定外，其余试品做耐压试验时应从低电压开始，均匀地比较快地升压，在 1/3 试验电压下可以稍快一些，但必须保证能在仪表上准确读数。其后升压应均匀，约按 3%（试验电压/秒）的速度升压。当升至试验电压 75%以后，则以每秒 2%的速率上升至 100%试验电压，将此电压保持规定时间，然后迅速降压到 1/3 试验电压或更低，才能切断电源。直流耐压试验后还应用放电棒对滤波电容和试品放电。绝不允许突然加压或在较高电压时突然切断电源，以免在变压器和被试品上造成破坏性的暂态过电压。

1-143　耐压试验时，电力设备绝缘不合格的可能原因有哪些？

答：耐压试验时，电力设备绝缘不合格的可能原因有：

（1）绝缘性能变坏。如变压器油中进入水分、固体绝缘受潮、绝缘老化等，都会导致绝缘性能下降，在耐压试验时可能不合格。

（2）试验方法和电压测量方法不正确。例如，进行变压器试验时，未将非被试绕组短接接地，非被试绕组可能对地放电，误判为不合格。再如，试验大容量试品时，仍在低压侧测量电压，由于容升效应，实际加在被试品上的电压超过试验电压，导致被试品击穿，误判为不合格。

（3）没有正确地考虑影响绝缘特性的大气条件。由于气压、温度和湿度对火花放电电压及击穿电压都有一定影响，若不考虑这些因素就可能导致得出设备不合格的结论。

第二章　电力变压器试验

第一节　电力变压器基础知识

2-1　变压器是如何分类的？

答：变压器的分类如下：

（1）按其用途来分，有电力变压器、试验变压器、测量变压器、特种变压器等。

（2）按绕组结构来分，有双绕组变压器、三绕组变压器、多绕组变压器及自耦变压器等。

（3）按铁芯结构来分，有心式变压器、壳式变压器。

（4）按照电源输出相数来分，有单相变压器、三相变压器及多相变压器。

（5）按冷却方式来分，有油浸式变压器（油浸风冷、油浸水冷、强油风冷、强油水冷、自冷）、干式变压器及充气式变压器。

（6）按照调压方式来分，有无载（无励磁）调压变压器和有载调压变压器。

（7）按中性点绝缘水平分，有分级绝缘变压器和全绝缘变压器。

（8）按照防潮方式来分，有全密封变压器、密封变压器以及开启式变压器。

2-2　电力变压器主要由哪些部件组成？各部件作用是什么？

答：电力变压器的基本结构及主要作用如下：

（1）铁芯。作用：①把一次绕组的电能转为磁能，又将该磁能转变为二次绕组的电能；②通过叠片夹紧后成为立柱，可以套装和固定绕组。

（2）绕组。它是变压器输入和输出电能的电气回路。绕组是变压器的导电部分，用绝缘材料包覆在表面的铜线或铝线绕成圆筒形，然后将圆筒形的高、低压绕组同心的套在芯柱上，低压绕组靠近铁芯，高压绕组在外侧。

（3）分接开关。为了使电网供给用户的电压在一个规定范围内，一旦电网供应的电压有高低波动时，可由变压器进行电压调整。一般分无励磁分接开关和有载调压分接开关两种。变压器调压装置的作用是变换线圈的分接头，改变高低线圈的匝数比，从而调整电压，使电压保持稳定。

（4）套管。将变压器内部的高、低压引出线引到油箱外部的装置。它不但作为引线对地的绝缘，而且担负着固定引线的作用。

（5）储油柜。为了在油体积变化的过程中使油箱中永远充满油，并且维持一定的油位高度。

（6）气体继电器和压力继电器。气体继电器是变压器本体的主要保护装置。轻微故障时气体继电器动作发出报警信号（称为轻瓦斯），严重故障时气体继电器动作将变压器的电源断路器跳闸（称为重瓦斯），使变压器内部的故障范围不再继续扩大。另外，变压器内部如果发生严重故障，内部的气体膨胀会相当严重，所以在变压器外壳的顶部安装压力继电器和相应的压力释放装置，目的是保护变压器不致在大的压力下损坏和产生变压器箱壳爆裂等安全问题。

（7）油箱。油浸式变压器的油箱具有容纳变压器器身（铁芯和绕组以及相应的绝缘设施）、充注绝缘油以及供加装散热器进行冷却的作用。呼吸器堵塞会出现变压器防爆膜破裂、漏油、进水或假油面。

（8）冷却装置。变压器冷却装置由散热器、风扇、油泵等组成，作用是散发变压器在运行中由空载损耗和负载损耗所产生的热量。当变压器上、下层油温产生温差时，通过散热器形成油循环，使油经散热器冷却后流回油箱，起到降低变压器油温的作用。为提高冷却效果，可采用风冷、强油风冷等措施。

2-3　变压器的重要参数包括哪些？什么是绕组的额定电压比？

答：变压器的重要参数包括额定容量、绕组的额定电压、额定电压比、绝缘水平、空载损耗及空载电流、负载损耗和短路阻抗、总损耗、绕组联接组标号、零序阻抗、绕组温升等。绕组的额定电压比是指一绕组的额定电压与另一绕组的额定电压之比。

2-4　变压器的额定容量是指什么？它是如何确定的？

答：变压器的额定容量用以表征变压器所能传输能量的大小，以视在功率表示。双绕组变压器的额定容量即绕组的额定容量；多绕组变压器应对应每个绕组的额定容量加以规定，其额定容量为最大的绕组额定容量；当变压器容量因冷却方式而改变时，其额定容量是指最大的容量。

2-5　变压器的内绝缘和主绝缘分别包括哪些部位的绝缘？

答：变压器的内绝缘包括绕组绝缘、引线绝缘、分接开关绝缘和套管下部绝缘。变压器的主绝缘包括绕组及引线对铁芯（或油箱）之间的绝缘、不同电压侧绕组之间的绝缘、相间绝缘、分接开关对油箱的绝缘及套管对油箱的绝缘。

2-6　变压器中，什么是全绝缘？什么是分级绝缘？各用于什么情况下？

答：全绝缘是指绕组的所有出线端都具有相同的对地工频耐受电压的绕组绝缘。分级绝缘是指绕组的接地端或绕组中性点的绝缘水平比出线端低的绕组绝缘。前者用于中性点不接地或经消弧线圈接地的情况，后者用于中性点接地系统。

2-7　变压器绕组主绝缘、纵绝缘包括哪些方面？

答：变压器的主绝缘包括绕组及引线对铁芯（或油箱）之间的绝缘、不同电压侧绕组之间的绝缘、相间绝缘、分接开关对油箱的绝缘及套管对油箱的绝缘。纵绝缘是指同一绕组上具有不同电位的不同点和不同部位之间的绝缘，主要包括绕组匝间、层间、段间及线段与静电板间的绝缘。

2-8　变压器冷却装置的作用是什么？

答：当变压器上、下层油温产生温差时，通过散热器形成油循环，使油经散热器冷却后流回油箱，有降低变压器油温的作用。为提高冷却效果，可采用风冷、强油风冷等措施。

2-9 变压器上层油温的温度限值应为多少？

答：根据国家标准的规定，当变压器安装地点的海拔不超过 1000m 时，绕组温升的限值为 65K，上层油面温升的限值为 55K，变压器周围最高温度为 40℃，因此，变压器运行时上层油温的最高温度不应超过 95℃。为保证变压器油在长期使用条件下不致迅速的劣化变质，上层油面温度不宜经常超过 85℃。

2-10 电力变压器按绕组绝缘和冷却介质可分为哪几类？什么是油浸式变压器？

答：电力变压器按绕组绝缘和冷却介质可分为液体浸渍、气体和干式变压器。油浸式变压器是指铁芯和绕组浸在绝缘油中的变压器。

2-11 什么是变压器的有载分接开关，它在电路结构上有什么特点？

答：有载分接开关是在不切断负载电流的条件下，切换分接头的调压装置。因为在切换瞬间，需同时连接两个分接头。分接头间一个级电压被短路后，将有一个很大的循环电流。为了限制循环电流，在切换时必须接入一个过渡电路，通常是接入电阻。

2-12 大修时对有载调压开关应做哪些试验？大修后、带电前应做哪些检查调试？

答：有载调压开关大修时，应进行以下电气试验：
（1）拍摄开关切换过程的录波图，检查切换过程是否完好，符合规定程序。
（2）检查过渡电阻的阻值，偏差一般不应超出设计值的±10%。
（3）检查其回路接触电阻应不大于出厂标准，一般小于 500μΩ。
有载调压开关大修后、带电前，应进行如下检查调试：
（1）挡位要一致。远方指示、开关本体（顶盖上）指示、操动机构箱上的指示必须指示同一挡位。
（2）手摇调整两个完整的调压循环，从听到切换声，到看到挡位显示数对中，对摇动的圈数而言，升挡和降挡都是对称的，例如从 6 挡到 7 挡，从听见切换声到挡位数 7 挡中的手摇圈数，应当与从 7 挡到 6 挡时的相应圈数完全对称，最多不要超过半圈。
（3）电动调整两个完整的调压循环，不应有卡涩、滑挡的现象，调到始端或终端时，闭锁装置能有效制动。
上述检查调试完好后，再与变压器一起进行有关的试验，如直流电阻、绝缘试验、变比、联结组别等，然后方可投入系统准备带电调试。

2-13 中性点直接接地变压器的绕组在大气过电压作用时，电压是如何分布的？

答：当大气过电压作用在中性点直接接地变压器绕组上时，绕组上电压分布是呈衰减指数分布。一开始由于绕组的感抗很大，所以电流不从变压器绕组的线匝中流过，而只从高压绕组的匝与匝之间，以及绕组与铁芯即绕组对地之间的电容中流过。由于对地电容的存在，在每线匝间电容上流过的电流都不相等，因此，沿着绕组高度的起始电压的分布，也是不均匀的。在最初瞬间的电压分布情况是首端几个线匝间，电位梯度很大。使匝间绝缘及绕组间绝缘受到很大的威胁。在绕组中部电位大大减小，尾部（中性接地端）趋于平缓。

从起始电压分布状态过渡到最终电压分布状态，伴随有谐振的过程，这是由于绕组之间电容及绕组的电感的作用。在谐振过程中，绕组某些部位的对地主绝缘，甚至承受比冲击电压还要高的电压。

第二节　电力变压器试验基础知识

2-14　变压器（电抗器）的试验有哪几种？

答：变压器（电抗器）的试验有：

（1）型式试验，也称设计试验。它是对变压器的结构、性能进行全面鉴定的试验，其目的是确认变压器是否达到原设计标准。

（2）出厂试验。它是每台变压器出厂时必须要做的试验，其目的是检验该变压器是否符合原定技术条件的要求，且没有制造上的偶然缺陷。

（3）交接试验。根据合同的技术条件和试验要求，在变压器安装后投入运行前进行的试验，其目的是确认变压器在运输、安装过程中未发生损坏或变化，符合投运要求。

（4）例行试验。在变压器投入运行后，通过测量变压器电气回路和绝缘状况的试验，其目的是确认变压器能否继续运行。

（5）检修后试验。在变压器进行检修后，根据有关标准和检修部位的特点，进行有针对性的试验，其目的是检验检修的质量并确认变压器能否继续运行。

2-15　变压器（电抗器）交接试验的项目有哪些？

答：变压器（电抗器）交接试验的项目有：

（1）绕组连同套管的绝缘电阻、吸收比、极化指数、介质损耗因数、直流电阻和泄漏电流的测量。

（2）与铁芯绝缘的各紧固件及铁芯接地线引出套管对外壳的绝缘电阻的测量。

（3）变压器电压比（所有分接头）、三相联结组别和单相变压器引出线的极性的检查。

（4）变压器外施工频交流耐压试验。

（5）非纯瓷套管主屏绝缘电阻、电容值、介质损耗因数、末屏绝缘电阻及介质损耗因数的测量。

（6）绕组连同套管的感应耐压试验带局部放电测量试验。

（7）本体绝缘油试验（必要时包括套管绝缘油试验），包括界面张力、酸值、水溶性酸（pH值）、机械杂质、闪点、绝缘油电气强度、油介质损耗因数（90℃）、绝缘油中微水含量、绝缘油中含气量（330kV 及以上）、色谱分析。

（8）套管型电流互感器试验，包括绝缘电阻、直流电阻、电流比及极性、伏安特性。

（9）有载分接开关的检查和试验，包括绝缘油电气强度、绝缘油中微水含量、动作顺序（或动作圈数）、切换试验和密封试验。

（10）绕组变形试验，额定电压下的冲击合闸试验和噪声测量。

2-16　变压器交接试验的一般要求是什么？

答： 根据 GB 50150—2016《电气装置安装工程电气设备交接试验标准》，交接试验的一般要求有：

（1）温度范围为 10～40℃。

（2）在进行与温度和湿度有关的试验时，应同时测量被测设备周围的温度及湿度。绝缘试验应在良好的天气且被测设备及仪器周围温度不宜低于5℃，空气的相对湿度不宜高于80%的条件下进行。对于不满足上述温度、湿度条件下测得的试验数据，应进行综合分析，判断电气设备是否可以投入运行。

（3）对油浸式变压器，应将上层油温作为测试温度。

（4）在进行绝缘试验时，非被试绕组应予短路接地。

2-17　运行中变压器的试验项目有哪些？

答： 运行中变压器的试验项目有：

（1）测量绕组的绝缘电阻和吸收比以及直流电阻。

（2）测量绕组连同套管一起的泄漏电流和介质损耗因数。

（3）测量非纯瓷套管 $\tan\delta$。

（4）故障后或需要时进行变压器及其套管中的绝缘油试验，对油中溶解气体进行色谱分析。

（5）检查运行中的净油器，冷却装置的检查试验。

（6）红外热像检测。

（7）铁芯绝缘电阻。

（8）有载分接开关检查。

变压器出口短路后，应结合油色谱分析、绕组变形试验及其他常规检查试验项目进行综合分析。对判明绕组有严重变形的变压器，应尽快吊罩检查和检修处理，防止变压器因绕组变形累积造成的绝缘事故，禁止未经检查就盲目投运。

2-18　变压器（电抗器）大修前的试验项目有哪些？

答： 变压器大修前试验包括：

（1）测量绕组的绝缘电阻和吸收比或极化指数。

（2）测量绕组连同套管的泄漏电流，$\tan\delta$ 及套管末屏的绝缘电阻和直流电阻及电压比（所有分接头位置）。

（3）本体及套管中绝缘油的试验。

（4）套管试验。

（5）测量铁芯及夹件对地绝缘电阻。

（6）测量低电压短路阻抗及低电压空载损耗，以供检修后进行比较。

（7）必要时可增加其他试验项目，以供检修后进行比较。

2-19　变压器（电抗器）大修中的试验项目有哪些？

答： 检修过程中应配合吊罩（或器身）检查，进行有关的试验项目，大修中试验包括：

（1）测量变压器（电抗器）铁芯对夹件、穿芯螺栓（或拉带），钢压板及铁芯电场屏蔽对铁芯，铁芯下夹件对下油箱，以及磁屏蔽对油箱的绝缘电阻。

（2）必要时做套管电流互感器的特性试验。

（3）有载分接开关的测量与试验。

（4）必要时测量无励磁分接开关的接触电阻及其传动杆的绝缘电阻。

（5）非电量保护装置的校验。

（6）必要时单独对套管及套管绝缘油进行额定电压下的 $\tan\delta$、局部放电和耐压试验（包括套管油）。

2-20　变压器（电抗器）大修后的试验项目有哪些？

答：变压器（电抗器）大修后的试验项目有：

（1）测量绕组的绝缘电阻、吸收比或极化指数。

（2）测量绕组连同套管的泄漏电流，介质损耗因数及套管末屏的绝缘电阻，直流电阻（所有分接头位置），对多支路引出的低压绕组应测量各支路的直流电阻。

（3）绕组连同套管的交流耐压试验。一般未经更换的重要绝缘部件，进行干燥处理后，绝缘耐受水平按原出厂试验的80%进行；更换全部绕组及其主绝缘的变压器可按出厂试验的100%进行。

（4）本体、有载分接开关和套管中的变压器油试验及化学分析。

（5）检查变压器有载调压装置的动作情况及顺序。

（6）测量铁芯（夹件）引线及穿芯螺杆的对地绝缘电阻。

（7）总装后对变压器（电抗器）油箱和冷却器做整体密封油压试验。

（8）测量绕组所有分接头的直流电阻、电压比及联接组、组别（或极性）的检定，以及绕组变形试验。

（9）测量非纯瓷套管的介质损耗因数。

（10）必要时进行空载特性试验、短路试验和测量局部放电量。

（11）一般经更换的绕组及重要绝缘部件，干燥处理后测量变压器的局部放电量。

（12）应进行额定电压下的冲击合闸。

（13）空载试运行前后变压器油的色谱分析，以及绝缘油的其他试验。

2-21　大修时，变压器铁芯的检测项目有哪些？

答：大修时，变压器铁芯检测的项目包括：

（1）将铁芯和夹件的接地片断开，测试铁芯对上、下夹件（支架）、方铁和底脚的绝缘电阻是否合格。

（2）将绕组钢压板与上夹件的接地片拆开，测试每个压板对压钉的绝缘电阻是否合格。

（3）测试穿芯螺栓或绑扎钢带对铁芯和夹件的绝缘电阻是否合格（可用 1000V 及以下绝缘电阻表测量）。

（4）检查绕组引出线与铁芯的距离。

2-22　判断变压器绝缘受潮要进行的试验有哪些？

答：判断变压器绝缘受潮要进行的试验有：

（1）绝缘特性试验。如绝缘电阻、吸收比、极化指数、介质损耗、泄漏电流等。

（2）变压器油的击穿电压、油介质损耗、含水量、含气量（500kV 时）试验。

（3）绝缘纸的含水量检测。

第三节 变压器绝缘电阻、吸收比（极化指数）试验

2-23 测试变压器绝缘电阻、吸收比（极化指数）的目的是什么？

答：测量变压器绕组绝缘电阻、吸收比（极化指数）能有效地检查出变压器绝缘整体受潮、部件表面受潮或脏污以及贯穿性的集中性缺陷，如绝缘子破裂、引线靠壳、器身内部有金属接地、绕组围屏严重老化、绝缘油严重受潮等缺陷。

2-24 变压器绝缘电阻、吸收比（极化指数）试验的测试项目和接线方法是什么？

答：测试项目见表 2-1。

表 2-1 电力变压器绝缘电阻测试项目

序号	双 绕 组		三 绕 组	
	被测部位	接地部位	被测部位	接地部位
1	低压	高压、铁芯、外壳	低压	高压、中压、铁芯、外壳
2	—	—	中压	高压、低压、铁芯、外壳
3	高压	低压、铁芯、外壳	高压	中压、低压、铁芯、外壳
4	铁芯	外壳	铁芯	外壳

以三绕组变压器中压侧绝缘电阻测试为例，测试接线如图 2-1 所示。

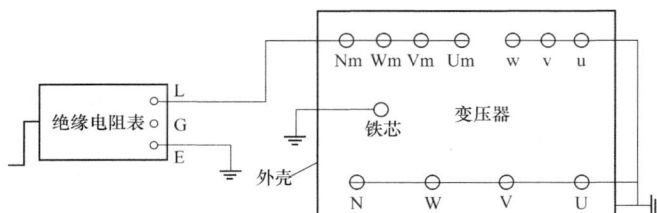

图 2-1 变压器绝缘电阻测试接线图

2-25 测量变压器绝缘电阻或吸收比时，为什么要规定对绕组的测量顺序？

答：测量变压器绝缘电阻时，无论绕组对外壳还是绕组间的分布电容均被充电。当按不同顺序测量高压绕组和低压绝缘电阻时，绕组间电容发生的重新充电过程不同，会对测量结果有影响，导致附加误差。因此，为了消除误差，在不同测量接线时，测量绝缘电阻必须有一定的顺序，且一经确定，每次试验时均应按此顺序进行。这样，也便于对测量结果进行比较。

2-26 测试变压器绕组连同套管对地绝缘电阻的步骤是什么？

答： 测试变压器绕组连同套管对地绝缘电阻的步骤是：

（1）选择合适的绝缘电阻表，并检查绝缘电阻表是否正常。

（2）被试变压器断电，拆除变压器对外的一切连线。将变压器所有绕组、铁芯、外壳接地放电，对大容量变压器应充分放电（5min以上），放电时应用绝缘工具进行，不得用手碰触放电导线。

（3）接线并测试，分别读取15s、60s、10min绝缘电阻值，并做好记录。

（4）读取绝缘电阻后，应先断开绝缘电阻表接至被试品高压端的连接线，然后将绝缘电阻表停止运转，以免变压器在测量时所充的电荷经绝缘电阻表放电而损坏绝缘电阻表。

（5）对变压器测试部位放电接地。

（6）记录环境温度、湿度，变压器上层油温，计算吸收比、极化指数的数值。

（7）试验完毕，整理仪器。

2-27 测试变压器绕组连同套管对地绝缘电阻试验时，什么情况下需要加屏蔽，加屏蔽的操作注意要点是什么？

答： 测试变压器绕组连同套管对地绝缘电阻试验的时候，测量应在天气良好的情况下进行，且空气相对湿度不高于80%。若遇天气潮湿、套管表面脏污，对常规测试的结果存在疑问的时候，则需要进行"屏蔽"测量。测量采用屏蔽的接线如图2-2所示

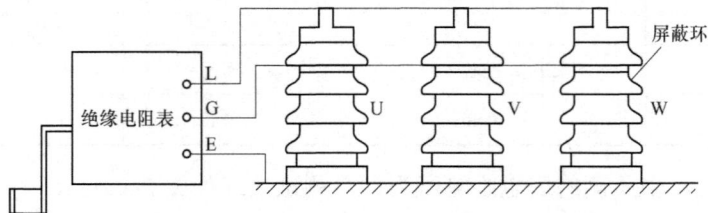

图2-2 测量采用屏蔽的接线图

加屏蔽操作时，变压器套管在和屏蔽线G接触的部位最好用铝箔纸紧密包裹起来，或者用较软的金属丝（如熔丝）紧密缠绕几周，再和屏蔽线G连接，必须确保套管表面每一点都和铝箔纸或者熔丝紧密接触。因为加屏蔽的目的是阻止套管表面的泄漏电流经过绝缘电阻表，如果屏蔽环和套管表面有缝隙，就会失去测量的意义。正常情况下，如果屏蔽措施正确，加屏蔽后测量的绝缘电阻值应该明显增加。如果加屏蔽后绝缘电阻值仍然偏低不合格，则说明变压器内部可能存在缺陷。

2-28 测试变压器绕组对地绝缘电阻试验的时候，为什么必须要进行温度折算，如何折算？

答： 对于油浸式变压器，一般来说，温度每上升10℃，绝缘电阻值下降1.5倍，所以必须把绝缘电阻换算至同一温度下，与出厂试验值或前一次测试结果相比。

其换算公式为

$$R_2 = R_1 \times 1.5^{(t_1-t_2)/10}$$

式中：R_1、R_2分别为温度为t_1、t_2时的绝缘电阻值。

测量温度以变压器上层油温为准，尽量在油温低于50℃时测量，使每次测量温度尽量相同。

2-29 测试变压器绝缘电阻试验的结果如何分析？

答： 绝缘电阻换算至同一温度下，与出厂试验值或前一次测试结果相比，绝缘电阻值不低于70%。当变压器无出厂试验报告及前一次测试结果，其绝缘电阻参照表2-2执行。

表2-2				油浸电力变压器绕组绝缘电阻的最低允许值				单位：MΩ	
高压绕组电压等级（kV）	温度（℃）								
	5	10	20	30	40	50	60	70	80
3～10	675	450	300	200	130	90	60	40	25
20～35	900	600	400	270	180	120	80	50	35
63～330	1800	1200	800	540	360	240	160	100	70
500	4500	3000	2000	1350	900	600	400	270	180

测量铁芯绝缘电阻，应与以前测试结果相比无显著差别。在交接或大修后，应采用2500V绝缘电阻表测量铁芯对地的绝缘电阻，持续时间1min，无闪络及击穿现象。

2-30 测试变压器绕组对地绝缘电阻试验的时候，吸收比或者极化指数有什么具体要求？

答： 变压器电压等级为35kV及以上，且容量在4000kVA及以上时，应测量吸收比。吸收比与产品出厂值相比应无明显差别，在常温下应不小于1.3；当R_{60s}大于3000MΩ时，吸收比可不作考核要求。

变压器电压等级为220kV及以上，且容量为120MVA及以上时，宜用5000V绝缘电阻表测量极化指数。测得值与产品出厂值相比应无明显差别，在常温下不小于1.5；当R_{60s}大于10 000MΩ时，极化指数不作考核要求。

这是因为容量很大的电气设备，在60s的时候吸收过程没有结束，吸收电流i_2不为零，所以吸收比小于1.3，不能认为设备有缺陷。

另外对电压等级为10kV，且容量在4000kVA以下的配电变压器，可以不测吸收比、极化指数，其绝缘电阻以R_{60s}值为准。

这是因为对于容量较小的电力设备，吸收过程短，15s的时候吸收电流i_2已经降为零。所以吸收比也小于1.3，不能认为设备有缺陷。

对于要求测量吸收比的变压器，一般来说，如果R_{60s}和吸收比都不合格，那么说明被试品脏污潮湿或者内部存在缺陷。

如果R_{60s}合格但是吸收比不合格，特别是设备以前吸收比合格，最近不合格。需要高度警惕，说明设备内部绝缘可能已经严重老化，随时会击穿损坏。有条件的话尽量及早检修或更换。

如果 R_{60s} 不合格但是吸收比合格，说明设备内部绝缘材料本身的性能还好，可能是因为受潮等因素导致 R_{60s} 不合格。

2-31 测试变压器绝缘电阻、吸收比（极化指数）试验有什么注意事项？

答：测试变压器绝缘电阻、吸收比（极化指数）试验时应注意：

（1）每次试验应选用相同电压、相同型号的绝缘电阻表。

（2）测量时宜使用高压屏蔽线。绝缘电阻表的 L 和 E 端子不能对调。测试线不要与地线缠绕，应尽量悬空。

（3）非被测部位短路接地要良好，不要接到变压器有油漆的地方，以免影响测试结果。

（4）由于残余电荷会直接影响绝缘电阻及吸收比的数值，故试验前变压器接地放电时间至少 5min 以上。拆、接试验接线前，应将被试设备对地充分放电，以防止剩余电荷、感应电压伤人及影响测量结果。试验完毕后也要求变压器接地放电时间至少 5min 以上。

（5）变压器测试的外部条件（指一次引线）应与前次条件相同，最好能将变压器一次引线拆除进行测试。

（6）对于高压大容量的电力变压器，若因湿度等原因造成外绝缘对测量结果影响较大时，应尽量在相对湿度较小的时段（如午后）进行测量。在空气相对湿度较大的时候，应在被试品上装设屏蔽环接到表上的屏蔽端子上。减少外绝缘表面泄漏电流的影响。

（7）如测得的绝缘电阻值过低，应进行分解测量，找出绝缘最低的部分。

（8）吸收比读数时，应避免记录时间带来的误差。

（9）绝缘电阻表的 L 和 E 端子不能对调，与被试品间的连线不能铰接或拖地。

（10）变压器绝缘电阻大于 10 000MΩ 时，吸收比和极化指数可仅作为参考，绝缘电阻小于 10 000MΩ 时，应测试吸收比和极化指数。

2-32 为什么要在变压器充油循环后静置一定时间再测其绝缘电阻？

答：主要是为了排除充油循环过程中产生的气泡。例如一台 $SFSL_1$-2500/110 型电力变压器交接前低压对高中压及地的绝缘电阻为 10 000MΩ，充油后静置 7.5h 的测量结果为 300MΩ，静置 34h 的测量结果为 10 000MΩ。所以在进行变压器绝缘电阻测量时，不仅要正确掌握各种测试方法和仪器，严格执行 DL/T 596—1996《电力设备预防性试验规程》，而且要待其充油循环静置一定时间等气泡逸出后，再测量绝缘电阻。通常，对 8000kVA 及以上较大型电力变压器需静置 20h 以上，3～10kVA 级的小容量电力变压器需静置 5h 以上。

2-33 测量变压器绝缘电阻时，温度增加，绝缘电阻下降，为什么当温度降到低于"露点"温度时，绝缘电阻也降低？

答：因温度增加，加速了绝缘介质内分子和离子的运动；同时，温度升高时绝缘层中的水分溶解了更多的杂质，这都使绝缘电阻降低。而当试品温度低于周围空气的"露点"温度时，潮气将在绝缘表面结露，增加了表面泄漏，故绝缘电阻也要降低。

2-34 绝缘电阻低的变压器的吸收比要比绝缘电阻高的变压器的吸收比低吗？

答：不一定。对绝缘严重受潮的变压器，其绝缘电阻低，吸收比也较小。但绝缘电阻是绝缘电阻表测 1min 的测量值；而吸收比是 1min 与 15s 的绝缘电阻之比，且吸收比还与变压器容量有关。所以在一般情况下，绝缘电阻低，其吸收比不一定低。尤其对大型变压器，其电容量大，吸收电流大，因此吸收比较高，而对小型变压器，其电容量小，往往绝缘电阻高，但其吸收比却比较小。

2-35　有载调压分接开关支架绝缘对变压器整体绝缘电阻有什么影响？

答：有载调压分接开关是变压器本体的重要组成部分，在变压器试验中遇到异常情况时，往往只从绕组、套管、铁芯、绝缘油等方面进行分析，而忽视了有载调压分接开关不良对变压器试验结果的影响。

当有载调压分接开关支架绝缘不良时，会导致变压器整体绝缘电阻下降。例如，某变电站一台 SFSZL$_1$-20000/110 型变压器，在检修时发现有载分接开关支架中一支绝缘杆有裂纹，立即取下换上一支新的绝缘杆，分接开关检修后复原到变压器中，接着进行注油，然后对变压器 110kV 绕组进行绝缘电阻试验。测量结果是：绝缘电阻只有 40MΩ，吸收比为 1，绝缘电阻表的指针数据非常稳定。当时分析认为一是变压器本体油可能劣化；二是变压器绕组绝缘可能严重老化或受潮。于是取油样化验，结果是油各项指标都符合标准，排除了油的影响，这样问题的焦点就集中到绕组上。有人提出吊芯，但考虑到工作量大，又要停役很长时间，所以决定先进行分解试验，然后再吊芯检查绕组。分解试验是将有载调压分接开关的切换开关吊出变压器本体，对套管与绕组进行绝缘电阻测试，测试结果是：绝缘电阻为 2000MΩ，吸收比为 1.5，与历年来的绕组测试数据相近。由测试结果可以判定问题发生在分接开关上。于是又测量分接开关支架绝缘棒的绝缘电阻，只有 40MΩ。原来新换上的绝缘棒在仓库中存放多年，安装前既未进行真空烘干处理，又未进行测试，将以往受潮支架绝缘棒安装在变压器上，自然导致变压器 110kV 绕组绝缘电阻下降。

第四节　变压器直流电阻测试

2-36　变压器直流电阻测试的目的是什么？该试验有什么特点？

答：变压器进行直流电阻试验的目的是检查绕组回路是否有短路、开路、接触不良或接错线，检查绕组导线焊接点、引线套管及分接开关有无接触不良，分接开关各个分接位置、并联支路连接是否正确。另外，还可核对绕组所用导线的规格是否符合设计要求。

案例 1　某台 2000kVA 变压器，6kV 侧运行中输出电压三相不平衡超过 5%，从直流电阻测量数据中发现，该变压器三相分接开关由于长期不用偶尔调整时，接触不良，立即进行了检修。

案例 2　某台 360MVA 的电力变压器，由于分接开关接触不良，造成色谱总烃量记录持续增高，由测量其直流电阻发现三相不平衡，经反复切换分接开关，重测直流电阻平衡后，总烃量也降到了正常值。处理前三相电阻最大差别：6.93%，总烃 204；处理后三相电阻值最大差别：0.7142%，总烃：6.59。

案例 3　某变电站一台 10 000kVA、66kV 的有载调压变压器，2016 年进行直流电阻试验时不合格。V 相的直流电阻在 7、8、9 三个分接位置时，均较其他两相大 7% 左右，分析认为

V 相接触不良。又做色谱分析，变压器本体油色谱合格，而 V 相套管色谱数据表明，该套管存在过热性故障。停电检查发现，确实是 V 相穿缆引线鼻子与将军帽接触不紧造成。

可见直流电阻试验是一个很灵敏的试验，但是现场分析数据的时候也要全面综合分析比较，或者结合其他方法（如色谱分析等）进行诊断。

2-37　变压器直流电阻试验的方法有哪些？

答：变压器直流电阻试验的方法有：
（1）电流、电压表法，又称电压降法。
（2）电桥法，有单臂电桥及双臂电桥两种。
（3）直流电阻测试仪法，在现场较为常用。
（4）电阻突变法，用"电流电压表法"及"双臂电桥法"测量大型变压器直流电阻时，在试验回路中串入附加电阻 R，采用"电阻突变法"缩短测量绕组直流电阻的时间。当电源电压 U=6～12V 时，其附加电阻 R 的大小是被测变压器绕组电阻 R_x 的 4～6 倍。

2-38　开展变压器直流电阻试验的注意事项有哪些？

答：开展变压器直流电阻试验的注意事项有：
（1）防止工作人员触电，拆、接试验接线前，应将被试设备对地充分放电；在充、放电过程中，严禁人员触及变压器套管金属部分。
（2）测量引线要连接牢固，并且测量引线截面积足够；试验仪器的金属外壳应可靠接地。
（3）防止反向感应电动势损坏测试仪。对无载调压变压器测量时，若需要切换分接挡位，必须停止测试，待测试仪提示"放电"完毕后，方可切换分接开关。在测量过程中，不能随意切断电源及拉掉接在试品两端的测量连接线。
（4）试验所用的电源线应该带剩余电流动作保护器。
（5）变压器在注油时不宜测量绕组直流电阻，待油稳定后再进行测量，一般需静置 3～5h。
（6）在对有载调压变压器进行测量时，在测量前应将有载开关从 1→n、n→1 来回转动数次，以消除分接开关触头不清洁等因素的影响。
（7）温度对直流电阻影响很大，应准确记录被试绕组的温度。测量必须在绕组温度稳定的情况下进行。为了与出厂及历次测量的数据比较，应将不同温度下测量的数值比较，将不同温度下测量的直流电阻换算到同一温度，以便比较。
（8）选用大电流直流电阻测试仪时，需考虑剩磁的影响，要控制测量时间，测量时一定要等待绕组自感效应影响降至最小程度（即读数稳定），再读取数据，测量结果按 DL/T 393—2013《输变电设备状态检修试验规程》的规定，并结合实际状况进行恰当的分析判断。
（9）检查仪器，根据仪器使用说明书和绕组电阻大小选择直流电阻测试仪的测试电流。
（10）各绕组引出端子必须全部处于开路状态。
（11）变压器经受近区短路或者出口短路后，测试结果应与历史数据进行比对。

2-39　开展变压器直流电阻试验的时候如何进行温度换算？

答：开展变压器直流电阻试验的时候，每次所测电阻值都必须换算到同一温度下，与以前（出厂或交接时）相同部位测得值进行比较。绕组直流电阻温度换算方法如下

$$R_{t2}=[(T+t_2)/(T+t_1)]\times R_{t1}$$

式中：R_{t2} 为换算至温度为 t_2 时的绕组直流电阻；R_{t1} 为温度为 t_1 时的绕组直流电阻；T 为温度换算系数，铜线 235，铝线 225。

2-40 开展变压器直流电阻试验的时候如何计算的直流电阻线间差或相间差百分数？

答：计算方法为

$$R_x=(R_{max}-R_{min})/R_p$$

式中：R_x 为直流电阻线间差或相间差的百分数，%；R_{max} 为三线或三相直流电阻实测值的最大值；R_{min} 为三线或三相直流电阻实测值的最小值；R_p 为三线或三相直流电阻实测值的平均值。

对线电阻 $R_p=1/3(R_{UV}+R_{VW}+R_{WU})$；

对相电阻 $R_p=1/3(R_{UN}+R_{VN}+R_{WN})$。

2-41 怎样根据变压器直流电阻的测量结果对变压器绕组及引线情况进行判断？

答：根据 DL/T 596—1996《电力设备预防性试验规程》、GB 50150—2016《电气装置安装工程电气设备交接试验标准》及 Q/GDW 1168—2013《输变电设备状态检修试验规程》的规定：

（1）1600kVA 以上变压器，各相绕组电阻相互间的差别不应大于三相平均值的 2%，无中性点引出的三角形接线绕组，线间差别不应大于三相平均值的 1%。

（2）1600kVA 及以下变压器，相间差别一般不大于三相平均值的 4%，无中性点引出的三角形接线绕组，线间差别一般不大于三相平均值的 2%。

（3）与以前相同部位测得值（换算到同一温度下）比较其变化不应大于 2%。

如果测算结果超出标准规定，应查明原因。一般情况下，三相电阻不平衡的原因有以下几种：

（1）分接开关接触不良。分接开关接触不良，反映在分接开关个别挡位分接处电阻偏大，而且三相之间不平衡。这主要是分接开关不清洁，电镀层脱落，弹簧压力不够等。

（2）焊接不良。由于引线和绕组焊接处接触不良，造成电阻偏大；多股并联绕组，其中有个别股没有焊上，这时一般电阻偏大较多。

（3）三角形联结绕组，其中一相断线，测出的三个线端电阻都比设计值相差得多，没有断线的两相线端电阻值为正常的 1.5 倍，而断线相线端电阻值为正常值的 3 倍，其关系为2:1:1。

此外，变压器套管的导电杆和绕组连接处，由于接触不良也会引起直流电阻增加。此时可以结合红外成像来分析其发热的部位。

在进行直流电阻测试的同时，最好也进行油中气体色谱分析，综合分析判断，

案例 1 某变电站对一台额定电压为 110kV、额定容量为 31 500kVA 的无载调压变压器进行预防性试验（运行Ⅱ挡），其测试数据见表 2-3。

由表 2-3 可见，误差未超过 2%，但其 U 相数值偏大，与历史数据比较超过 2%，且油中色谱超过规定值（判断为发热），加测（Ⅰ～Ⅴ挡）其现象同上。经分析比较判断，U 相可能

存在电流回路接触不良，吊罩检查，发现 U 相与套管连接的三根并绕导线有一根虚焊。由表中数据可见在各分接位置 $R\%$ 均小于 2%，合格。但由色谱试验得知有异常。可见如果仅看 $R\%$ 不能发现问题，但从 U 相的直流电阻值看，在每一个分接开关位置（Ⅰ～Ⅴ挡）上都比 V、W 相大，并且 V、W 相与历史数据比较差别很小，如果不是仔细研究是发现不了的，那么两次试验应结合起来综合分析。

表 2-3   预防性试验测试数据

试验日期	高压绕组								
	2006 年 5 月　预防性试验　变温（30℃）					2004 年 4 月　预防性试验　变温（28℃）			
分接位置	UN	VN	WN	$\Delta R\%$	绝缘油色谱（μL/L）	UN	VN	WN	$\Delta R\%$
1	0.3989	0.3943	0.3925	1.61	CH_4: 180	0.3878	0.3929	0.3917	1.31
2	0.3860	0.3813	0.3805	1.44	C_2H_4: 380	0.3754	0.3800	0.3785	1.22
3	0.3733	0.3688	0.3673	1.60	CO: 450	0.3627	0.3674	0.3659	1.29
4	0.3611	0.3567	0.3552	1.65	CO_2: 1100 H_2: 200	0.3505	0.3549	0.3528	1.24
5	0.3487	0.3446	0.3431	1.62	C_2H_6: 270 C_2H_2: 0	0.3378	0.3422	0.3401	1.29

案例 2   华东某电厂变压器型号为 SFPSL-63000/121/38.5/6.3，其色谱分析异常，但是直流电阻不平衡系数仍小于 2%，见表 2-4。然而，最后吊罩发现，U 相绕组三根铝导线的焊接头一根完全虚焊，另一根也有一半烧透，说明焊接头确有问题。

表 2-4   110kV 三相绕组的直流电阻   单位：Ω

相	分接开关位置				
	Ⅰ	Ⅱ	Ⅲ	Ⅳ	Ⅴ
UN	0.4255	0.4160	0.4060	0.3960	0.3860
VN	0.4210	0.4110	0.4010	0.3912	0.3816
WN	0.4215	0.4120	0.4022	0.3924	0.3826
不平衡系数（%）	1.06	1.21	1.24	1.22	1.15

本例中在分接开关处于不同位置时，U 相结果均偏大，可以说明 U 相绕组有问题，遇到这种情况，要认真分析。

2-42   有载调压分接开关的切换开关筒上静触头压力偏小时对变压器直流电阻有什么影响？

答：当切换开关筒上静触头压力偏小时，可能造成变压器绕组直流电阻不平衡。例如，对某变电站 SFZ7-20000/110 型变压器的 110kV 绕组进行直流电阻测试时，有载调压分接开关 [1990 年产品（ZY1-Ⅲ500/60C，±9），由切换开关和选择开关组合而成] 连续调节几挡，三相直流电阻相对误差都比上年增加，其中第Ⅳ挡和第Ⅴ挡直流电阻相对误差达到 2.1%，多次测试，误差不变，超过国家标准，与上年相同温度下比较，U 相绕组直流电阻明显偏小。

为查出三相绕组直流电阻误差增大的原因,首先进行色谱分析并测量变压比,排除绕组本身可能发生匝间短路等因素;其次将有载调压分接开关中的切换开关从变压器本体中吊出,同时采用厂家带来的酒精温度计检测温度,这样测试变压器连同绕组的直流电阻,测试结果是三相直流电阻相对误差很小,折算到标准温度后,与上年测试数据接近。此时又因酒精温度计与本体温度计比较之间误差很大,本体温度计偏高 8℃,经检查系温度计座里面油已干,照此折算开始测量的三相绕组直流电阻,实质上是 U 相绕组直流电阻正确,V、W 两相绕组直流电阻偏大,再检查切换开关和切换开关绝缘筒,发现 V、W 两相切换开关与绝缘筒之间静触头压力偏小,导致了 V、W 两相绕组电阻增大,造成相对误差增大。

对此问题的处理方法是:拧下切换开关绝缘筒静触头,采用 0.5mm 厚镀锡软铜皮垫入 V、W 两相静触头内侧,再恢复到变压器正常状态下进行测试。测试结果是:三相绕组的各挡直流电阻相对误差都很小,只有一挡最大误差值也仅为 1.35%,达到合格标准。

第五节　变压器介质损耗因数的测试

2-43　测量电力变压器介质损耗因数试验的测试项目有哪些?

答:在测试时,应按表 2-5 的顺序要求依次进行。

表 2-5　　　　　　　　　　　　电力变压器介质损耗因数测试项目

顺序	双绕组变压器		三绕组变压器	
	加压绕组	接地部位	加压绕组	接地部位
1	低压	高压和外壳	低压	高压、中压和外壳
2	高压	低压和外壳	中压	高压、低压和外壳
3	—	—	高压	中压、低压和外壳
4	高压和低压	外壳	高压和中压	低压和外壳
5	—	—	高压、中压和低压	外壳

注　4、5 两项只对 16 000kVA 及以上的变压器进行测试,试验时高、中、低三绕组各端部应短接。

2-44　为什么变压器绝缘受潮后电容值随温度升高而增大?

答:这是因为水分是强极性的偶极子,故变压器的电容值与水分存在的状态和温度有关。在一定频率、温度较低时,水分呈悬浮状或乳浊状分布于油和绝缘材料中,此时水分的偶极子不能被充分极化,致使变压器的电容较小。当温度升高时,由于分子热运动的结果,黏度降低,水分扩散并成溶解状分布在油中,此时水分中的偶极子被充分极化,致使变压器电容量增大。

2-45　测量电力变压器介质损耗因数试验的测试标准及要求是什么?

答:测试标准及要求是:
(1)在预防性试验时,变压器绕组连同套管介质损耗因数应不大于表 2-6 的规定。

表 2-6		变压器绕组 20℃时 tanδ（%）最高允许值	
高压绕组电压等级（kV）	330～500	66～220	35kV 及以下
tanδ（%）	0.6	0.8	1.5

注　tanδ值与历年的数值比较不应有显著变化，一般不大于 30%，同一变压器各绕组 tanδ的要求值相同。

（2）在交接试验时，变压器绕组连同套管介质损耗因数应不大于表 2-7 的规定。

表 2-7　　　　　油浸式电力变压器绕组连同套管介质损耗因数最高允许值

高压绕组电压等级（kV）	温度（℃）							
	5	10	20	30	40	50	60	70
35 及以下	1.3	1.5	2.0	2.6	3.5	4.5	6.0	8.0
35～220	1.0	1.2	1.5	2.0	2.6	3.5	4.5	6.0
330～500	0.7	0.8	1.0	1.3	1.7	2.2	2.9	3.8

2-46　测量电力变压器介质损耗因数的时候如何进行温度换算？

答： 电力变压器介质损耗因数的测试结果应换算到同一温度下进行比较，其值应不大于出厂试验值的 1.3 倍。一般可按下式进行换算，即

$$\tan\delta_2 = \tan\delta_1 \times 1.3^{(t_2-t_1)/10}$$

式中：tanδ_1、tanδ_2 分比为温度 t_1、t_2 时的 tanδ值。

例如：某变电站变压器（额定容量 31.5MVA，额定电压 66kV），预防性试验时用 QS1 西林电桥测量的 tanδ数值见表 2-8。

表 2-8　　　　　　　　　某变压器 tanδ（%）测试值

绕组	tanδ（%）	变压器温度
高压	1.05	18℃
低压	1.12	

将 tanδ换算到 20℃时，即 $\tan\delta_{20℃}=\tan\delta_{18℃}\times1.3^{(20-18)/10}=1.05\times1.3^{1/5}=1.107\%$大于预防性试验规程规定的 0.8%时，则可判断为绝缘受潮。经过干燥处理后再测试，均小于 0.8%，符合规程规定。

2-47　测量介质损耗因数的试验有哪些注意事项？

答： 测量介质损耗因数的试验注意事项有：

（1）防止工作人员触电。试验前后都应将被试设备对地放电。试验仪器和被试设备的金属外壳都应可靠接地，仪器操作人员必须站在绝缘垫上。将接地线一端接在地网上，另一端可靠地接于仪器面板的接地螺栓上，且地网的接地点应具有良好的导电性。

（2）为避免绕组电感和励磁损耗给测试带来误差，测试时需将测试绕组各相短路，非被试绕组各相短路接地或屏蔽。尽量缩短测量引线以减小误差。

（3）测试数据超标时应考虑被试品表面污秽、环境湿度等因素，必要时可对被试品表面进行清洁或干燥处理后重新测量。

（4）现场测量存在电场和磁场干扰影响时，应采取相应措施进行消除。

（5）试验电压的选择。变压器绕组额定电压为 10kV 及以上者，施加电压应为 10kV；绕组额定电压为 10kV 以下者，施加电压为绕组额定电压。

（6）测试时记录现场温度及空气湿度。测量温度以变压器上层油温为准，尽量使每次测量的温度相近。且应在变压器上层油温低于 50℃时测量，不同温度下的 $\tan\delta$ 值应换算到同一温度下进行比较。

（7）与被试部位相连的所有绕组端子连在一起加压，其余绕组端子均接地。电磁式电压互感器应采用末端屏蔽法。

2-48 为什么测量变压器的 $\tan\delta$ 和吸收比 K 时，铁芯必须接地？

答：变压器做绝缘特性试验时，如果变压器的铁芯未可靠接地，将使 $\tan\delta$ 值和 K 分别有偏大和偏小的误差，造成对设备绝缘状况的误判断。因为铁芯未接地时，测得的 $\tan\delta$ 值实际上是铁芯对地间绝缘介质的 $\tan\delta$，由于绕组对铁芯的电容较大，而铁芯对下夹铁的电容很小，故其容抗很大，所以试验电压大部分降于铁芯与下夹铁之间。再则，铁芯与下夹铁间只垫有 3～5mm 厚的硬纸板，其绝缘强度较低，当电压升高时该处由电离可能发展为局部放电，导致 $\tan\delta$ 增大。

在吸收比测量中，若铁芯未接地，使绕组对外壳间串入了铁芯对外壳间的绝缘介质而使绝缘值升高，而小电容的串入使 R_{15} 有较大幅度的提高，从而导致吸收比下降。

2-49 为什么大型变压器测量 $\tan\delta$ 不易发现局部缺陷？

答：大型变压器体积较大，绝缘材料有油、纸、棉纱等。其绕组对绕组、绕组对铁芯、套管导电芯对外壳，组成多个并联支路。当测量绕组的直流泄漏电流时，能将各个并联支路的直流泄漏电流值反映出来。而测量 $\tan\delta$ 时，因在并联回路中的 $\tan\delta$ 是介于各并联分支中的最大值和最小值之间。其值的大小决定于缺陷部分损耗与总电容之比。当局部缺陷的 $\tan\delta$ 虽已很大时，但与总体电容之比的值仍然很小，总介质损耗因数较小，只有当缺陷面积较大时，总介质损耗因数才增大，所以不易发现缺陷。测量介质损耗因数试验容易发现设备的分布性缺陷，比如整体脏污受潮，但是不容易发现被试品的集中性缺陷，比如局部的裂纹、脏污、受潮等。可以和其他试验项目综合分析判断，或者对被试品进行解体，分为各个部件进行试验。

例如：某变电站使用 QS1 型西林电桥对一台双绕组变压器（型号为 SJL-6300/60）进行预试，测试结果见表 2-9。高压绕组对低压绕组及地的泄漏电流值高达 42μA，较上年测试值约增长 5 倍，但 $\tan\delta$ 为 0.2%，和上年相同。分解试验后，测高压侧套管的 $\tan\delta$，发现 V 相 $\tan\delta$ 值达 5.3%，明显不合格。

表 2-9　　　　　　　变压器绝缘电阻、泄漏电流、$\tan\delta$（%）测试值比较

项别	部位	绝缘电阻（MΩ）	泄漏电流（μA）		$\tan\delta$（%）	
			10kV	40kV	绕组	高压侧套管
2006 年 5 月（28℃）	高压对低压、地	—	—	8.0	0.2	N 相 0.6 U 相 0.6
	低压对高压、地	5000/3000	2.0	—	0.2	V 相 0.6 W 相 0.6

项别	部位	绝缘电阻（MΩ）	泄漏电流（μA）		tanδ（%）	
			10kV	40kV	绕组	高压侧套管
2007 年 6 月（28℃）	高压对低压、地	1100/900	—	42.0	0.2	N 相 0.4 U 相 0.5 V 相 5.3 W 相 0.4
	低压对高压、地	—	2.0	—	0.2	

2-50 有载调压开关的介质损耗因数对变压器整体的介质损耗因数有何影响？

答：若有载调压开关的介质损耗因数较大，会使变压器整体的介质损耗因数增大。相反，变压器整体的介质损耗因数增大，也可以间接查出有载调压开关的介质损耗因数大小，从而间接得知有载调压开关的绝缘是否良好。

第六节　变压器的变比、极性及联结组别试验

2-51 测量变压器变比、极性及联结组别试验的试验目的是什么？

答：变压器在出厂试验时，检查变压器变比、极性、联结组别的目的在于检验绕组匝数、引线及分接引线的连接、分接开关位置及各出线端子标志的正确性。对于安装后的变压器，主要是检查分接开关位置及各出线端子标志与变压器铭牌相比是否正确，而当变压器发生故障后，检查变压器是否存在匝间短路等。

2-52 什么叫变压器的联结组别？测量变压器的联结组别有何要求？

答：变压器的联结组别是变压器的一次和二次电压（或电流）的相位差，它按照一、二次绕组的绕向，首尾端标号，连接的方式而定，并以时钟型式排列为 0～11 共 12 个组别。

通常采用直流法测量变压器的联结组别，主要是核对铭牌所标示的联结组别与实测结果是否相符，以便在两台变压器并列运行时符合并列运行的条件。

2-53 对变压器进行联结组别试验有何意义？

答：变压器联结组别必须相同是变压器并列运行的重要条件之一。若参加并列运行的变压器联结组别不一致，将出现不能允许的环流；同时由于运行，继电保护接线也必须知晓变压器的联结组别；联结组别是变压器的重要特性指标。因此，在出厂、交接和绕组大修后都应测量绕组的联结组别。

2-54 测量变压器变比、极性及联结组别试验的方法有哪些？

答：（1）测量变压器变比试验。

1）使用 QJ-35 电桥测量变压器变比及误差。

2）使用自动变比测量仪测量变压器变比及误差。

3）用双电压表法测量三相变压器变比及误差。

（2）判断变压器极性：用直流法。

（3）变压器联结组别的判断方法：

1）直流法。

2）相位表法。

2-55　进行绕组各分接位置变压比测量试验的注意事项是什么？

答：（1）测试前应确认被试设备已经从原有系统中完全脱离，并用放电棒充分放电。

（2）测试前应正确输入被测设备的铭牌、型号。

（3）测试线应正确连接，防止高、低压接反。

（4）变比试验应在直流电阻试验前进行，当具备试验条件时，还应对变压器进行消磁，保证测试结果的准确。

2-56　测量变压器变比、极性及联结组别试验的标准及要求是什么？

答：测量变压器变比、极性及联结组别试验的标准及要求是：

（1）各相应分接头的变比与铭牌值相比，不应有显著差别，且应符合规律。

（2）电压 35kV 以下，变比小于 3 的变压器，其变比允许偏差为±1%；其他所有变压器额定分接头变比允许偏差为±0.5%，其他分接头的变比应在变压器阻抗电压百分值的 1/10 以内，但不得超过±1%。

（3）检查变压器的三相联结组别和单相变压器引出线的极性，必须与设计要求及铭牌上的标记和外壳上的符号相符。

（4）用相位表法判断变压器联结组别时分析判断。相位表所测得的相位差除以 30 即可知高、低压间的时钟序号，即联结组别标号。

例如：某变电站对一台额定电压为 110/10.5kV，联结组别为 YNd11 的无载调压变压器进行大修后试验，发现在测量变比分接位置"2""3"时，误差超过标准，高压直流电阻在分接位置"2""3"时误差超过标准，其测试数据见表 2-10。

表 2-10　　　　　　　　　　　　　　　某变压器的测试数据

分接位置	变比误差（%）			高压绕组直流电阻（Ω）			
	UV/uv	VW/vw	UW/uw	UN	VN	WN	$\Delta R\%$
1	−0.05	−0.04	−0.04	0.3804	0.3820	0.3824	0.52
2	+0.07	+2.54	+2.69	0.3711	0.3725	0.3639	2.33
3	−0.03	−2.88	−2.90	0.3620	0.3631	0.3733	3.09
4	−0.04	+0.03	−0.05	0.3535	0.3543	0.3549	0.39
5	−0.03	−0.06	−0.05	0.3443	0.3452	0.3458	0.45

经对变比、直流电阻数据进行分析，可能将分接开关 W 相绕组的分接"2"、分接"3"接反，造成误差超标。重新吊检，发现其缺陷，消除后重新测量，其变比误差、直流电阻误差均合格。

第七节 变压器的外施工频耐压试验

2-57 变压器外施工频耐压试验的目的是什么？

答： 工频耐压对考核变压器的主绝缘强度，对于检查主绝缘有无局部缺陷具有决定性的作用。它是检查验证变压器设计、制造和安装质量的重要手段。变压器外施工频耐压试验，用于全绝缘变压器或分级绝缘变压器的中性点耐压及低压绕组的耐压试验。

例如：华东某台 12.5MVA、38.5±3×2.5%/6.3kV 的电力变压器，高压侧进行交流耐压试验时，当电压升至 57kV 时，听见变压器内部有明显的放电声，随后试验设备的过电流保护动作跳闸，当即将变压器本体油放出，当油面降低至手孔门以下位置的时候，发现 35kV 侧中性点套管的引线碰变压器本体内壁，并有明显的放电痕迹。

2-58 试绘出现场对 35kV 及以下变压器进行常规的变压器外施工频耐压试验的接线图。

答： 现场对 35kV 及以下常规的变压器外施工频耐压试验的接线如图 2-3 所示。

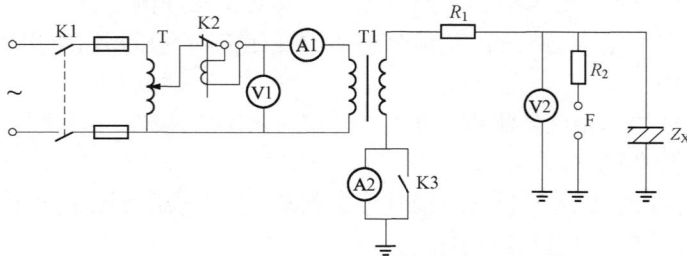

图 2-3 变压器外施工频耐压试验的接线图

2-59 进行常规的变压器外施工频耐压试验的保护电阻有什么要求？

答： 保护电阻 R_1 一般取 0.1～0.5Ω/V，并应有足够的热容量和长度。与保护球隙串联的保护电阻 R_2，其电阻值通常取 1Ω/V，长度按表 2-11 选取。

表 2-11 保护电阻器最小长度

试验电压（kV）	50	100	150
电阻器长度（mm）	250	500	800

2-60 为什么进行变压器交流耐压试验的时候必须在高压侧接入高压电压表直接测量高压侧的试验电压？

答： 由于"容升"的影响，被试变压器高压端往往先达到试验电压值，即高压侧电压表的读数会大于低压侧电压表的读数乘以变比。其原理如下：变压器交流耐压试验回路的等值电路如图 2-4 所示，图中 C_X 为被试变压器的等值电容、X_T 为试验变压器的漏抗、R 为试验回路的等值电阻、U 为外加试验电压。

该回路的相量图如图 2-5 所示，图中 U 为外加试验电压、U_X 为被试变压器上电压、U_R

为试验回路电阻电压降、U_T 为试验变压器漏抗电压降。

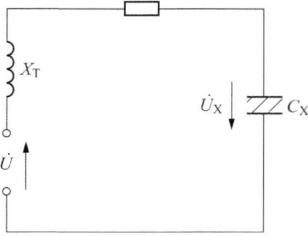

图 2-4 变压器交流耐压试验高压回路的等值电路 图 2-5 变压器交流耐压试验高压回路的相量图

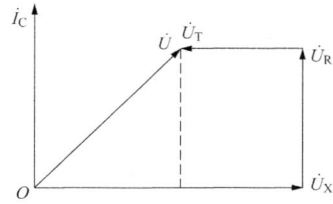

显然，由于存在试验变压器漏抗电压 U_T，且其方向和被试变压器上电压 U_X 相反，所以被试变压器上电压 U_X 高于外加试验电压 U。随着试验变压器漏抗和试品电容的增大，电压升高也越大。这种现象称容升现象。

因此，必须在被试变压器高压端接入高压电压表来监视试验电压。测量试验电压必须在高压侧测量，并以峰值表为准（峰值表读数除以 $\sqrt{2}$）。应选用数字式、多量程峰值电压表。

例如：某制造厂生产的电力变压器，开始时由于产品较少，出厂试验时，每台单独进行交流耐压试验，台台合格。后来产量增加了，为节省时间把多台变压器并在一起加工频电压，仍在低压侧测量电压，再通过变比换算到高压侧，没有在被试变压器高压端接入高压电压表来监视试验电压。结果是大部分产品被击穿不合格。

2-61 进行常规的变压器外施工频耐压试验的步骤是什么？

答：因为工频耐压试验属于破坏性试验，试验电压高，所以必须严格遵守下列操作步骤，以免出现人身伤亡事故和设备的损坏。

（1）将变压器各绕组接地放电，对大容量变压器应充分放电（5min）。拆除或断开变压器对外的一切连线。

（2）进行接线，检查试验接线正确无误，三相变压器被试绕组所有出线套管应短接后加电压，非加压绕组所有出线也应短接并可靠接地。调压器在零位。被试变压器外壳和非加压绕组应可靠接地，试验回路中过电流和过电压保护应整定正确、可靠。油浸变压器的套管、升高座、人孔等部位均应充分排气，避免器身内残存气泡的击穿放电。变压器本体所有电流互感器二次短路接地。

（3）合上试验电源，不接试品升压，将球隙的放电电压整定在 1.1～1.15 倍额定试验电压所对应的放电距离。

（4）断开试验电源，降低电压为零，将高压引线接上试品，接通电源，开始升压进行试验。

（5）升压必须从零（或接近于零）开始，切不可冲击合闸。升压速度自 75% 试验电压开始应均匀升压，约为每秒 2% 试验电压的速率升压。升压过程中应密切监视高压回路和仪表指示，监听被试品有何异响。升至试验电压，开始计时并读取试验电压。耐压 60s 后，迅速均匀降压到零，然后切断电源，放电、挂接地线。试验中如无破坏性放电发生，则认为通过耐压试验。

（6）试验后必须对设备充分放电，再拆除试验接线。

（7）试验后应再次测试绝缘电阻，其值应正常，较试验前下降不大于 30%。

2-62 进行常规的变压器外施工频耐压试验的注意事项是什么？

答：进行常规的变压器外施工频耐压试验的注意事项是：

（1）交流耐压是一项破坏性试验，因此耐压试验之前被试品必须通过绝缘电阻、吸收比、$\tan\delta$ 等各项绝缘试验且合格。充油设备还应在注油后静置足够时间（110kV 及以下，24h；220kV，48h；500kV，72h）方能加压，以避免耐压时造成不应有的绝缘击穿。

（2）进行耐压试验时，被试品温度应不低于+5℃，户外试验应在良好的天气进行，且空气相对湿度一般不高于 80%。

（3）试验设备、试品绝缘表面应干燥、清洁。尽量缩短高压引线的长度，采用大直径的高压引线，以减小电晕损耗。

（4）加压期间应密切注视表计指示动态，防止谐振现象发生；应注意观察、监听被试变压器、保护球隙的声音和现象，分析区别电晕或放电等有关迹象。

（5）有时耐压试验进行了数十秒钟，中途因故失去电源，使试验中断，在查明原因、恢复电源后，应重新进行全时间的持续耐压试验，不可仅进行"补足时间"的试验。

（6）变压器的接地端和测量控制系统的接地端要互相连接，并应自成回路，应采用一点接地方式，即仅有一点和接地网的接地端子相连。

（7）试验测量用电压表应用交流峰值电压表。应在高压侧直接测量试验电压，并与被试品并接球隙进行保护，该球间隙的放电距离对变压器整定 1.15～1.2 倍试验电压所对应的放电距离。必要时可在调压器输出端串接适当的电阻。

（8）试验变压器一般应在规定的额定电压范围内使用，避免使用在铁芯的饱和部分，并可在试验变压器低压侧加滤波装置。

（9）在更换试验接线时，应在被试品上悬挂接地放电棒。在再次升压前，先取下放电棒，防止带接地放电棒升压。

（10）当同一电压等级不同试验标准的电气设备连在一起进行试验时，试验标准应采用连接设备中的最低标准。

（11）试验开始前，应确认试验电源的容量等参数是否满足试验要求。

2-63 如何对常规的变压器外施工频耐压试验的结果进行分析？

答：变压器交流耐压试验后应结合其他试验，如变压器耐压前后的绝缘电阻测试、局部放电测试、空载特性的测试、绝缘油的色谱分析等测试结果，进行综合判断，以确定被试品是否通过试验。一般根据以下情况对故障性质进行判断。

（1）在进行外施交流耐压试验中，仪表指示不跳动，被试变压器无放电声音，这说明耐压试验合格。当电压表指示会剧烈下降，同时被试变压器有放电声，有时还伴随着球隙放电时，很明显证明变压器耐压试验不合格。

（2）一般情况下，当被试变压器击穿时，试验中电压表指示会剧烈下降，观察电压表指针是否大幅度摆动是判断设备是否击穿的重要标准。试验中电流表的变化是由试验变压器的电抗和被试变压器的容抗比值决定的。有些情况下，虽然试品击穿了，但电流表的指示也可能不变，造成这种情况的原因是回路的总电抗为 $X=|X_C-X_L|$，而试品短路时 $X_C=0$，若

原来试品的容抗 X_C 与试验变压器漏抗之比等于 2，那么 X_C 虽然为零，但回路的 X 仍为 X_L，即电抗没变，所以电流表指示不变；当比值大于 2 时击穿，电流必然上升；当比值小于 2 时击穿则电流下降，此情况一般在被试变压器容量很大或试验变压器容量不够时，有可能出现。

（3）悬浮电位放电，仪表指示无变化，若属试品内部金属部件或铁芯没接地，出现的声音是"啪"声，这种声音的音量不大，变压器内部有如炒豆般的响声，电流表的指示也很稳定，且电压升高时，声音不增大。

（4）气泡放电，这种放电可分为贯穿性放电和局部放电两种。这种放电的声音很清脆，"噎""噎"像铁锤击打油箱的声音伴随放电声，仪表有稍微摆动的现象。产生这类放电的原因，多是引线包扎不紧或注油后抽真空或静放时间不够或者是引线距离不够或者油中的间隙放电所造成的。当重复试验时，放电电压下降不明显。这类放电是最常见的。这种故障放电部位比较好找，故障也容易排除。放电声音很清脆，但比前一种声音小，仪表摆动不大，重复试验时放电现象消失，这种现象是变压器内部气泡放电。为了消除和减少油中的气泡，对 110kV 及以上变压器，应抽真空注油，静放时间应满足标准要求。

（5）内部固体绝缘的击穿或沿面放电，在这种情况下，产生的放电声音多数是"嘭嘭"的低沉声或者是"咝咝"的声音，伴随有电流表指示突然增大。

当重复试验时，放电电压明显下降。这种放电部位寻找困难，有时需借助超声定位来判断故障部位，或进行解体检查。

（6）试验时如果出现套管的沿面闪络不一定是变压器内部故障，可以对套管进行清洁干燥后再次试验。

（7）试验后应再次测试绝缘电阻，其值应正常，较试验前下降不大于 30%。

2-64 变压器做交流耐压试验时，非被试绕组为何要接地？为什么说被试绕组不短接是不允许的？

答：在做交流耐压试验时，非被试绕组处于被试绕组的电场中，如不接地，其对地的电位，由于感应可能达到不能允许的数值，且有可能超过试验电压，所以非被试绕组必须接地。

若被试绕组不短接，接线如图 2-6 所示，由于分布电容 C_1、C_2 和 C_{12} 的影响，在被试绕组对地及非试绕组中，将有电流流过，而且沿整个被试绕组流过的电流不等，越接近 A 端，电流越大，沿线匝存在着电位差。由于流过绕组的是电容电流，故越接近 X 端的电位越高，可能超过试验电压，在严重情况下，会损坏绝缘。所以试验时，必须将被试绕组短接。

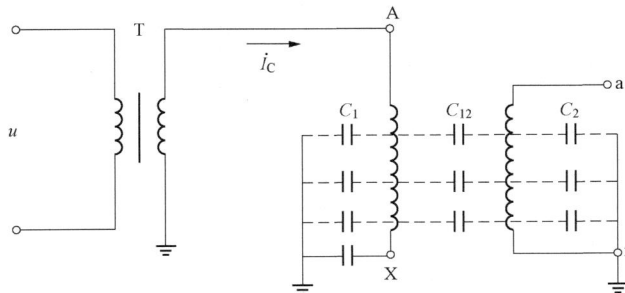

图 2-6　变压器交流耐压试验接线图

第八节　变压器的串联谐振耐压试验

2-65　应用串并联谐振原理进行交流耐压试验方法有哪些？

答：对于长电缆线路、电容器、大型发电机和变压器等电容量较大的被试品的交流耐压试验，需要较大容量的试验设备和电源，现场往往难以办到。在此情况下，可根据具体情况，分别采用串联、并联谐振或串并联谐振（也称串并联补偿）的方法解决试验设备容量不足的问题。

（1）串联谐振（电压谐振）法。当试验变压器的额定电压不能满足所需试验电压，但电流能满足被试品试验电流的情况下，可用串联谐振的方法来解决试验电压的不足，其原理接线如图 2-7 所示。

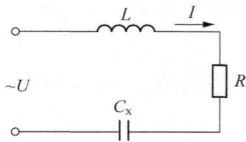

（2）并联谐振（电流谐振）法。当试验变压器的额定电压能满足试验电压的要求，但电流达不到被试品所需的试验电流时，可采用并联谐振对电流加以补偿，以解决试验电源容量不足的问题，其原理接线如图 2-8 所示。

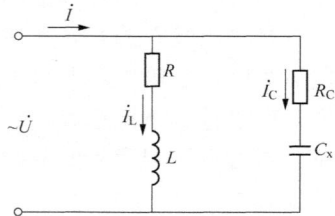

图 2-7　串联谐振（电压谐振）法接线图　　　图 2-8　并联谐振（电流谐振）法接线图

（3）串并联谐振法。除了以上的串联、并联谐振外，当试验变压器的额定电压和额定电流都不能满足试验要求时，可同时运用串、并联谐振线路，也称为串并联补偿法。

2-66　电压谐振发生的条件是什么？电流谐振发生的条件是什么？

答：由电感线圈（可用电感 L 串电阻 R 模拟）和电容元件（电容量为 C）串联组成的电路中，当感抗等于容抗时会产生电压谐振，深入分析如下：

（1）当 L、C 一定时，电源的频率 f 恰好等于电路的固有振荡频率，即 $f=1/(2\pi\sqrt{LC})$。

（2）当电源频率一定时，调整电感量 L，使 $L=1/[(2\pi f)2C]$。

（3）当电源频率一定时，调整电容量 C，使 $C=1/[(2\pi f)2L]$。

在电感线圈（可用电感 L 串电阻 R 模拟）和电容元件（电容量为 C）并联组成的电路中，满足下列条件之一，就会发生电流谐振。

（1）电源频率 $f=\dfrac{1}{2\pi}\sqrt{\dfrac{1}{LC}-\left(\dfrac{R}{L}\right)^2}$。

（2）调整电容量，使 $C=\dfrac{L}{R^2+(2\pi fL)^2}$。

（3）当 $2\pi fCR\leqslant 1$ 时，调节电感 L 也可能产生电流谐振。

2-67 变压器的串联谐振耐压试验的方法有哪些?

答:变压器常见的串联谐振耐压试验方法有两种:

(1)调感式串联谐振耐压试验。在高压回路中串联一个可以调节的电感 L,当调节电抗器使 $\omega L = \dfrac{1}{\omega C_x}$ 时,电抗上的压降在数值上等于电容上的压降,回路达到谐振状态,被试品上产生工频高压。

(2)变频串联谐振耐压试验。在试验电源处接入变频装置,可以调节电源频率在 30~300Hz 内变化,当调节变频柜输出电压频率达到谐振条件,即 $f = \dfrac{1}{2\pi\sqrt{LC}}$ 时,被试品上产生谐振高电压。如果同时进行电抗器的组合和电容量的调节,试验频率可以控制在 45~65Hz 频率范围内,大部分可以控制在 49~51Hz 频率范围内。因为调节设备达到谐振点比较方便,所以目前现场较常用。

2-68 进行变压器的串联谐振耐压试验时,有什么注意事项?

答:进行变压器的串联谐振耐压试验时,应注意:

(1)应该先调谐,再升压。当采用串联谐振试验装置时,试验电压的频率应不低于40Hz,全电压下耐受时间为60s。试验时,应在较低的激磁电压下调谐电感或频率找谐振点,当被试品上电压达到最高时,即达到试验回路的谐振点,可以开始升压进行试验。

(2)谐振试验回路品质因数 Q 值的高低与试验设备、试品绝缘表面干燥清洁程度及高压引线直径大小、长短有关,因此试验宜在天气晴好的情况下进行。试验设备、试品绝缘表面应干燥、清洁。尽量缩短高压引线的长度,采用大直径的高压引线,以减小电晕损耗。提高试验回路品质因数 Q 值。

2-69 耐压试验时,电力设备绝缘不合格的可能原因有哪些?

答:耐压试验时,电力设备绝缘不合格的可能原因有:

(1)绝缘性能变坏。如变压器油中进入水分、固体绝缘受潮、绝缘老化等,都会导致绝缘性能下降,在耐压试验时可能不合格。

(2)试验方法和电压测量方法不正确。例如,进行变压器试验时,未将非被试绕组短接接地,非被试绕组可能对地放电,误判为不合格。再如,试验大容量试品时,仍在低压侧测量电压,由于容升效应,实际加在被试品上的电压超过试验电压,导致被试品击穿,误判为不合格。

(3)没有正确地考虑影响绝缘特性的大气条件。由于气压、温度和湿度对火花放电电压及击穿电压都有一定影响,若不考虑这些因素就可能导致设备不合格的结论。

第九节 变压器感应耐压试验

2-70 对变压器进行感应耐压试验的目的和原因是什么?

答:对变压器进行感应耐压试验的目的是:

（1）试验全绝缘变压器的纵绝缘。

（2）试验分级绝缘变压器的部分主绝缘和纵绝缘。

对变压器进行感应耐压试验的原因是：

（1）由于在做全绝缘变压器的交流耐压试验时，只考验了变压器主绝缘的电气强度，而纵绝缘并没有承受电压，所以要做感应耐压试验。

（2）对分级绝缘变压器主绝缘，因其绕组首、末端绝缘水平不同，不能采用一般的外施电压法试验其绝缘强度，只能用感应耐压法进行耐压试验。为了要同时满足对主绝缘和纵绝缘试验的要求，通常借助于辅助变压器或非被试相绕组支撑被试绕组把中性点的电位抬高，一举达到两个目的。

2-71 为什么在进行变压器感应耐压试验时，需要将提高试验电源的频率至 **2** 倍频以上？

答：为了提高试验电压，又不使铁芯饱和，多采用提高电源频率的方法，这可从变压器的电势方程式来理解，即

$$E=KfB$$

式中：E 为感应电动势；K 为常数；f 为频率；B 为磁通密度。

由此可见，若欲使磁通密度不变，当电压增加一倍时，频率 f 就要相应地增加一倍。采用 n 倍频试验电源时，可将试验电压上升到 n 倍，而流过变压器的试验电流仍较小，试验电源容量不大就可以满足要求。因此感应耐压试验电源的频率要大于额定频率 2 倍以上，一般采用 100～250Hz 的电源频率。

2-72 进行变压器感应耐压试验时，如何获得中频率的电源？

答：目前有以下几种方法：

（1）用三相绕组接成开口三角形取得 3 倍频试验电源。目前现场较少使用。

（2）晶闸管变频调压逆变电源。此种电源由于设备可靠，运输方便，需要的电抗器较少，有时可不用补偿电抗器，且要求现场提供的电源容量小，在目前现场试验中较多采用。

2-73 进行变压器感应耐压试验时，现场常用的试验方法有哪些？

答：进行变压器感应耐压试验时，现场常用的试验方法有：

（1）自身励磁。在被试变压器低压侧施加较高的励磁电压，在高压侧感应出所需要的试验电压。这种方法对电力变压器进行试验时，当绕组端部对地试验电压达到要求时，则匝间试验电压将超过规定值，所以一般变压器很少单独采用。

（2）自耦支撑连接。即以电压较低的绕组或以同电压等级的非被试相来支撑被试的高压绕组，绕组出线端对地试验电压较易达到要求，同时又可使绕组匝间电压不超过规定值，并使绕组端部与相邻绕组最近点和高压相间也能符合试验要求。电力部门在现场进行试验时常用。

（3）采用外加支撑变压器法。可以调节支撑电压以便更好地满足试验要求。一般制造厂专门备有各种电压抽头的支撑变压器作为感应耐压之用，电力部门在现场进行试验时要临时选择电压适当的支撑变压器，存在一定困难。

2-74　叙述三相分级绝缘的 110kV 及以上电力变压器进行感应耐压试验的方法。

答：对分级绝缘的变压器，只能采用单相感应耐压进行试验。因此，要分析产品结构，比较不同的接线方式，计算出线端相间及对地的试验电压，选用满足试验电压的接线。一般要借助辅助变压器或非被试相绕组支撑，轮换 3 次，才能完成一台变压器的感应耐压试验。例如，对联结组别为YNd11 的双绕组变压器，可按图 2-9 接线进行 U 相试验。非被试的两相线端并联接地，并与被试相串联，使相对地和相间电压均达到试验电压的要求，而非被试的两相，仅为 1/3试验电压（即中性点电位）。当中性点电位达不到试验电压时，在感应耐压前，应先进行中性点的外施电压试验，V、W 相的感应耐压试验可仿此进行。

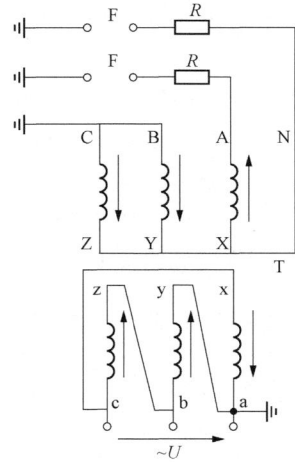

图 2-9　U 相感应耐压试验接线图

2-75　变压器感应耐压试验如何分类？

答：感应耐压试验分为短时感应耐压试验（ACSD）和长时感应电压试验（ACLD），长时感应电压试验是在整个试验期间，一直进行局部放电测量。

2-76　变压器感应耐压试验时，短时感应耐压试验的电压数值和加压顺序是什么？

答：短时感应耐压试验（ACSD）电压数值和加压顺序，如图 2-10 所示。

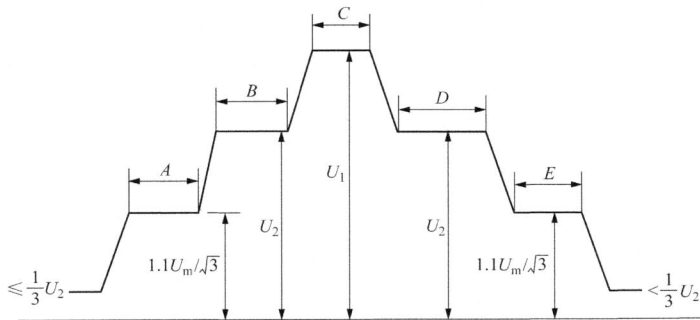

图 2-10　短时感应耐压试验（ACSD）对地施加试验电压和时间顺序

A=5min；B=5min；C=试验时间；$D \geqslant$5min；E=5min

U_2=1.3$U_m/\sqrt{3}$（相对地电压）；U_1=U_m（U_m 为系统最高运行线电压）

图 2-10 所示的施加电压的时间顺序，说明如下（以下电压为对地电压）：

（1）在不大于 2/3U 的电压接通电源；

（2）上升到 1.1$U_m/\sqrt{3}$，保持 5min；

（3）上升到 U_2，保持 5min；

（4）上升到 U_1，其试验时间 t 规定如下：

当试验电压频率等于或小于 2 倍额定频率时，全电压下试验时间为 60s；当试验电压频

率大于 2 倍额定频率时，全电压下试验时间 t 按下式计算

$$t=120\times(f_1/f_2)$$

式中：t 为试验电压持续时间；f_1 为额定频率，Hz；f_2 为试验电压频率，Hz。

（5）试验后立刻不间断地降低到 U_2，保持时间大于 5min；

（6）降低到 $1.1U_m/\sqrt{3}$，保持 5min；

（7）当电压降低到 $1/3U_2$ 以下时，方可切断电源。

试验持续时间与试验频率无关，但电压 U_1 下的试验时间 t 除外。

2-77　如果进行感应耐压试验的频率 f 为 400Hz，则试验时间 t 为多少？

解：试验时间为

$$t=120\times(f_1/f_2)=120\times(50/400)=15（s）$$

2-78　变压器感应耐压试验的试验接线有哪些具体要求？

答：分为两大类情况：

（1）全绝缘变压器。对于 110kV 及以下的全绝缘的变压器，一般为三相变压器，采用三相对称的交流电源，在试品的低压绕组（或其他绕组）线端施加 2 倍以上频率的 2 倍额定电压，其他绕组开路。试品绕组星形连接的中性点端子接地。其试验接线如图 2-11 所示。这种接线只能满足线间达到的试验电压，由于中性点对地的电压很低，因此对中性点和线圈还需进行一次外施高压主绝缘耐压试验。纵绝缘是否承受住了感应耐压，这需要根据试验后的空载损耗测试，与试验前的测量值进行比较才能判断。

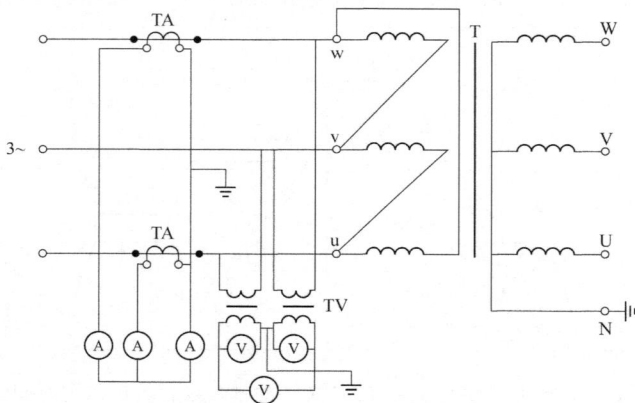

图 2-11　全绝缘变压器感应耐压试验接线图

T—被试变压器；TA—电流互感器；TV—电压互感器；A—电流表；V—电压表

（2）分级绝缘变压器。我国对 110kV 及以上的电力变压器，通常采用分级绝缘方式，即中性点的绝缘水平低于线端绝缘水平。例如，110kV 变压器中性点绝缘水平为 35kV；220、330kV 变压器中性点绝缘水平为 35kV 或 110kV；500kV 变压器中性点绝缘水平为 35kV 或 63kV 等。

对于分级绝缘变压器，外施电压只能考核中性点的绝缘水平。由于分级绝缘变压器高压均为星形连接，若采用全绝缘变压器的感应耐压试验方法，当线端对地达到试验电压时，相

间电压已达到线端对地电压的$\sqrt{3}$倍，已超出绝缘耐受水平。因此，只能采用单相感应的方法。

对分级绝缘变压器的感应耐压试验没有统一的接线方式。图 2-12 和图 2-13 是在现场常用的两种接线方式。图 2-12 采用两相非被试相支撑被试相，中性点电位为 1/3 试验电压；图 2-13 采用一相非被试相支撑被试相，中性点电位为 2/3 试验电压。

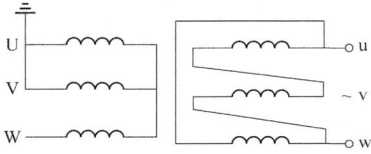

图 2-12　两相非被试相支撑被试相　　　　图 2-13　一相非被试相支撑被试相

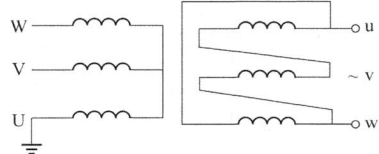

2-79　变压器感应耐压试验的试验标准是什么？

答：现场短时感应耐压试验按出厂值的 80% 施加。感应耐压试验耐受电压标准和分级绝缘变压器中性点端子的额定耐受电压分别见表 2-12 和表 2-13。

表 2-12　　　　　　　　　　　　　感应耐压试验电压标准

额定电压（kV）	最高工作电压（kV）	额定短时感应或外施耐受电压（kV）	
		出厂	交接
10	12	35	28
35	40.5	85	68
110	126	200	160
220	252	360	288
		395	316
330	363	460	368
		510	408
500	550	630	504
		680	544

注　对同一设备最高电压，220kV 以上给出了两个额定电压是考虑到电网结构及过电压水平、过电压保护装置的配置及其性能、设备类型及绝缘特性、可接受的绝缘故障率等。

表 2-13　　　　　　　　　　　分级绝缘变压器中性点端子的额定耐受电压

额定电压（kV）	最高工作电压（kV）	中性点接地方式	额定短时感应或外施耐受电压（kV）	
			出厂	交接
110	126	不直接接地	95	76
220	252	直接接地	85	68
		不直接接地	200	160
330	363	直接接地	85	68
		不直接接地	230	184

额定电压 （kV）	最高工作电压 （kV）	中性点接地方式	额定短时感应或外施耐受电压（kV）	
			出厂	交接
500	550	直接接地	85	68
		经小电抗接地	140	112

例如，下列两个案例中，可以看到根据试验标准如何推算出低压侧外施电压的大小。

案例 1：三相分级绝缘变压器感应耐压试验。

试品型号为 SFPS7-120000/220；容量为 120 000/120 000/120 000kVA；电压为 230±2×2.5%/121/38.5kV；联结组别为 YNyn0d11。

以 U 相为例，感应耐压试验接线如图 2-14 所示。

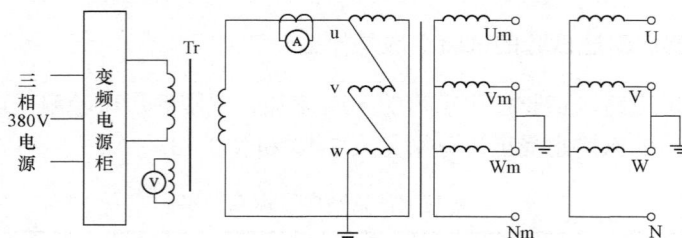

图 2-14　被试相低压侧励磁感应耐压试验接线图

试验电压如下：

高压线端 399.5kV（三相分接开关均在 Ⅰ 分接），中压线端 200kV。

匝间电压感应倍数为

$$k=\frac{399.5\times\dfrac{2}{3}}{230\times\dfrac{1.05}{\sqrt{3}}}=1.91$$

各部电压计算如下

$$U_{uw}=38.5\times1.91=73.5\ （kV）$$

$$U_{vw}=U_{uv}=\frac{1}{2}U_{uw}=36.8\ （kV）$$

$$U_{Um\,地}=\frac{121}{\sqrt{3}}\times1.91\times1.5=200\ （kV）$$

$$U_{Nm\,地}=\frac{1}{3}U_{Um\,地}=66.7\ （kV）$$

$$U_{U\,地}=\frac{230\times1.05}{\sqrt{3}}\times1.91\times1.5=399.5\ （kV）$$

$$U_{N\,地}=\frac{1}{3}U_{U\,地}=133.2\ （kV）$$

被试相低压励磁需要中间变压器 Tr 输出 73.5kV 电压，此时可满足试验电压要求。

案例 2：三相分级绝缘变压器感应耐压试验。

（1）被试变压器铭牌参数。试品型号为 SFSZ-20000/110；额定容量为 20MVA；额定电压为 110±2×2.5%/38.5±2×2.5%/11kV；联结组别为 YNyn0d11。

（2）试验电压与耐压时间。110kV 变压器出厂试验时，高压端对地和高压绕组相间的试验电压均为 200kV，中性点对地的试验电压为 95kV。因此这次感应耐压试验的试验电压标准为：

高压绕组相间试验电压：200×0.80=160（kV）

高压中性点对地的试验电压：95×0.80=76（kV）

耐压时间与试验电压的频率有关。这次试验采用 250Hz 电源装置提供试验电压，其耐压时间为

$$t = 2 \times 60 \times \frac{50}{250} = 24 \ (\text{s})$$

（3）试验接线。为了使高压端对地和高压绕组相间的试验电压相同，同时对中性点绝缘也进行适当考验，这次感应耐压试验采用将非试验相接地、中性点支撑加压的接线方式。其 U 相试验的接线如图 2-15（a）所示。

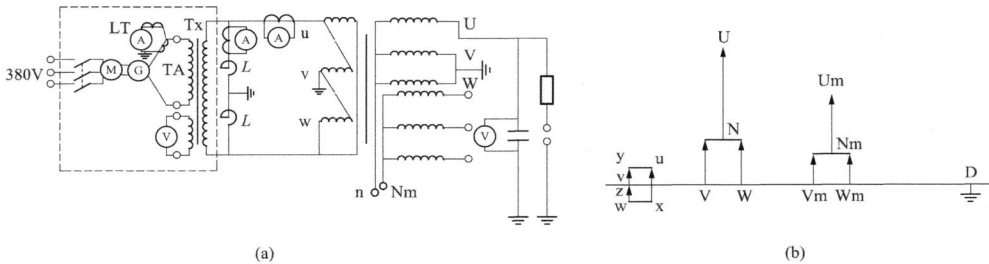

图 2-15　感应耐压试验接线图和电压相量图

（a）试验接线图；（b）电压相量图

试验时，使用电容分压器监测被试相高压端对地试验电压。按照图 2-15 接线方式，高压中性点对地电压与被试相高压端对地电压严格地遵循 1:3 的关系，限于现场试验条件，采用监测高压中性点对地电压的方式。

（4）电压分布计算。

1）变比计算。感应耐压时，将被试变压器高、中压侧分接开关调至 1 挡，使全部线匝绝缘都受到考验。此时高、低压绕组的电压分别为 121kV 和 10.5kV。因此，计算变比为

高低压间变比为
$$K = \frac{121/\sqrt{3}}{10.5} = 6.653$$

2）电压分布计算。按图 2-15（a）接线试验时，其电压相量图如图 2-15（b）所示。根据试验电压标准，计算各级电压分布（以 U 相试验为例）如下：

被试相高压端对地及相间电压为

$$U_{\text{UD}} = U_{\text{UV}} = U_{\text{UW}} = 160 \ (\text{kV})$$

被试相高压端绕组电压为

$$U_{\text{UN}} = \frac{2}{3}U_{\text{UD}} = \frac{2}{3} \times 160 = 106.7 \ (\text{kV})$$

高压绕组中性点对地电压为

$$U_{ND} = \frac{1}{3} U_{UD} = \frac{1}{3} \times 160 = 53.3 \, (kV)$$

高压绕组中性点对地电压小于标准的 80.75kV，可用中性点外施电压进行耐压。

低压绕组外施电压为

$$U_{uw} = \frac{U_{UN}}{K} = \frac{106.7}{6.653} = 16.0 \, (kV)$$

2-80　在对变压器进行感应耐压试验时，对于试验电压的频率和波形有什么要求？

答：试验电压频率一般应大于额定频率，防止试验时励磁电流过大，铁芯饱和，一般大于 100Hz，但不宜高于 400Hz。试验电压的波形为两个半波相同的近似正弦波，且峰值和方均根（有效）值之比应在 $\sqrt{2} \pm 0.07$ 以内。对某些试验回路，需允许较大的畸变，应注意到被试品，特别是有非线性阻抗特性的被试品可能使波形产生明显畸变。

2-81　变压器感应耐压试验的操作步骤有哪些？

答：变压器感应耐压试验的操作步骤有：

（1）在试验场地周围装设安全围栏，并派专人看守；清除闲杂人员，试验人员及现场安全负责人到位。

（2）变压器真空注满油后，按照电压等级参照相关标准静置相应时间，并于试验前将各套管法兰处沉积的气体排除，防止气泡放电。检查油箱和绕组的接地是否正确。

（3）安装主变压器、中压端的均压罩，短接套管式 TA 二次端子，防止感应高压和悬浮电位放电，将试验设备吊装到位。

（4）根据变压器类型，选择合适的加压方法，按相应试验接线图接好各试验设备以及仪表，并保证各高电压引线的电气距离，连接中间变压器和被试变压器低压套管端头的导线应用绝缘带固定，防止摆动。

（5）确认电源自动开关在分断位置，接好电源三相 380V 端子，使用合适截面的导线，并注意可靠连接。不接被试变压器将试验设备升至试验电压持续一分钟并降下电压，若无异常，则将电源设备输出两端分别接到被试变压器的低压侧。

（6）合上电源自动开关。按照电源设备使用说明书进行操作。

（7）加压前由试验负责人复核试验接线，确保接线无误方可加压，试验正式开始。

（8）升电压至 1/3～1/2 额定电压，观察钳形电流表及分压器数值，确认试验回路各部分正常后，升至试验电压，持续相关标准规定的时间。

（9）试验结束后，迅速降低试验电压至零，切断电源。将被试变压器接地充分放电后拆线。

2-82　变压器感应耐压试验的注意事项有哪些？

答：通常变压器感应耐压试验的要注意事项有：

（1）因为感应耐压试验为破坏性试验，所以试验前应保证变压器常规试验都必须合格。试验前后取变压器本体油样作色谱分析，并对比其结果应无明显变化。

（2）试验随时监视试验电源及被试品的电压和电流有无异常变化，变压器内部有无异常声响。若有异常，应立即降压断电检查。

（3）被试变压器高、中压侧分接开关应调至1挡，使全部线匝绝缘都受到考验。

（4）由于分级绝缘变压器绕组对地电容较大，"容升"现象严重，因此，试验电压的测量需用分压器在设备高压端直接测量。

（5）试验电压的波形应为正弦波，以有效值为准施加电压，当波形偏离正弦波时，应测量试验电压的峰值。

（6）如果耐压试验过程中途因故失去电源，造成试验中断，则在恢复电源后应重新进行全时间的持续耐压试验。而不能仅进行"补足时间"的试验。

（7）变频电源输出同样功率时应工作在输出电压高、输出电流小的工作状态，避免损坏功率元件。

（8）试验回路中应具备过电压、过电流保护。可在升压控制柜中配置过电压、过电流保护的测量、速断保护装置；对重要的被试品（如变压器）进行变频耐压试验时，应设置整定1.1倍左右试验电压所对应的保护。

（9）在更换试验接线时，应在被试品上悬挂接地放电棒；在再次升压前，先取下放电棒，防止带接地放电棒升压。

（10）采用补偿电感时，补偿后回路应呈容性，以免发生谐振。

2-83　变压器感应耐压试验的结果分析如何进行？

答： 在感应耐压试验的持续时间内，如果试验电源或被试品的电压和电流不发生变化，被试品内部没有放电声，并且感应耐压试验前后的空载试验数据无明显差异，则认为被试品承受住了感应电压的考核，试验合格；如果被试品内部有轻微的放电声，但在复试中消失，也视为试验合格；如果被试品内部有较大的放电声，但在复试中消失，应吊芯检查，寻找放电部位，并根据检查结果及放电部位决定是否复试。纵绝缘是否承受住了感应耐压，需要根据试验后的空载损耗与试验前的测量值进行比较来判断。试验前后取变压器本体油样作色谱分析，并对比其结果应无明显变化。

第十节　变压器局部放电试验

2-84　测量变压器局部放电有何意义？

答： 因为变压器绝缘介质的局部放电是一个长时间存在的现象，当其放电量过大时将对绝缘材料产生破坏作用，最终可能导致绝缘击穿。许多变压器的损坏，不仅是由于大气过电压和操作过电压作用的结果，也是由于多次短路冲击的积累效应和长期工频电压下局部放电造成的。绝缘介质的局部放电虽然放电能量小，但由于它长时间存在，对绝缘材料产生破坏作用，最终会导致绝缘击穿。为了能使110kV及以上电压等级的变压器安全运行，进行局部放电试验是必要的。所以，要对变压器进行局部放电测量。局部放电既是绝缘劣化的原因，又是绝缘劣化的先兆和表现形式。与其他绝缘试验相比，局部放电的检测能够提前反映变压器的绝缘状况，及时发现变压器内部的绝缘缺陷，预防潜伏性和突发性事故的发生。

2-85 变压器产生局部放电的原因有哪些？当怀疑变压器内部有局部放电时，应该怎么办？

答：变压器绝缘的劣化往往是多种因素共同作用的结果，并非是单一因素造成的，局部放电不仅是绝缘劣化的原因，并且是绝缘劣化的先兆及其表现形式，通常造成变压器局部放电的直接原因主要有：

（1）变压器内部的金属件、绝缘件存在毛刺及尖角。

（2）绝缘件内部存留有空气隙、裂缝等。

（3）金属接地部件、导电体之间电气连接不良。

（4）绝缘油中有微量气泡。

（5）变压器残存有杂物，尤其是金属粉尘及纸末纤维等。

当怀疑变压器内部有局部放电时，应综合分析比较各种检测方法，如油中溶解气体分析，局部放电测试等方法对该设备进行综合分析。

2-86 变压器局部放电试验的试验接线和加压程序是什么？

答：试验接线包括测量回路接线和加压回路接线两部分。

（1）测量回路接线。用脉冲电流法测量局部放电的基本回路采用直接测量法的接线方式，如图 2-16 所示。

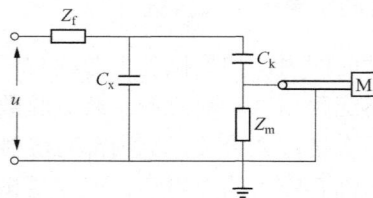

图 2-16　局部放电测量接线图

Z_f—高频滤波器（阻塞阻抗）；C_x—试品等效电容（变压器的等效入口电容）；

C_k—耦合电容（被试变压器套管电容）；Z_m—检测阻抗；M—局放测量仪

脉冲电流法是目前唯一有标准的变压器局部放电定量检测方法。当试品 C_x 产生一次局部放电时，在其两端就会产生一个瞬时的电压变化 Δu，此时在被试品 C_x、耦合电容 C_k（套管末屏）和检测电阻 Z_m 组成的回路中产生一个脉冲电流 i，该脉冲电流流经检测阻抗 Z_m，在其两端产生一脉冲电压，将此脉冲电压进行采集、放大等处理，就可以测定局部放电的一些基本参量，尤其是视在放电量。

（2）加压回路接线。以高压侧 U 相的测量为例，试验采用低压励磁、对称加压接线方式，局部放电加压试验接线如图 2-17 所示。试验加压顺序，如图 2-18 所示。

图 2-18 中，当施加试验电压时，接通电源并增加至 U_3，持续 5min，读取放电量值；无异常则增加电压至 U_2，持续 5min，读取放电量值；无异常再增加电压至 U_1，进行耐压试验，耐压时间为 $(120 \times 50/f)$s；然后，立即将电压从 U_1 降低至 U_2，保持 30min（330kV 以上变压器为 60min），进行局部放电观测，在此过程中，每 5min 记录一次放电量值；30min 满，则降电压至 U_3，持续 5min，记录放电量值；降电压，当电压降低到零时切断电源，加压完毕。

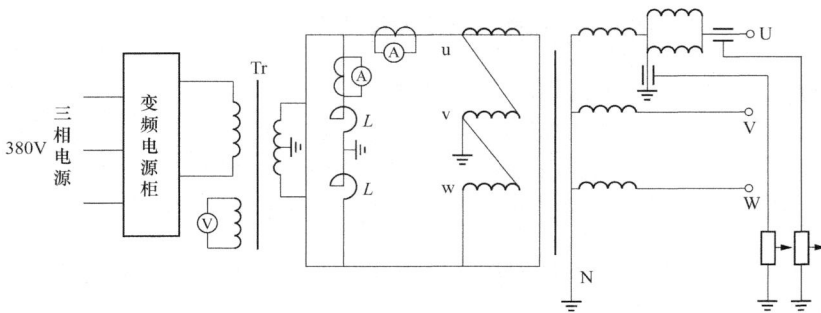

图 2-17 变压器局部放电试验接线（U 相）

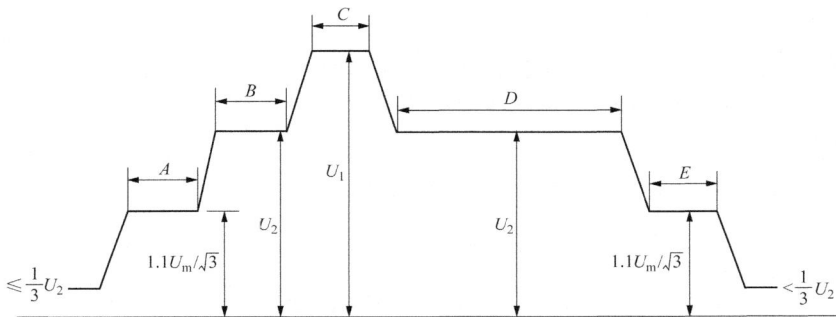

图 2-18 局部放电试验加压程序图

A=5min；B=5min；C=试验时间；$D \geqslant$60min；E=5min；

U_2=1.3$U_m/\sqrt{3}$（相对地电压）；U_1=U_m（U_m 为系统最高运行线电压）

2-87 以变频电源为例，进行变压器局部放电试验的试验步骤是什么？

答：进行变压器局部放电试验的试验步骤是：

（1）在被试变压器高、中压端安装均压罩，短接被试品 TA 二次端子，将试验设备吊装到位。

（2）在试验场地周围装设安全围栏，并派专人看守，试验人员、安全巡视人员各就各位。

（3）确认变频柜中自动开关在分断位置，完成高压回路和测量回路的接线，使用合适截面的导线，接好变频柜三相 380V 端子，将变频柜输出两端分别接到励磁变压器的低压侧，励磁变压器高压侧接到被试变压器加压相。

（4）从变压器顶端注入标准方波进行校准，按照相应标准输入校准信号。观测背景放电量水平、波形特点、相位等情况并进行记录。

（5）升电压，开始测试。升电压至 1/3～1/2 额定电压，观测局部放电量有无异常，有则必须查明原因。观察钳形电流表数值，分析试验回路各部分是否正常。

（6）按加压程序给被试变压器加压，测试并记录局部放电起始放电电压、局部放电熄灭电压、各阶段局部放电量等数值。在试验过程中，一直监视局部放电量、放电波形、各表计读数。

（7）全部试验结束后，迅速降低试验电压，当电压降到 30%试验电压以下时，可以切断电源。励磁变压器高压端挂接地线，对试验回路充分放电后拆线。

2-88 对局部放电测量仪器系统的一般要求是什么？

答：对测量仪器系统的一般要求有以下 3 种：

（1）有足够的增益，这样才能将测量阻抗的信号放大到足够大。

（2）仪器噪声要小，这样才不至于使放电信号淹没在噪声中。

（3）仪器的通频带要可选择，可以根据不同测量对象选择带通。

2-89 为什么局部放电干扰有时又称为两类干扰？测量中常见的干扰有几种？

答：事实上，局部放电干扰可分为两类干扰，也就是：

（1）试验回路未通电时就有干扰。通常有电焊、无线电波、附近有高电压试验、整流设备及电机的电刷等。

（2）只有在通电后时才产生的干扰。特征是随着试验电压的升高而增加，例如：引线电晕、导体有悬浮电位引起的放电、导体间接触不良的火花放电等。

测量中常见干扰有：

（1）高压测量回路干扰。

（2）电源侧侵入的干扰。

（3）高压带电部位接触不良引起的干扰。

（4）试区高压电场作用范围内金属物处于悬浮电位或接地不良的干扰。

（5）空间电磁波干扰，包括电台、高频设备的干扰等。

（6）地中零序电流从入地端进入局部放电测量仪器带来的干扰。

2-90 变压器局部放电试验时，应采取哪些抗干扰措施？

答：变压器局部放电试验时的抗干扰措施有：

（1）变压器真空注油后按规定静置相应时间，并放掉各侧套管法兰及散热器顶端等处沉积的气体。

（2）采用屏蔽式电源隔离变压器及低通滤波器抑制电源干扰。即试验回路接有一阻塞阻抗 Z_f，即一个无局部放电的低通滤波器，以降低来自电源的干扰。

（3）试验中选用的变频电源、励磁变压器、补偿电抗器等仪器本身应该没有局部放电。

（4）试验的加压导线，横截面积足够大，保证在测量电压下不会产生电晕。

（5）采用高压屏蔽罩尽量改善主变压器管出线端电场分布，降低均压罩及金具表面电场强度，以消除电晕。

（6）局部放电试验过程中，被试变压器周围的电气施工应尽可能停止，特别是电焊作业，以减少试验干扰。

（7）为消除地网中杂散电流对测试的影响，应检查地线连接，坚持局部放电试验测试回路一点接地的原则。试验电源、励磁变压器和补偿电抗器外壳接地线应分别引至被试变压器油箱的接地引下线上，防止地线环流产生干扰。

（8）被试变压器附近的围栏、油箱等可能电位悬浮的导体均应可靠接地，防止因杂散电容耦合而产生悬浮电位放电。如果不方便接地的带金属部件的杂物必须清理出试验场地。比如零散的绝缘子串等。

（9）仔细检查试验回路，对可能引起电场较大畸变的部位，进行适当处理。

（10）试验时根据示波屏上显示的放电波形可以区分内部放电和来自外部的干扰。放电脉冲通常显示在测量仪器的示波屏上的椭圆基线上。具体判断细节参照 DL/T 417—2006《电力设备局部放电现场测量导则》。

（11）用带通法测量。

2-91 通常局部放电采取的抗干扰措施有哪几类？通常局部放电采取数字抗干扰技术有哪几种方法？

答：通常局部放电采取的抗干扰措施有硬件（专用抗干扰电路）和软件两大类。局部放电检测采取数字抗干扰技术通常有：

（1）FFT 阀值滤波法。

（2）有限冲击响应（FIR）滤波法。

（3）无限冲击响应（IIR）滤波法。

（4）小波及小波包滤波法。

（5）卡尔曼滤波。

（6）信号相关法等。

2-92 变压器局部放电试验的结果如何分析？

答：变压器局部放电试验的结果分析如下：

（1）如果在局部放电的观测过程中，试验电压不产生突然下降，并在施加电压时间内，所有测量端子上的视在放电量的连续水平，低于规定的限值，并不表现出明显地、不断地增长的趋势时，则试验为合格；具体规定参照 DL/T 417—2006《电力设备局部放电现场测量导则》。

（2）如果在一段时间内，视在放电量的读数超过规定的限值，但之后又低于这个限值，则试验不必中断仍可连续进行，直到在此后持续期间内取得可以接受的读数为止。偶然出现的较高的脉冲可忽略不计。

（3）高压套管内部放电判断。如果忽略测量阻抗 Z_m 本身的电容可以看作变压器入口电容 C_x 和高压套管电容 C_k 并联。那么显然他们上面检测得到的视在放电量和电容量的关系为

$$q_x = \frac{C_x}{C_k} q_k$$

由上式可以看出，若 C_x=3000pF，C_k=300pF，高压套管内部产生 50pC 的视在放电量，反映到局部放电检测仪上，相当于变压器本身产生了 q_k=500pF 的视在放电量。因此，高压套管内部放电的问题不容忽视，必要时应采用电气定位法或单独对高压套管进行局部放电测量，以排除套管放电的影响。

第十一节 变压器空载试验

2-93 什么是变压器空载损耗？

答：变压器空载损耗主要是铁损耗，即由于铁芯的磁化所引起的磁滞损耗和涡流损耗。

其中还包括空载电流通过绕组时产生的电阻损耗和变压器引线损耗、测量线路及表计损耗等。由于变压器引线损耗、测量线路及表计损耗所占比重较小，可以忽略。空载损耗和空载电流的大小取决于变压器的容量、铁芯构造、硅钢片的质量和铁芯制造工艺等。

2-94 变压器空载试验的目的是什么？

答：变压器空载试验的主要目的是通过测量空载电流和空载损耗，分析它们的变化规律，发现磁路中的局部或整体缺陷，以及发现绕组缺陷。

由于绕组方面的原因，造成变压器空载损耗增加，一般有绕组匝间短路；绕组层间短路；绕组并联支路短路；各并联支路匝数不等，造成磁势不平衡；特别是变压器在感应耐压试验后，可发现绕组是否有匝间短路。

磁路中的局部或整体缺陷又分为铁芯缺陷和由于穿芯螺栓或绑扎钢带、压板、轭铁螺杆、轭铁梁等部分的绝缘损坏，形成短路。

其中磁路中的铁芯缺陷又包括铁芯硅钢片的局部绝缘不良；硅钢片间局部短路烧损；铁芯多点接地；磁路中硅钢片松动、错位、气隙太大；铁芯磁路对接部位缝隙过大；铁芯叠片不整齐；选用了高耗劣质硅钢片；铁芯的磁阻过大；设计计算有误，如设计不当致使轭铁中某一部分磁通密度过大。变压器硅钢片间的绝缘层质量不良，绝缘层劣化造成硅钢片间短路，可能使空载损耗增大 10%～15%。又如中、小型电力变压器高压绕组存在轻微的匝间短路时，三相空载电流一般无显著变化，空载损耗却可增大 15%～25%，这时应进行分相空载试验，以便确定缺陷相别。

例如：某台 1000kVA、10/6kV 的专用变压器于 1991 年初发生事故。事故时安全气道玻璃破碎，变压器油经安全气道猛烈喷出，10kV 高压断路器跳闸。该变压器绕组为 Yd11。

首先用绝缘电阻表测量高压绕组对地的绝缘电阻，其值为零。为确定故障原因，又进行单相空载试验，结果（为分析方便，功率、电流直接用读取的格数表示）见表 2-14。

表 2-14　　　　　　　　　　　　某变压器单相空载试验结果

接线方法	空载损耗（格）	空载电流（格）	施加电压（V）
uv 加压，vw 短路	3.2	77	6000
vw 加压，uw 短路	4	100	6000
uw 加压，uv 短路	5	100	6000

分析可见：（1）凡是涉及 W 相时，其空载电流和损耗均增大，所以 W 相存在故障的可能性大。

（2）三次单相空载试验都能够施加到额定电压，这说明绕组缺陷的可能性不大。因此检查的重点是 W 相的磁路。

用 2500V 绝缘电阻表进行测量，其穿芯螺杆对铁芯绝缘良好，但铁芯对夹件绝缘电阻为零。进一步分解检查发现，上铁轭低压 W 相处最外层一硅钢片由于三相短路应力而棱角凸起，与上夹件槽钢接触，经处理后铁芯接地故障消除，变压器恢复正常。

2-95 导致变压器空载损耗和空载电流增大的原因主要有哪些？

答：导致变压器空载损耗和空载电流增大的原因主要有：

（1）硅钢片间绝缘不良。

（2）磁路中某部分硅钢片之间短路。

（3）穿芯螺栓或压板、上轭铁和其他部分绝缘损坏，形成短路。

（4）磁路中硅钢片松动出现气隙，增大磁阻。

（5）线圈有匝间或并联支路短路。

（6）各并联支路中的线圈匝数不相同。

例如：某变电站为了积累技术数据和检测磁路情况，在各项电气试验合格的情况下，又补充进行低压单相空载试验，试验结果见表2-15。

由于 VW 相电流及空载损耗剧增，怀疑磁路或线圈存在缺陷。为慎重起见，重测一次空载电流，采用三相同时加压，校核其电压电流值，分析试验结果发现，V 相回路存在缺陷。经吊心检查，测试变压比、直流电阻、穿芯螺栓绝缘电阻，均未发现异常情况。经研究，又在无油浸的条件下，再重复低压空载试验，并适当延长试验时间，对 VW 相加压 2min 左右，发现在 35kV 侧分接开关绝缘支架冒烟起弧。缺陷部位明显暴露。断开试验电源后检查，确认是分接开关绝缘支架的层压板条中部开裂，裂缝中有油烟附着。在较低的空载试验电压下，相间绝缘已承受不了电压作用而导致试验电流增大。经用 2500V 绝缘电阻表测量支架对地绝缘（即铁芯与顶盖部分）的电阻值仍有 1500MΩ，说明仅分接开关的相间部分开裂受潮。

表 2-15　　　　　SJ1-3200/35 变压器低压单相空载试验结果

外施电压（V） \ 相别	uv 加压		vw 加压		uw 加压	
	I_u（A）	W_u（W）	I_v（A）	W_v（W）	I_w（A）	W_w（W）
100	11	1	11	1	14	1
200	16	5.2	17	6.8	22.5	5.8
300	21	13.8	电流过大，超过电流表量程	25	29.5	13.5
400	26	20.8			35.5	27

电流（A）			电压（V）		
I_u	I_v	I_w	U_{uv}	U_{vw}	U_{wu}
5	10	5	66.5	54	57

2-96　电力变压器做负载试验时，多数从高压侧加电压；而空载试验时，又多数从低压侧加电压，为什么？

答：负载试验是测量额定电流下的负载损耗和阻抗电压，试验时，低压侧短路，高压侧加电压，试验电流为高压侧额定电流，试验电流较小，现场容易做到，故负载试验一般都从高压侧加电压。

空载试验是测量额定电压下的空载损耗和空载电流，试验时，高压侧开路，低压侧加压，试验电压是低压侧的额定电压，试验电压低，试验电流为额定电流百分之几或千分之几时，现场容易进行测量，故空载试验一般都从低压侧加电压。

2-97 变压器空载试验的常用试验方法是什么？

答：变压器空载试验的常用试验方法有：

（1）用专用的变压器参数测试仪进行测量。具体接线操作参见仪器使用说明书。

（2）仪表法。采用传统的功率表、电压表、电流表等进行测量。又分为几种情况：

1）对单相变压器。分直接测量和间接测量。

2）对三相变压器。又分为双功率表法、三功率表法和三相变压器分相空载试验。每种方法又分直接测量和间接测量方法。

2-98 采用双功率表法进行三相变压器空载直接测量试验的接线图是什么？

答：直接测量是指当试验电压和电流不超出仪表的额定值时，可直接将测量仪表接入测量回路，试验接线如图 2-19 所示，非被试绕组均开路，不能短接。

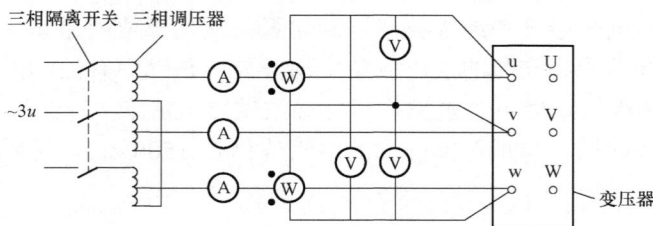

图 2-19　三相变压器空载双功率表法直接测量试验接线图

2-99 三相变压器分相空载试验有什么特点？

答：三相变压器分相空载试验就是将三相变压器当作 3 个单相变压器，轮流加压，依次将变压器加压侧的一相绕组短路，其他两相绕组施加电压，测量空载损耗及空载电流。因为三相变压器三相芯柱中的磁通量必须相等。同时三相变压器的三相磁路不对称，即变压器的三个铁芯柱长度不等，中间的短，两边的长且对称，所以正常情况下，三相空载励磁电流不相等，各相空载损耗大小不相等。例如对 YNd11 三相变压器进行空载试验时，各相空载损耗大小的关系是 $\dfrac{P_{wu}}{(1.3\sim1.5)} = P_{uv} = P_{vw}$，即中间相的电流比两边相的电流小 20%～35%。

对大型的三相变压器铁芯柱两边相对中间相的功率、电流应相等，即 $P_{0uv}=P_{0vw}$、$I_{0uv}=I_{0vw}$ 或相差不超过 3%，而两边相的功率 P_{0uw}、电流 I_{0uw} 较大，一般会比中间相约大 20%～40%。具体来说 35～60kV 的变压器一般大 30%～40%；110～220kV 的变压器一般大 40%～50%。如果空载试验结果与此规律不符，则该变压器存在局部缺陷。

例如：有一台额定电压 10/0.4kV、额定容量 400kVA、联结组别 Yyn0 的变压器，在运行时低压侧发生故障，使高压侧熔丝熔断，对其进行绝缘电阻、直流电阻、交流耐压试验均合格，采用单相法进行空载电流测量，其试验数据见表 2-16。

表 2-16　　　　　　　　　　　　　变压器空载试验数据

加压相	短路相	试验电压（V）	空载电流（mA）
uv	wn	200	825

加压相	短路相	试验电压（V）	空载电流（mA）
vw	un	200	820
uw	vn	200	736

从表 2-16 可以看出，I_{0uv}、I_{0vw} 基本相等且大于 I_{0uw}，而正常的是 I_{0uw} 大于 I_{0uv}、I_{0vw} 约 1.3 倍，仔细观察试验数据发现，电压加在有 v 相时，试验数据异常，判断该变压器 v 相铁芯或绕组上有缺陷，经吊芯检查高压侧 V 相线圈有匝间短路。

2-100 分别阐述对于不同绕组接线方式的三相变压器，其分相空载试验的试验接线、结果计算式是什么？

答：（1）当加压绕组为 yn 接线时按图 2-20 进行接线，对三相变压器做单相空载试验时，其加压相、短路相及测量值见表 2-17。

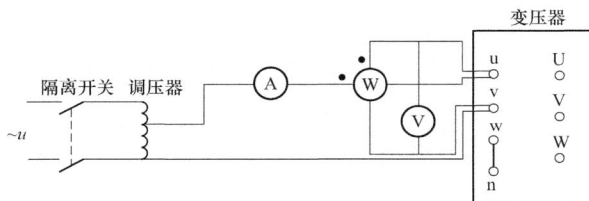

图 2-20 三相变压器分相空载试验接线图

表 2-17 yn 绕组单相空载试验

加压相	短路相	测量值	
u、v	w、n	I_{0uv}	P_{0uv}
v、w	u、n	I_{0vw}	P_{0vw}
u、w	v、n	I_{0uw}	P_{0uw}

三相空载损耗 P_0 和空载电流百分数 $I_0\%$ 计算式为

$$P_0 = \frac{P_{0uv} + P_{0vw} + P_{0uw}}{2} \times K_{TV} K_{TA}$$

$$I_0 = \frac{I_{0uv} + I_{0vw} + I_{0uw}}{3I_N} \times K_{TV} \times 100\%$$

式中：P_{0uv}、P_{0vw}、P_{0uw}、I_{0uv}、I_{0vw}、I_{0uw} 为表计的实测值；K_{TV}、K_{TA} 分别为测量电压互感器和电流互感器的变比，当仪表直接接入时 $K_{TV}=K_{TA}=1$。

（2）当加压绕组为 Y 接线，另一侧为 △接线时，加压相、短路相及测量值见表 2-18。

表 2-18 Y 绕组单相空载试验

加压相	短路相	测量值	
u、v	V、W	I_{0uv}	P_{0uv}
v、w	W、U	I_{0vw}	P_{0vw}
u、w	U、V	I_{0uw}	P_{0uw}

三相空载损耗 P_0 和空载电流百分数 $I_0\%$ 计算式为

$$P_0 = \frac{P_{0uv} + P_{0vw} + P_{0uw}}{2} \times K_{TV} K_{TA}$$

$$I_0 = \frac{I_{0uv} + I_{0vw} + I_{0uw}}{3 I_N} \times K_{TV} \times 100\%$$

式中：P_{0uv}、P_{0vw}、P_{0uw}、I_{0uv}、I_{0vw}、I_{0uw} 为表计的实测值；K_{TV}、K_{TA} 分别为测量电压互感器和电流互感器的变比，仪表直接接入时 $K_{TV}=K_{TA}=1$。

（3）当加压绕组为△接线时，加压相、短路相及测量值见表 2-19。

表 2-19 　　　　　　　　　　　　　　　　△绕组单相空载试验

加压相	△绕组连接方式					
	uy、vz、wx	测量值		uz、vx、wy	测量值	
	短路相			短路相		
u、v	v、w	I_{0uv}	P_{0uv}	v、w	I_{0uw}	P_{0uw}
v、w	u、w	I_{0vw}	P_{0vw}	u、w	I_{0vw}	P_{0vw}
u、w	w、v	I_{0uw}	P_{0uw}	w、v	I_{0uv}	P_{0uv}

三相空载损耗 P_0 和空载电流百分数 I_0 计算式为

$$P_0 = \frac{P_{0uv} + P_{0vw} + P_{0uw}}{2} \times K_{TV} K_{TA}$$

$$I_0 = 0.289 \frac{I_{0uv} + I_{0vw} + I_{0uw}}{I_N} \times K_{TV} \times 100\%$$

式中：P_{0uv}、P_{0vw}、P_{0uw}、I_{0uv}、I_{0vw}、I_{0uw} 为表计的实测值；K_{TV}、K_{TA} 分别为测量电压互感器和电流互感器的变比，仪表直接接入时 $K_{TV}=K_{TA}=1$。

例如：某变压器的型号为 SFP-70000/220，Ynd11 连接。电压：242 000±2×2.5%/13 800V。电流：167.3/2930A。做单相空载试验数据如下：ab 励磁，bc 短路：电压为 13 794V，电流为 $I_{0ab}=55A$，损耗 $P_{0ab}=61\ 380W$。bc 励磁，ca 短路：电压为 13 794V，电流 $I_{0bc}=55A$，损耗 $P_{0bc}=61\ 380W$。ca 励磁，ab 短路：电压为 13 794V，电流 $I_{0ca}=66A$，损耗 $P_{0ca}=86\ 460W$。则三相空载损耗为 $P=(P_{0ab}+P_{0bc}+P_{0ca})/2=104\ 600W$。

2-101　变压器空载试验中的注意事项有哪些？

答：变压器空载试验中的注意事项有：

（1）试验应在额定分接头下进行，要求施加的电压为正弦波形和额定频率的额定电压。

（2）在做三相变压器额定空载试验时，试验电源应有足够的容量。

（3）试验电压应保持稳定，采用三相电源法试验时，要求三相电压对称，即负序分量不超过正序分量的 5%，三相线电压相差不超过 2%，若三相电源不符合要求，可采用单相电源法试验。

（4）接线时必须注意功率表电流线圈和电压线圈的极性，功率表的指示可能是正值也可能是负值。

（5）空载试验时互感器的极性必须连接正确，一、二次连接相对应，二次端子与表计极性的连接相对应。还须注意，互感器应有一个二次端子安全接地，对三相互感器或三只单相互感器，应是同名端、同一接地点接地。电流回路应连接牢固，防止试验过程中断开。

（6）为了使测量结果准确，连接导线应有足够的截面积，电流线不小于 2.5mm²、电压线不小于 1.5mm²，且接触良好。当被试变压器本身损耗较小时，应将测量的损耗值减去试验仪表本身的损耗。

（7）三相变压器分相空载试验时，在短路时不要与变压器外壳连接。

（8）在试验过程中，若发现表计指示异常，被试变压器有放电声、异响、冒烟、喷油等异常情况时，应立即断开电源停止试验，查明原因，加以处理，否则不能继续试验。

（9）应在绝缘电阻测量、泄漏电流测量之前进行低电压空载试验。试验过程中如认为待试设备存在剩磁，则须退磁，消除剩磁对试验结果的影响。

2-102　变压器空载试验为什么最好在额定电压下进行？

答：变压器的空载试验是用来测量空载损耗的。空载损耗主要是铁损耗。铁损耗的大小可以认为与负载的大小无关，即空载损耗等于负载铁损耗，但这是指额定电压时的情况。如果电压偏离额定值，由于变压器铁芯中的磁感应强度处在磁化曲线的饱和段，空载损耗和空载电流都会急剧变化，所以空载试验应在额定电压下进行。

2-103　为什么在变压器空载试验中要采用低功率因数的功率表？

答：若进行变压器空载试验时，不管功率表的额定功率因数。例如有用 D26W、D50W 等型的功率表来测量的，虽然 D26W 型的准确度达 0.5 级，D50W 型的达 0.1 级，但其指示值反映的是 U、I、$\cos\varphi$，三个参数综合影响的结果，仪表的量程是按 $\cos\varphi=1$ 来确定的。而测量大型变压器的空载损耗或负载损耗时，功率因数很低，甚至达到 $\cos\varphi \leqslant 0.1$，若用它测量，则必然出现功率表的电压和电流都已达到标准值，但表头指示值和表针偏转角却很小的情况，给读数造成很大的误差。

设功率表的功率常数为 C_W（W/格）则有

$$C_W=U_n I_n \cos\varphi/a_N$$

式中：U_n 为率表电压端子所处位置的标称电压，V；I_n 为功率表电流端子所处位置的标称电流，A；$\cos\varphi$ 为功率表的额定功率因数；a_N 为功率表的满刻度格数。

举例：若被测量的电压和电流等于功率表的额定值 100V 和 5A，当功率表和被测量的功率因数皆等于 1 时，则功率表的读数为满刻度 100 格，功率常数等于 5W/格。若被测量的功率因数为 0.1 时，同样采用上面那块功率因数等于 1 的功率表来测量，则功率表的读数只有 10 格。很明显，在原来的 1/10 刻度范围内读出的数其准确性很差。假如换用功率因数也是 0.1 的功率表来测量，则读数可提高到满刻度 100 格，功率常数为 0.5W/格。从两个读数来看，采用低功率因数的功率表读数误差可以减小很多。

2-104　在做三相变压器额定空载试验时，试验电源的容量应满足什么要求？

答：试验电源的容量应满足下列要求

$$S > S_n \frac{I_0\%}{100} \quad I \leqslant \frac{S}{\sqrt{3}U}$$

式中：S 为所需试验电源容量，kVA，实际取值 $S=(5\sim6)S_n\dfrac{I_0\%}{100}$；$S_n$ 为被试变压器的额定容量，kVA；$I_0\%$ 为被试变压器空载电流的百分数；U 为试验时所施加的电压，kV；I 为试验时所允许的电流，A。

变压器空载试验时，为了保证电源波形失真度不超过 5%，一般要求试品的空载容量在电源容量的 50% 以下。采用发电机组试验时，空载容量应小于发电机容量的 25%。

2-105　剩磁对变压器哪些试验项目产生影响？

答： 在大型变压器某些试验项目中，由于剩磁，会出现一些异常现象，这些项目是：

（1）测量电压比。目前在测量电压比时，使用的电压比电桥工作电压都比较低，施加于一次绕组的电流也比较小，在铁芯中产生的工作磁通很低，有时可能抵消不了剩磁的影响，造成测得的电压比偏差超过允许范围。遇到这种情况可采用双电压表法。在绕组上施加较高的电压，克服剩磁的影响。

（2）测量直流电阻。剩磁会对充电绕组的电感值产生影响，从而使测量时间增长。为减少剩磁的影响，可按一定的顺序进行测量。

（3）空载测量。在一般情况下，铁芯中的剩磁对额定电压下的空载损耗的测量不会带来较大的影响。主要是由于在额定电压下，空载电流所产生的磁通能克服剩磁的作用，使铁芯中的剩磁通随外施空载电流的励磁方向而进入正常的运行状况。但是，在三相五柱的大型产品进行零序阻抗测量后，由于零序磁通可由铁芯旁轭构成回路，其零序阻抗都比较大，与正序阻抗近似。在结束零序阻抗试验后，其铁芯中留有少量磁通（即剩磁），若此时进行空载测量，在加压的开始阶段三相功率表及电流表会出现异常指示。遇到这种情况，施加电压可多持续一段时间，待电流表及功率表指示恢复正常再读数。

2-106　变压器空载试验，试验施加电压不等于变压器额定电压时，怎样对空载损耗进行计算？

答： 设试验施加电压 U 下测得的空载损耗为 P_0'，则换算至额定电压 U_N 下的空载损耗：

$$P_0 = P_0'\left(\dfrac{U_N}{U}\right)^n$$

式中：P_0 为换算到额定电压下的空载损耗；P_0' 为电压为 U 时测得空载损耗；U_N 为变压器额定电压；U 为施加的试验电压；n 决定于铁芯硅钢片的种类，热轧硅钢片时 $n\approx1.8$；冷轧硅钢片时 $n\approx1.9\sim2.0$。

第十二节　变压器短路试验

2-107　什么是变压器的短路试验？什么叫变压器的短路电压？

答： 变压器的短路试验也叫负载试验，用于测量额定电流下的短路损耗和阻抗电压。试验时，低压侧短路，高压侧加电压，试验电流为高压侧额定电流，试验电流较小。记录此时高压侧的电压和电流，进而可以算得短路损耗和阻抗电压。

短路电压也叫阻抗电压。短路电压是变压器的一个主要参数，它是通过短路试验测出的；它是变压器二次短路电流达到二次额定电流时，一次所加电压与一次额定电压比值的百分数。

2-108　为什么变压器短路试验所测得的损耗可以认为是绕组的电阻损耗？

答：由于短路试验所加的电压很低，铁芯中的磁通密度很小，这时铁芯中的损耗相对于绕组中的电阻损耗可以忽略不计，所以变压器短路试验所测得的损耗可以认为是绕组的电阻损耗。

2-109　阻抗电压不等的变压器并联运行时会出现什么情况？

答：变压器的阻抗电压，是短路阻抗 Z_{R75} 与一次额定电流 I_{1N} 的乘积。变压器带负载以后，在一次电压 U_1 和二次负载的功率因数 $\cos\varphi_2$ 不变情况下，二次电压 U_2 必然随负载电流 I_2 的增大而下降。因变压器 I 的阻抗电压大，其外特性向下倾斜较大；变压器 II 阻抗电压较小，其外特性曲线较平。当两台阻抗电压不等的变压器并联运行时，在共同的二次电压 U_2 之下，两台变压器的二次负载电流 I_{12} 及 I_{II2} 就不相等。阻抗电压小的变压器分担的电流大，阻抗电压大的变压器分担的电流小。若让阻抗电压大的变压器满载，阻抗电压小的变压器就要过载；若让阻抗电压小的变压器满载，阻抗电压大的变压器就欠载，便不能获得充分利用。

2-110　变压器短路试验的目的是什么？

答：通过测量短路损耗和阻抗电压，可以确定变压器的并列运行条件、计算变压器的效率、热稳定和动稳定、计算变压器二次侧的电压变动率以及确定变压器的温升。通过变压器短路试验，可以发现的缺陷有变压器的各结构件（屏蔽、压环和电容环、轭铁梁板等）或油箱壁中由于漏磁通所引起的附加损耗过大和局部过热、油箱箱盖或套管法兰等附件损耗过大和局部过热、带负荷调压的电抗绕组匝间短路、大型电力变压器低压绕组中并联导线间短路或换位错误。这些缺陷均可能使附加损耗显著增大。通过测量阻抗电压可以发现在运行中变压器出口侧发生短路，变压器内部几何尺寸的改变。但是需要注意，通过负载损耗试验，不能够发现铁芯局部硅钢片短路。

2-111　对常见的加压绕组为 Ynd11 连接三相变压器分相进行短路试验的方法是什么？

答：试验接线方法是：试验电压加在高压侧三相绕组为 Ynd11 连接的三相变压器单相短路试验接线，如图 2-21 所示。

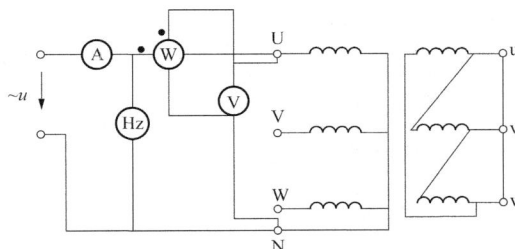

图 2-21　加压绕组为 Ynd11 连接的三相变压器单相短路试验接线图

试验步骤是：按图 2-26 接线，轮流对每一对相间 UN、VN、WN 施加试验电压，升压至试验电流，即高压侧达额定电流时，记录仪表指示值，共进行 3 次，然后用 3 次测得的损耗 P_{UN}、P_{VN}、P_{WN} 和电压 U_{UN}、U_{VN}、U_{WN} 计算出结果。

短路损耗为

$$P_k = P_{UN} + P_{VN} + P_{WN}$$

短路电压百分数为

$$U_k\% = \sqrt{3} \times \frac{U_{UN} + U_{VN} + U_{WN}}{3U_n} \times 100\%$$

式中：P_{UN}、P_{VN}、P_{WN} 分别为测得加压相 UN、VN、WN 的损耗，W；U_{UN}、U_{VN}、U_{WN} 分别为测得加压相 UN、VN、WN 的电压，V。

例如：有一台额定电压为 110/10.5kV、额定容量为 40 000kVA、高压侧电流 210A、阻抗电压 19.76%、联结组别为 YNd11 的变压器，在运行时低压出口侧发生短路故障，短路电流达 12 000A 左右，该变压器后备保护动作，对其进行绝缘电阻试验、直流电阻试验、泄漏试验均合格，采用单相法进行短路电压测量，变压器油温 45℃，其试验数据见表 2-20。

表 2-20　　　　　　　　　　　变压器短路试验数据

加压相	短路相	试验电压（V）	电流（A）
UN	uvw	420	6.9
VN	uvw	415	7.2
WN	uvw	423	7.3

根据表 2-20 中的试验数据进行计算：

（1）先将每相的试验电压换算到额定条件下的阻抗电压

$$U_{kUN} = U_{UN} \times \frac{I_n}{I_{UN}} = 420 \times \frac{210}{6.9} = 12.783 \times 10^3 \ (V)$$

$$U_{kVN} = U_{VN} \times \frac{I_n}{I_{VN}} = 415 \times \frac{210}{7.2} = 12.104 \times 10^3 \ (V)$$

$$U_{kWN} = U_{WN} \times \frac{I_n}{I_{WN}} = 423 \times \frac{210}{7.3} = 12.169 \times 10^3 \ (V)$$

（2）将 U_{kUN}、U_{kVN}、U_{kWN} 分别代入式 $U_k\% = \sqrt{3} \times \dfrac{U_{UN} + U_{VN} + U_{WN}}{3U_n} \times 100\%$，得短路阻抗电压

$$U_k\% = \sqrt{3} \times (12.783 + 12.104 + 12.169) \times 10^3 / (3 \times 110 \times 10^3) = 19.45\%$$

通过试验计算得到的阻抗电压为 19.45%，与铭牌阻抗电压相比小±3%。因此，该变压器虽然通过短路电流将达 12 000A 左右，但变压器内部各结构件、几何尺寸等未发生改变。

2-112　变压器短路试验的注意事项是什么？

答：变压器短路试验的注意事项是：

（1）测试时，被加压绕组和被短接绕组均应置于最高分接位置。首次电抗法检测，还应在变压器铭牌上标有短路阻抗值（或出厂试验报告上有实测值）的分接位置测量短路阻抗。

外部短路故障后的检测可增加短路时绕组所在分接位置的检测。

（2）合理选择电源容量、设备容量及表计，一般表计应不低于 0.5 级。试验用电源应具有足够的容量。

（3）测试时，先将被测绕组对的不加压侧所有接线端全部短接，短接线及其接触电阻的总阻抗不得大于被测绕组对短路侧等值阻抗的 0.1%。在低压侧用的短路线，与变压器连接处必须接触良好，且短路线截面积所取电流（电流密度一般取 2.5A/mm^2）不得小于试验时施加的电流，导线须尽可能短。

（4）在试验时为避免电流线电压降的影响，功率表、电压表的电压最好从变压器端子处取。

（5）试验用的导线必须有足够的截面积，而且应尽可能短，连接处必须接触良好。

（6）在大于 25%额定电流下试验时，读表要迅速，以免绕组发热影响测量准确度。

（7）试验一般在冷状态下进行。对刚退出运行的变压器，必须待绕组温度降至油温时，才能进行试验。试验后应将结果换算到额定温度。

（8）要求短路试验在额定频率（50Hz±5%）、额定电流下进行，若不能满足要求，则试验后应将结果换算至额定值。

（9）在短路试验前，应将变压器本体的电流互感器二次短路。试验前应反复检查试验接线是否正确、牢固，安全距离是否足够，被试设备的外壳及二次回路是否已牢固接地。

第十三节　变压器绕组变形试验

2-113　什么是变压器绕组变形？

答：变压器绕组变形是指绕组受机械力和电动力的作用，绕组的尺寸和形状发生了不可逆转的变化。它包括轴向和径向尺寸的变化、器身位移、绕组扭曲、鼓包和匝间短路等。原因是变压器在运行中难以避免的要承受各种短路冲击，其中出口短路对变压器的危害尤其严重。尽管断路器能够快速地将短路故障从电路切除，但往往因某种原因自动装置不动作，使得变压器线圈在短路电流热和电动力的作用下，在很短时间内造成线圈变形，严重的甚至会导致相间短路，绕组烧毁；同时，变压器在运输安装过程中也可能受到碰撞冲击而产生扭曲、断股、移位、松脱等现象。

2-114　进行变压器绕组变形试验的目的是什么？

答：绕组变形是电力系统安全运行的一大隐患。近些年来，随着电力系统容量的增长，短路容量也在增大，出口短路后造成绕组损坏事故的数量也有上升趋势。变压器发生绕组变形后，一是由于绝缘距离发生变化或绝缘纸受到损伤，当遇到过电压时绕组会发生饼间或匝间击穿，或者在长期工作电压的作用下，绝缘损伤逐渐扩大，最终导致变压器损坏；二是绕组变形后，机械性能下降，再次遭受短路事故时，会因承受不了巨大的冲击力的作用而发生立即损坏事故，更多的是仍能运行一段时间。变压器绕组变形是变压器发生损坏事故的重要原因之一，而常规电气试验如电阻测量，变比测量及电容量测量等很难发现绕组的变形，这将严重威胁电网的安全运行为此，对承受过机械力及电动力作用的变压器进行绕组变形的试验和诊断就十分必要。

例如：某变电站电缆头故障，开关重合，引起 66kV 变压器低压侧三相绕组短路，轻瓦斯动作。事后进行了色谱分析和电气绝缘试验未发现异常。由于用电紧张，在 3 天后进行了变压器高压绕组变形试验，根据测试结果初步判断变压器高压绕组可能出现局部扭曲或器身整体位移。经过吊芯检查发现：高压绕组 V、W 相整体扭曲，部分垫块已经蹦出并且扭斜，V 相一个压钉碗破碎，U、W 相中间一匝导线严重收缩变形，器身铁轭中间拱起。

2-115　变压器突然短路有什么危害？

答：其危害主要表现在两个方面：

（1）变压器突然短路会产生很大的短路电流。持续时间虽短，但在断路器来不及切断前，变压器会受到短路电流的冲击，影响热稳定，可能使变压器受到损坏。

（2）变压器突然短路时，过电流会产生很大的电动力，影响动稳定，使绕组变形，破坏绕组绝缘，其他组件也会受到损坏。

如果出现变压器短路故障的同时伴随有变电站保护或者直流系统失灵的故障，往往会造成变压器燃烧爆炸的恶性事故。扫描二维码观看变压器爆炸的视频。

2-116　变压器经受出口短路故障后的检查试验要求及判断方法有哪些？

答：变压器一旦承受近距离出口短路，不管是否引起跳闸，都要针对短路故障性质、短路电流大小、短路点距出口距离远近、继电保护及自动装置动作情况、油色谱分析等进行综合分析，判断绕组是否变形、绝缘是否损坏，以确定变压器能否继续运行。对跳闸的变压器还要测量其绕组直流电阻、绕组变形、空载损耗，以判定损坏程度，确定是否可以继续运行，制定修复方案。通常采用的判断方法有：

（1）变压器外观检查，如外壳有无明显凹凸、箱体焊缝是否渗漏油，检查压力释放装置动作情况，气体继电器是否动作或发出信号、是否集有可燃性气体。对仍在运行的变压器要注意辨别发出的声音是否为连续、均匀、轻微的"嗡嗡"声，若声音不均匀或有特殊声音，则需要进一步处理。

（2）对变压器油样进行油气相色谱分析，通过对油中溶解气体成分及含量的分析，根据不同的成分（如局部放电时会有乙炔、氢气，较高温度过热时总会有乙烯）及含量可判断变压器存在的潜伏性故障及性质。

（3）进行全面电气试验，排除绕组绝缘损坏的可能。变压器绕组的直流电阻三相数值基本平衡，测量直流电阻可以方便有效地考核绕组纵绝缘和回路的连接情况，能发现出口短路引起的匝（饼）间短路、绕组断股等故障，可判断变压器是否遭受了严重的冲击破坏，因此直流电阻测量是发现绕组是否损坏的最有效手段。

（4）进行绕组的介质损耗和电容量测量，当变压器发生局部机械变形时，其绕组间以及对铁芯和外壳的相对位置会发生变化，其电容量也将随之变化，虽然 DL/T 596—1996《电力设备预防性试验规程》从绝缘的角度对介质损耗值做了规定，但严重的绕组变形会引起电容量的明显变化，所以，在检查承受短路冲击后的变压器是否发生绕组变形时，被测电容值与历史数据比较也非常重要，当变化值超过 10%时需要引起注意。

（5）进行变压器绕组变形试验测量，以判定电力变压器绕组是否变形。若试验时发现频响特性曲线的相关系数小于 0.6，应立即退出运行。

（6）低电压短路阻抗试验：短路阻抗法是判断变压器绕组变形的传统方法，该试验方法相对简单，对试验设备要求低，有出厂和历次试验数据相比较，现场实施非常简便，但其灵敏度低于频率响应法，适用于变形比较严重的绕组。当绕组的三相短路阻抗值差超过 3%时，应引起注意。

（7）空载损耗和空载电流试验：变压器经受出口短路电流冲击，当出现线圈匝间短路或涉及铁芯绝缘时，会引起变压器的励磁电流增加和空载损耗增大，与历次试验数据比较，空载损耗增加 10%时就应引起注意。

（8）继电保护及自动装置的动作情况检查：变压器经受出口短路电流冲击而跳闸，一般是通过差动保护、过电流保护和气体保护发出动作指令，要注意记录故障电流的大小、故障切除时间，检查保护装置的动作行为是否符合整定值要求。

（9）变压器经出口短路后，可进行试验项目通常有绝缘电阻测量、变压比试验、油或纸绝缘材料的分析化验等，所有试验项目应严格执行 DL/T 596—1996《电力设备预防性试验规程》的相关标准，发现试验结果异常要引起注意。

2-117 是不是变压器出现相间或者三相短路事故就一定会导致绕组变形？

答：不一定。要视短路时间和短路电流等因素。

例如：某变电站两台主变压器，SFP8-120000/220kV，某天铝箔纸引起 66kV 线路三相短路并接地。短路冲击前后色谱分析无显著变化，局部放电试验和短路冲击前对应相放电量小于 100pC，没有增长，变形试验结果，2 号主变压器无严重变形（有原始图谱）重新投运。1号主变压器无原始图谱，但特征图谱的一致性虽然很好，仍不排除三相绕组同时变形的可能，返厂检查结果是：三相绕组上压板有不同程度的开裂现象，垫块有所松动。高、低压绕组均无较严重变形。

2-118 电力变压器发生绕组变形的原因是什么？

答：电力变压器发生绕组变形的原因是：
（1）短路故障电流冲击，绕组承受短路能力不够。
（2）在运输或安装过程中受到冲撞。
（3）保护区域有死区，动作失灵。

如某 SFSZ7-31500/110 型主变压器，因 10kV 系统故障导致直流消失，保护系统动作失灵，由于手动操作跳闸，电力变压器因长时间短路作用而损坏。

2-119 减少电力变压器发生绕组变形的措施是什么？

答：减少电力变压器发生绕组变形的措施是：
（1）加强对变压器短路能力的试验研究。
（2）正确选择绕组的压紧力。压力过小受到冲击的时候会变形，压力过大结构本体会变形。
（3）器身可靠定位。

（4）改善短路保护系统，并注意重合闸问题。

（5）加强监测及时检修。

2-120　变压器绕组变形诊断的方法有哪些？

答：目前变压器绕组变形诊断采用的方法有短路阻抗法和频率响应分析法。

（1）短路阻抗法。特点是测量简单，能较好地再现评估结果。当参数偏离规定值时，能可靠地估计是否存在故障，但是需动用庞大的试验设备，灵敏度不高。

（2）频率响应分析法。也称 FRA 法，较低压脉冲法有抗干扰能力强、灵敏度高、重复性强的优点。但对绕组首端故障不灵敏及绕组变形位置的判定问题有待解决。

2-121　使用频响法的绕组变形试验测试注意事项是什么？

答：使用频响法的绕组变形试验测试注意事项是：

（1）绕组变形测试应放在"直流类"试验之前或"交流类"试验之后进行。具体的接线方法和操作步骤请参考仪器的说明书。

（2）测试时应确认周边无大型用电设备干扰试验电源，测试地点周边若有电视、手机、广播发射基站也可能会严重影响测量结果。

（3）待试设备铁芯、夹件必须与外壳可靠接地，测试仪器必须与待试设备外壳可靠接地。测试仪器输入单元和检测单元的接地线应共同连接在待试设备铁心接地处。无铁芯外引接地的变压器则应将测试接地线可靠接地。

（4）测试时要注意信号源位置的影响，U 端输入，N 端输出和 N 端输入，U 端输出的曲线是不同的。

（5）应保证测量阻抗的接线钳与套管线夹紧密接触。如果套管线夹上有导电膏或锈迹，必须使用砂布或干燥的棉布擦拭干净。各相的搭接位置应相同。在测试时，必须具有一套相对固定的测试方法。

（6）测试时必须正确记录分接开关的位置。应尽可能将被试变压器的分接开关放置在第1 挡的挡位，特别对有载调压变压器，以获取较全面的绕组信息。对于无载调压变压器，应保证每次测量在同一分接位置，便于比较。

（7）绕组变形测试应在解开变压器所有引线（包括架空线、封闭母线和电缆）的前提下进行，并使这些引线尽可能地远离变压器套管（周围接地体和金属悬浮物需远离变压器套管），尤其是与封闭母线连接的变压器，以减少其杂散电容的影响。对于套管引线无法拆除的待试设备，可利用套管末屏抽头作为响应端进行检测，但应注明，并应与同样条件下的检测结果作比较。

（8）测试仪的"接地"端口没有连接正确前，请不要开始绕组变形测试。两个信号检测端的接地线均应可靠连接在待试设备外壳上的明显接地端（待试设备顶部的铁芯接地端），接地线应尽可能短且不应缠绕。

（9）对于有"平衡绕组"的变压器在测量时，应将"平衡绕组"接地断开。

（10）绕组扫频响应曲线与原始记录基本一致时，即绕组频响曲线的各个波峰、波谷点所对应的幅值及频率基本一致时，可以判定被测绕组没有变形。试验中如变压器三相频响特性不一致，应检查设备后重测，直至同一相 2 次试验结果一致。

（11）待试设备绕组变形检测应在所有直流试验项目之前或者在待试设备绕组充分放电以后进行，应根据接线要求和接线方式，逐一对待试设备的各个绕组进行检测，分别记录幅频响应特性曲线。

（12）因测量信号较弱，激励信号和响应信号测量端应与待试设备绕组端头稳定、可靠连接，减小接触电阻。

2-122　使用频响法的绕组变形试验的测试结果分析如何进行？

答：因为现场使用的测试仪品种较多，不同厂家的仪器测试时显示的波形有差异，因此需要结合仪器的说明书具体分析，一般来说，根据 DL/T 911—2016《电力变压器绕组变形的频率响应分析法》及 Q/GDW 168—2013《输变电设备状态检修试验规程》的规定，可以用以下方式进行分析判断变压器绕组变形。

（1）用频率响应分析法：主要是对绕组的幅频响应特性进行纵向或横向比较，并综合考虑变压器遭受短路冲击的情况、变压器结构、电气试验及油中溶解气体分析等因素。根据相关系数的大小，较直观地反映出变压器绕组幅频响应特性的变化，通常可作为判断变压器绕组变形的辅助手段。用相关系数 R 辅助判断变压器绕组变形的方法见表 2-21。R_{LF} 为曲线在低频段（1～100kHz）内的相关系数；R_{MF} 为曲线在中频段（100～600kHz）内的相关系数；R_{HF} 为曲线在高频段（600～1000kHz）内的相关系数。

表 2-21　　　　　　　　　相关系数 R 与变压器绕组变形程度的关系

绕组变形程度	严重变形	明显变形	轻度变形	正常绕组
相关系数 R	$R_{LF}<0.6$	$1.0>R_{LF}\geq0.6$ 或 $R_{MF}<0.6$	$2>R_{LF}\geq1$ 或 $0.6\leq R_{MF}<1$	$R_{LF}\geq2$ 和 $R_{MF}\geq1$ 和 $R_{HF}\geq0.6$

（2）纵向比较法：指对同一台变压器、同一绕组、同一分接开关位置、不同时期的幅频响应特性进行比较，根据幅频响应特性的变化判断变压器的绕组变形。该方法具有较高的检测灵敏度和判断准确性，但需要预先获得变压器原始的幅频响应特性，并应排除因检测条件及检测方式变化所造成的影响。因此，在变压器新投前必须测量绕组变形，为以后该变压器故障分析时提高可靠的依据。

（3）横向比较法：指对变压器同一电压等级的三相绕组幅频响应特性进行比较，必要时借鉴同一制造厂在同一时期制造的同型号变压器的幅频响应特性，来判断变压器绕组是否变形。该方法不需要变压器原始的幅频响应特性，现场应用较为方便，但应排除变压器的三相绕组发生相似程度的变形或者正常变压器三相绕组的幅频响应特性本身存在差异的可能性。

在实际工作中，还应结合短路阻抗、直流电阻、变比等试验项目的结果进行综合分析，也可以通过介质损耗因数试验，测量变压器各侧绕组对地的电容量来判断分析，通过以上测量变压器各部位的电容量，建立方程求出变压器各侧绕组对地的电容量，与初始值比较，有无明显变化，并根据绕组变形测试结果，结合其他试验来判断变压器内部有无变形。

绕组变形测试结果不能作为判断变压器是否受损唯一依据。变压器绕组变形测试结果判断的关键是拥有绕组结构正常时的频响曲线或相同结构变压器的频响曲线，三相频响曲线间相互比较是一种权宜之计，它具有一定的局限性。

2-123 如何根据被试变压器的绕组幅频响应特性曲线中波峰或波谷分布位置及数量的变化，来初步分析被试变压器绕组变形大致情况？

答：被试变压器绕组幅频响应特性曲线中波峰或波谷分布位置及数量的变化，是分析被试变压器绕组变形的重要依据。

（1）当频响特性曲线低频段（1～100kHz）的波峰或波谷发生明显变化，绕组电感可能改变，可能存在匝间或饼间短路的情况。对绝大多数待试设备来说，其三相绕组低频段的响应特性曲线应非常相似，如果存在差异应及时查明原因。

（2）当频响特性曲线中频段（100～600kHz）的波峰或波谷发生明显变化，绕组可能发生扭曲和鼓包等局部变形现象。

（3）当频响特性曲线高频段（>600kHz）的波峰或波谷发生明显变化，绕组的对地电容可能改变。可能存在线圈整体移位或引线位移等情况。

第十四节　其他常见电力变压器试验知识

2-124 温升试验的目的及意义是什么？

答：温升试验的目的是检验规定状态下变压器绕组、变压器油的温升、变压器有无局部过热、变压器油箱表面的热点温升等。一般油浸式变压器顶层油的温升限值：油不与大气直接接触的变压器为60℃，油与大气直接接触的变压器为55℃，绕组平均温升为65℃。

随着变压器电压等级的提高，大容量变压器损耗的降低，光纤维式测温装置的出现，油中含气色谱分析技术与液相色谱分析技术的发展，温升试验是一种型式试验，传统的温升试验考核的是绕组平均温升（用电阻法测）与油顶层温升，如这两项温升实测值没有超过标准中规定的允许温升限值，那么，变压器就被认为是通过了温升试验这项型式试验。

对大容量变压器而言，还可利用温升试验测变压器的负荷噪声，以及利用温升试验前后的油中含气色谱分析以发现设计与制造上的一些缺陷，如换位错误和局部过热。

2-125 变压器温升试验的方法主要有哪些？

答：进行变压器温升试验的主要方法有：①直接负载法；②相互负载法；③循环电流法；④零序电流法；⑤短路法。

2-126 变压器正式投入运行前做冲击合闸试验的目的是什么？

答：变压器正式投入运行前做冲击合闸试验的目的是：

（1）带电投入空载变压器时，会产生励磁涌流，其值可超过额定电流，且衰减时间较长，甚至可达几十秒。由于励磁涌流产生很大的电动力，为了考核变压器各部的机械强度，需做冲击合闸试验，即在额定电压下合闸若干次。

（2）切空载变压器时，有可能产生操作过电压。对不接地绕组此电压可达4倍相电压；对中性点直接接地绕组，此电压仍可达2倍相电压。为了考核变压器绝缘强度能否承受需做开断试验，有切就要合，亦即需多次切合。

（3）由于合闸时可能出现相当大的励磁涌流，为了校核励磁涌流是否会引起继电保护误动作，需做冲击合闸试验若干次。

每次冲击合闸试验后，要检查变压器有无异音、异状。一般规定，新变压器投入，冲击合闸 5 次；大修后投入，冲击合闸 3 次。

2-127　测量变压器铁芯绝缘电阻主要目的是什么？如何判断？

答：测量铁芯绝缘电阻主要目的是检查铁芯是否存在多点接地，要求是：使用 2500V 绝缘电阻表加压 1min 应无闪络或击穿现象，绝缘电阻值不低于 100MΩ，绝缘电阻要求很低。但是铁芯绝缘电阻与变压器器身绝缘有一定的对应关系，如果铁芯绝缘电阻过低，应查明原因。

例如：华中电网的某 SFPB1-240000/220 型和 SFSL1-25000/110 型变压器，铁芯多点接地，地线中的故障电流竟然达到 17～25A。该电流会引起局部过热，导致油分解，产生可燃性气体。还可能使接地片熔断，导致铁芯悬浮，产生放电。

2-128　为什么变压器铁芯必须接地？

答：变压器在运行或试验时，铁芯及零件等金属部件均处在强电场之中，由于静电感应作用在铁芯或其他金属结构上产生悬浮电位，造成对地放电而损坏零件，这是不允许的，穿芯螺栓、铁芯及其所有金属构件都必须可靠接地。

2-129　为什么变压器铁芯不能发生多点接地？

答：变压器在运行时，铁芯或夹件发生多点接地时，接地点间就会形成闭合回路，感应电动势，并形成环流，产生局部过热，严重情况下会烧损铁芯。

2-130　变压器铁芯绝缘损坏会造成什么后果？

答：如因外部损伤或绝缘老化等原因，使硅钢片间绝缘损坏，会增大涡流，造成局部过热，严重时还会造成铁芯起火。另外，穿芯螺栓绝缘损坏，会在螺杆和铁芯间形成短路回路，产生环流，使铁芯局部过热，可能导致严重事故。

2-131　硅钢片漆膜的绝缘电阻是否越大越好？

答：硅钢片漆膜的绝缘电阻不是越大越好。因为铁芯对地应是通路（用 500V 绝缘电阻表测量上铁轭最宽处与有接地片的上夹件应是通路）。如漆膜绝缘电阻太大，有可能造成铁芯不能整个接地。

2-132　变压器铁芯多点接地的主要原因及表现特征是什么？

答：统计资料表明，变压器铁芯多点接地故障在变压器总事故中占第三位，主要原因是变压器在装配及安装中不慎遗落金属异物，造成多点接地或铁轭与夹件短路、芯柱与夹件相碰等。

变压器铁芯多点接地故障的表现特征有：

（1）铁芯局部过热，使铁损耗增加，甚至烧坏。

（2）过热造成的温升，使变压器油分解，产生的气体溶解于油中，引起变压器油性能下降，油中总烃大大超标。

（3）油中气体不断增加并析出（电弧放电故障时，气体析出量较之更高、析出速度更快），可能导致气体继电器动作发信号甚至使变压器跳闸。

在实践中，可以根据上述表现特征进行判断，其中检测油中溶解气体色谱和空载损耗是判断变压器铁芯多点接地的重要依据。

2-133 电力变压器铁芯故障的原因和类型是什么？

答：铁芯接地故障的原因主要有：

（1）接地片因施工工艺和设计不良造成短路。

（2）由于附件和外界因素引起的多点接地。

常见的故障有：

（1）铁芯碰壳、碰夹件。

（2）穿芯螺栓钢座套过长与硅钢片短接。

（3）油箱内有异物，使硅钢片局部短路。

（4）铁芯绝缘受潮或损伤，箱底沉积油泥及水分，绝缘电阻下降，夹件绝缘、垫铁绝缘等受潮或损坏等，导致铁芯高阻多点接地。

（5）潜油泵轴承磨损，金属粉末进入油箱中，堆积在底部，在电磁力作用下形成桥路，造成多点接地。

2-134 电力变压器铁芯多点接地故障的处理方法是什么？

答：电力变压器铁芯多点接地故障的处理方法是：

（1）能退出运行者。可采用电容放电冲击法排除。用电容冲击放电产生的电弧烧毁悬浮物形成的导电小桥。有单位采用电焊机产生的大电流瞬间触碰外壳，形成短时大电流，也可烧毁杂质形成的导电小桥。多数铁芯故障，需吊罩检查处理。

（2）暂不能退出运行者。按以下方式处理：

1）如果多点接地故障属于不稳定型，可以在工作接地线中串入一个滑线电阻（又称为滑动式可变电阻器、滑线变阻器、电压分配器、可调电位器等），将电流限制在 1A 以下。

2）要用色谱分析监视故障点的产气速率。

3）如果通过测量找到确切的故障点后，如果无法处理，则可将铁芯的正常工作接地片移至故障点同一位置，这样可使环流减小到很小。

第十五节　电力变压器常见故障及典型案例

2-135 变压器在运行中产生气体的原因有哪些？

答：变压器在运行中产生气体的原因有：

（1）固体绝缘浸渍过程不完善，残留气泡。

（2）油在高压作用下析出气体。

（3）局部过热引起绝缘材料分解产生气体。

（4）油中杂质、水分在高电场作用下电解。

（5）密封不严、潮气反渗透、温度骤变、油中气体析出。

（6）局部放电会使油和纸绝缘分解出气体，产生新的气泡。

（7）变压器抽真空时，真空度达不到要求，保持时间不够；或者是抽真空时散热器阀门未打开，散热器中空气未抽尽。真空注油后，油中残留气体仍会形成气泡。

2-136　变压器绕组绝缘损坏的原因有哪些？

答：变压器绕组绝缘损坏的原因如下：

（1）线路短路故障和负荷的急剧多变，使变压器电流超过额定电流的几倍或十几倍以上，这时绕组受到很大的电动力而发生位移或变形，另外，由于电流的急剧增大，将使绕组温度迅速升高，导致绝缘损坏，使绕组发生短路；或可能造成绕组接头断开。

（2）变压器长时间的过载运行，绕组产生高温，将绝缘烧焦，并可能损坏而脱落，造成匝间或层间短路。

（3）绕组绝缘受潮，这是因绕组浸漆不透，绝缘油中含水分所致，使绝缘性能降低而造成匝间或层间短路。

（4）绕组接头及分接开关接触不良，在带负荷运行时，接头发热损坏附近的局部绝缘，造成匝间及层间短路。

（5）变压器的停送电操作或遇到雷电时，变压器停、送电产生的过电压和雷电侵入波产生的大气过电压，使绕组绝缘因过电压而损坏。

（6）变压器严重缺油，使油面降低，裸露在空气中的绕组绝缘可能受到破坏。

2-137　防止变压器本体故障的措施有哪些？

答：防止变压器本体故障的措施有：

（1）变压器在运输和存放时，必须密封良好。充气运输的变压器运到现场后，必须密切监视气体压力，压力过低时（<0.01MPa）要补干燥气体，使压力满足要求。现场放置时间超过6个月的变压器应注油保存，并装上储油柜和胶囊，严防进水受潮。注油前，必须测定密封气体的压力，核查密封状况，必要时应测漏点。为防止变压器在安装和运行中进水受潮，套管顶部将军帽、储油柜顶部、套管升高座及其连管等处必须密封良好，必要时应进行检漏试验。如已发现绝缘受潮，应及时采取相应措施。

（2）停运时间超过6个月的变压器在重新投入运行前，应按预试规程进行有关试验。

（3）500kV（含330kV）变压器、并联电抗器绝缘油中出现乙炔时，应立即缩短监测周期，跟踪监测变化趋势。对于并联电抗器，当油中可燃气体增加，并伴有少量乙炔产生，但乙炔含量趋于稳定时，可区别对待，适当放宽运行限值，但应查明原因，并注意油中含气量的变化。

（4）对于铁芯、夹件通过小套管引出接地线的变压器，应将接地引线引至适当位置以监测接地线中是否有环流，当运行中环流异常变化，应尽快查明原因，严重时应采取措施及时处理。

（5）对220kV及以上电压等级的变压器，根据运行经验和监测结果，如果怀疑存在围屏树枝状放电故障，则在吊罩检修时应解开围屏直观检查。

（6）交接时，在电网额定电压下进行 3 次冲击合闸试验，无闪络及熔断器熔断等异常现象。

2-138　套管按绝缘材料和绝缘结构分为哪几种？电容式套管内的电容屏起什么作用？

答：套管按绝缘材料和绝缘结构分为三种：
（1）单一绝缘套管，又分为纯瓷、树脂套管两种。
（2）复合绝缘套管，又分为充油、充胶和充气套管三种。
（3）电容式套管，又分为油纸电容式和胶纸电容式两种。
电容式套管内的电容屏能使套管径向和轴向电场分布趋于均匀，从而提高绝缘的击穿电压。

2-139　油纸电容式套管为什么要高真空浸油？

答：油纸电容式套管芯子是由多层电缆纸和铝箔纸卷制的整体，如按常规注油，屏间容易残存空气，在高电场作用下，会发生局部放电，甚至导致绝缘层击穿，造成事故。因而必须高真空浸油，以除去残存的空气。

2-140　为什么变压器套管的穿缆引线应包扎绝缘白布带？

答：当穿缆引线裸露时与套管的导管相碰将形成回路，在交变磁通作用下会产生环流，烧坏引线和导管。因此变压器套管的穿缆引线应包扎绝缘白布带，以防止裸引线与套管的导管相碰形成回路，造成环流发热。

2-141　为什么要定期采用红外热成像技术检查运行中套管引出线连板的发热情况及油位？

答：定期采用红外热成像技术进行设备状态检测，可以及时、准确地发现发热部位和油位异常。定期对套管进行红外检测可以预防套管故障的发生。

2-142　为什么要测量电容型试品末屏对地的绝缘电阻？

答：电容型套管和电流互感器一般由 10 层以上电容串联。进水受潮后，水分一般不易渗入电容层间或使电容层普遍受潮，因此，进行主绝缘试验往往不能有效地检测出其进水受潮。但是，水分的比重大于变压器油，所以往往沉积于套管和电流互感器外层（末层）或底部（末屏与法兰间）而使末屏对地绝缘水平大大降低，因此，进行末屏对地绝缘电阻的测量能有效地检测电容型试品进水受潮缺陷。

2-143　诊断电力变压器发生围屏爬电故障的主要特征气体是什么？

答：电力变压器发生围屏爬电故障时，氢气、乙炔（C_2H_4）、一氧化碳明显增大。可将这三种气体作为诊断围屏爬电故障的主要特征气体。这三种气体同时增大，一般表明该变压器中有严重的放电，并涉及固体绝缘。一般会出现围屏爬电故障的典型特征，比如高压绕组首端长垫块烧伤、围屏纸板夹层及表面有树枝状放电碳道，甚至是贯穿性通道等。

2-144 用"三比值法"诊断电力变压器发生围屏爬电故障的主要特征是什么？

答：电力变压器围屏爬电故障可能存在两种机制：一种是三比值编码从 110→112→102→202 改变，即绕组与长垫块接触处长期存在局部放电，然后局部放电导致第一油隙沿长垫块表面击穿，并进一步引起围屏爬电的一个慢速发展过程；另一种是三比值编码从 110→112→212→202 改变，即绕组与长垫块接触处出现局部放电后，在短时间内就发展成为围屏爬电故障的快速发展过程。

2-145 进行电力变压器局部放电测量是否可以有效地发现围屏爬电隐患？

答：测量局部放电可以有效地发现围屏爬电隐患。

例如，某台 SFPSL-63000/220 型电力变压器，历年油色谱分析的结果是乙炔由 0.7μL/L 逐渐增长到 5.4μL/L，总烃增长到 39μL/L，1984 年 4 月轻瓦斯保护多次动作，气体点燃呈蓝色火焰，乙炔为 44μL/L，总烃为 122.1μL/L，判断为"高能量放电型故障"。经在现场对高压侧外施 $1.05U_n/1.732$（即 133.4kV）试验电压测量局部放电量，其结果是：W 相为 10 000pC，U、V 相为 10～80pC。说明 W 相中有故障，吊罩检查发现，在 W 相绕组中部高电位处，靠近 V 相侧，支撑围屏垫块对围屏纸板放电，将内层击穿（共 3 层围屏纸板），内侧纸板沿面对地有大面积树枝状放电痕迹；V 相围屏纸板内侧沿面对地的树枝状放电较轻微。检修处理时，均换为进口的围屏纸板，并将绕组高电位处支撑围屏垫块的尖角修改为圆角。

该变压器再次投运约 166 天后，轻瓦斯保护又再次动作。油的色谱分析结果为：乙炔为 90μL/L，总烃为 187μL/L，其三比值编码为 102，判断为"高能量放电性故障"。在现场施加 $1.05U_n/1.732$（即 133.4kV）试验电压测量局部放电量，其结果为：V 相为 10 000～20 000pC，U 相为 500～600pC，W 相为 7000pC。说明 V 相和 W 相均有故障，而 V 相较为严重。吊罩检查发现，V 相绕组中部支撑围屏垫块对围屏垫块放电，将围屏纸板内侧烧伤（25cm×20cm），内侧沿面对地有大面积树枝状放电痕迹；W 相围屏纸板内侧烧伤，沿面对地树枝状放电情况略轻。

2-146 变压器故障的综合分析判断的基本原则是什么？

答：变压器故障的综合分析判断的基本原则为"四比较两结合"。

（1）与规程、标准相比较。与规程规定的标准进行对照，其值如发生超标情况必须查明原因，找出超标的根源，并认真进行处理和解决。

（2）与历次数据相比较。仅以是否超标准为依据进行故障判断，往往不够准确，需要考虑与本身历次数据进行比较才能了解潜伏性故障的起因和发展情况。例如，试验结果尽管数值偏大，但一直比较稳定，应该认为仍属正常；若试验结果虽未超标而与上次相比却增加很多，就需要认真分析，查明原因。

（3）与同类设备相比较（横向比较）。一台变压器发现异常，而同一地点的另一台相同容量或相同运行状态的变压器是否有异常，这样结合分析有利于准确判断故障现象是外因的影响还是内在的变化。

（4）与自身不同部位相比较（纵向比较）。如测绕组电阻、套管介质损耗因数时，U、V、W 三相间有无异常不同，再如对变压器本身的不同部位进行检查比较。如变压器油箱箱体温度分布是否变化均匀，局部温度是否有突变，又如用红外成像仪检查变压器套管或储油柜温度，以确定是否存在缺油故障等。这些也有利于对故障部位的准确判断。

（5）与设备结构结合。熟悉和掌握变压器的内部结构和状态是变压器故障诊断的关键，如变压器内部的绝缘配合、引线走向、绝缘状况、油质情况等。又如变压器的冷却方式是风冷还是强迫油循环冷却方式等，再如变压器运行的历史、检修记录等，这些内容都是诊断故障时重要的参考依据。

（6）与外部条件相结合。诊断变压器故障的同时，一定要了解变压器外部条件是否构成影响，如是否发生过出口短路；电网中的谐波或过电压情况是否构成影响；负荷率及负荷变动幅度如何等。

第三章 断路器试验

第一节 断路器基本知识

3-1 什么是断路器？什么是高压断路器？高压断路器的主要作用是什么？

答：断路器（俗称开关）是指能够关合、承载和开断正常回路条件下的电流，并且能够关合在规定时间内承载和开断异常回路条件（如短路条件）下的电流的机械开关装置。断路器的文字符号是 QF。

高压断路器是指额定电压为 3kV 及以上的断路器。具有相当完善的灭弧机构和足够的断流能力，又称高压开关。高压断路器的额定开断电流是指在规定条件下开断最大短路电流有效值。

高压断路器的主要作用是能切断或闭合高压线路的空载电流，能切断与闭合高压线路的负荷电流，能切断与闭合高压线路的故障电流，与继电保护配合，可快速切除故障，保证系统安全运行。

3-2 高压断路器按照灭弧介质如何进行分类？

答：高压断路器按照灭弧介质可分为油断路器、压缩空气断路器、SF_6 断路器、真空断路器。

目前真空断路器在配电网中广泛应用，主要用于 3～10kV 交流系统中的户内配电装置（开关柜）中。SF_6 断路器多用于 35kV 及以上的电力系统中，SF_6 气体的作用是灭弧、绝缘和散热。油断路器因为检修工作量大且在开断时容易产生电弧重燃，形成内部过电压，所以目前在电力系统中已经基本淘汰。油断路器中绝缘油的作用是灭弧、绝缘和散热。压缩空气断路器目前在中国电力系统中应用极少。因为在 -30℃ 左右的极低温度下 SF_6 气体在 6 个大气压下容易发生液化，所以目前俄罗斯普遍采用压缩空气断路器。

3-3 如何使用 SF_6 气体的温度压力曲线？

答：SF_6 气体由于分子质量大，分子间相互作用比较显著，在常温下就明显偏离理性气体特性。因此，其状态参数的关系要用一组曲线来表示，如图 3-1 所示。图中 KTS 曲线表示气态转变为液态或固态的临界线，也就是饱和蒸汽压力曲线。曲线之右侧为气态区域，曲线之左侧为液态和固态区域。该曲线簇有以下用途：

（1）给定体积和某一温度时的压力值求

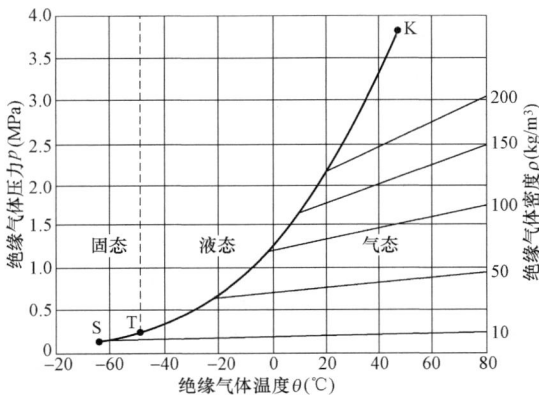

图 3-1 SF_6 气体的三态图

K—临界点；T—熔点；S—升华点

气体重量。例如，20℃时额定压力为 0.6MPa，绝对压力为 0.7MPa 的 SF_6 气体，可查到其密度约为 47kg/m³。如果体积为 0.4m³，则其气体重量约为 18.8kg。

（2）求可能的液化温度。如前述气体额定压力为 0.7MPa，则相应的液化温度为-26℃。

（3）可以求出对应于不同温度下的 SF_6 气体压力。

3-4 高压断路器主要由哪几部分组成？

答：高压断路器是由操动机构、传动机构、绝缘部分、导电部分和灭弧室等部分组成。

3-5 高压断路器的绝缘结构主要由哪几部分组成？

答：高压断路器的绝缘结构主要由导电部分对地、相间和断口间绝缘三部分组成。

（1）对地绝缘。少油断路器、高压空气断路器和瓷柱式 SF_6 断路器等的对地绝缘主要由支柱或支持瓷套、绝缘拉杆及相应的液体、气体介质所构成。多油断路器和落地罐式 SF_6 断路器的对地绝缘包括套管、绝缘拉杆和液体、气体介质。

（2）相间绝缘。共箱式断路器的相间绝缘主要是变压器油或 SF_6 气体，而分箱式断路器则为空气绝缘介质。

（3）断口绝缘。包括气体或液体介质以及相应的灭弧绝缘筒及瓷套等。

3-6 选用气体作为绝缘和灭弧介质比选用液体有哪些优点？

答：气体作为绝缘和灭弧介质的优点在于：
（1）导电率极小，实际上没有介质损耗。
（2）在电弧和电晕作用下产生的污秽物很少，不会发生明显的残留变化，自恢复性能好。
（3）在均匀或稍不均匀电场中，气体绝缘的电气强度随气体压力的升高而增加，故可根据需要选用合适的气体压力。

3-7 选用气体作为绝缘、灭弧介质要考虑哪些因素？

答：选用气体作为绝缘和灭弧介质要综合考虑诸多因素。例如，绝缘性能好、气体本身及其分解物应无毒、化学上呈中性且无腐蚀作用、有较低的液化温度、有较好的导热能力、无爆炸和火灾危险、灭弧能力好、价格便宜、容易获得等。

空气介质是使用得最早的一种气体介质，但 SF_6 气体却是能综合满足上述要求的气体介质，有较好的绝缘、灭弧和导热性能。

3-8 SF_6 气体的绝缘性能如何？影响其绝缘强度的因素有哪些？

答：SF_6 气体具有优良的绝缘性能，在比较均匀的电场中，其绝缘强度约为空气的 2～3 倍，在 3 个大气压下其绝缘强度可达到绝缘油的水平。影响其绝缘强度的因素有：

（1）电场均匀性的影响。绝缘强度对电场的均匀性特别敏感。在均匀电场下，绝缘强度随触头间距的增加而呈线性增加。距离过大，则由于电场呈不均匀而可使其绝缘强度增加出现饱和现象。在不均匀电场下，其绝缘强度甚至会接近空气的水平。

（2）与压力的关系。在较均匀电场下，绝缘强度随气体压力的增加而增加，但并不呈正比。

（3）电极表面状态的影响。通常电极表面越粗糙，击穿电压越低。电极面积越大，则由于偶然因素出现的概率越大，因而使击穿电压降低。

（4）电压极性的影响。电压极性对 SF_6 气体击穿电压的影响和电场的均匀性有关。在均匀电场中，由于电场强度处处相等，所以无极性效应。在稍不均匀电场中，曲率较大的电极为负时，其附近的场强较大，容易产生阴极电子发射，使气隙的击穿电压降低。由于 SF_6 断路器的绝缘结构都是稍不均匀电场形式，所以其绝缘水平往往由负极性电压来决定。

顺便指出，在极不均匀电场中，由于棒电极电晕放电产生空间电荷的影响，可使正极性击穿电压反而比负极性的低。

影响 SF_6 气体间隙绝缘特性的因素较多，而且各国研究者的结论也不尽相同。例如，其时间特性，有的研究者认为，SF_6 断路器绝缘结构属稍不均匀电场，其伏秒特性比较平坦，在短时间（$t < 5\mu s$）范围内的上翘要小得多，而常规空气绝缘结构为极不均匀电场，伏秒特性比较弯曲。

3-9　为什么 SF_6 气体有优良的灭弧特性？

答：理论分析和实践证明，SF_6 气体具有优良的灭弧性能。有的研究者指出，其灭弧能力比空气大 2 个数量级。其优良性能主要表现在：

（1）优良的热化学特性。其电弧结构近似于温度为径向矩形分布的弧芯。弧芯部分温度高导电性好；弧芯外围部分温度下降非常陡峭；而外焰部分温度低，散热好。因此，SF_6 电弧电压低，电弧输入功率小，对熄弧有利；电弧弧芯导电良好，不容易造成电流折断，不会出现过高的截流过电压；电流过零时，弧芯的体积小，残余弧柱细，过零后的介质恢复特性好。

（2）SF_6 气体分子电负性（即中性分子或原子直接吸附电子形成带负电的负离子的特性）强，而其正负离子由于运动速度较慢，复合能力较强，使电流过零附近的消电离过程大大加快。

（3）SF_6 气体的电弧时间常数小，电弧电流过零后，介质性能的恢复远比空气和油介质快。

3-10　SF_6 气体的传热性能如何？

答：SF_6 气体的热传导性能差，其导热系数只有空气的 2/3。但 SF_6 气体的比热是氮气的 3.4 倍，因此对流散热能力比空气大得多。可见，SF_6 气体的实际导热能力比空气好，接近于氦、氢等热传导较好的气体，因此 SF_6 断路器的温升问题不会比空气断路器的严重。

3-11　SF_6 气体受潮后，有什么危害？如何避免？

答：SF_6 中含有水分后，会导致灭弧性能显著下降，同时灭弧后会产生剧毒物质，因此 SF_6 气体严禁受潮。防护措施：

（1）密封。防止 SF_6 泄漏，导致气压下降，防止外界气体进入。

（2）在 SF_6 本体中放吸湿剂，用于吸收水分。

（3）SF_6 气瓶放置半年后就不能直接使用，要重新检测水分含量。

（4）加热。

3-12　如何看待 SF_6 气体的毒性问题？

答：纯 SF_6 气体是一种可与氮气相比拟的十分稳定的气体，没有毒性。其对人体危害主要表现在以下几个方面：

（1）SF_6是重气体，特别是在室内，可能引起窒息的问题。

（2）新气体由于在制备过程中含有各种杂质，可能混有一些有毒物质。检验的有效方法是生物试验。一般出厂气体都必须经过检验合格。

（3）在电弧高温作用下，SF_6气体分解物与水分和空气等杂质反应而可能产生一些有毒物质。所以，检修维护中应结合实际情况，严格执行有关规程。

3-13　SF_6断路器分类方法有哪些？

答：SF_6断路器分类方法有：

（1）按外形结构：分为瓷柱式、落地罐式两类。

（2）按灭弧方式：分为压气式，其又可分为双压式灭弧室、单压式灭弧室两类；旋弧式，气自吹式三类。

（3）按SF_6断路器开断过程中动触头、静触头开距的变化：分为定开距、变开距两类。

第二节　断路器电气试验基本知识

3-14　断路器的型式试验、出厂试验和现场试验有什么区别？

答：它们区别在于：

（1）型式试验是对产品比较全面的考核。目的是鉴定某种产品是否符合国家标准规定，试验以制定能否定型生产。进行型式的产品应与其技术条件和图样相符。对下列情况的断路器应进行型式试验：①新产品；②转厂试制产品；③当所配的操动机构型号或规格改变时；④当对产品在设计、工艺或所使用的材料上作重要改变时；⑤批量生产的产品，每隔 8～10 年应进行一次闻声、机械寿命及 100%额定短路电流开断、关合试验，其他项目必要时也可进行。型式试验项目分必试项目（包括一些与使用条件有关的特殊项目，如近区故障、失步开断等）和供需双方协议进行试验的项目（包括一些专题项目，如污秽条件下的绝缘试验、地震试验、并联开断试验及异相接地条件下的短路开断试验等）。

（2）出厂试验是对每台出厂产品必须进行的试验，也就是每台设备必须经制造厂质检部门进行试验检查合格后才能出厂。产品出厂时必须附有证明产品质量合格的测试数据或文件。

（3）现场试验是产品安装调试后用来检查安装是否正确，产品性能是否符合要求而进行的试验项目。试验项目根据出厂试验项目和现场具体条件决定，试验结果应与出厂试验结果相比较。

3-15　高压断路器现场交接试验的试验项目有哪些？

答：高压断路器现场交接试验的试验项目有：

（1）设计检查与外观检查。

（2）气体试验，包括SF_6气体或SF_6混合气体中微量水分的测量。

（3）主回路绝缘试验，包括短时交流耐压试验（对定开距柱式、带合闸电阻的柱式和罐式SF_6断路器以及真空断路器）和断口并联电容器试验（绝缘电阻、电容量和$\tan\delta$）。

（4）辅助和控制设备的试验，包括一致性验证、功能试验、分合闸线圈的直流电阻、绝缘试验（绝缘电阻测试、工频试验）。

（5）主回路电阻的测量及合闸电阻的阻值检查。

（6）密封试验。

（7）机械特性和机械操作试验。

（8）套管式电流互感器的试验。

3-16　SF_6 电力设备（断路器、GIS、PASS 等）预防性试验项目有哪些？

答：SF_6 电力设备（断路器、GIS、PASS 等）在交接、大修或运行 $1\sim3$ 年后，应进行以下预防性试验项目的检测：

（1）SF_6 气体的湿度、密度、毒性、酸度、CF_4、空气、可水解氟化物和矿物油等项目的检测。

（2）SF_6 气体泄漏试验。用灵敏度不小于 1×10^{-8}（V/V）的检漏仪对各气室密封部位、管道接头等处进行 SF_6 气体泄漏检测。要求检漏仪应不报警，年漏气率不大于 0.5%或按制造厂要求。对电压等级较高的断路器以及 GIS（SF_6 封闭式组合电器），因体积大可用局部包扎法检漏，每个密封部位包扎后历时 5h。测得的 SF_6 气体含量（V/V）不大于 15×10^{-6}。

（3）辅助回路和控制回路绝缘电阻采用 500V 或 1000V 绝缘电阻表测试，绝缘电阻值应不小于 $2M\Omega$。

（4）耐压试验。在 SF_6 气体额定压力下，交流耐压或操作冲击耐压的试验电压为出厂试验电压值的 80%。对 GIS 试验不包括其中的电磁式电压互感器及避雷器，但在投运前应对它们进行电压值为最高运行电压的 5min 检查试验；罐式断路器的耐压试验包括合闸对地和分闸断口间两种方式；分闸状态下两端轮流加压，另一端接地；对定开距断路器和带有合闸电阻的断路器必须进行断口间耐压试验。有条件时，组合电器可在交流耐压试验的同时测量局部放电。

（5）辅助回路和控制回路的 2kV 交流耐压试验（可用 2500V 绝缘电阻表代替，耐压试验后的绝缘电阻不应降低）。

（6）断口间并联电容器的绝缘电阻、电容量和 $\tan\delta$：瓷柱式断路器可与断口同时测量，测得的电容值和 $\tan\delta$ 与原始值比较，应无明显变化；罐式断路器（包括 GIS 中的断路器）按制造厂规定；单节电容器按电容器的规定。

（7）合闸电阻值和合闸电阻的投入时间。合闸电阻值除制造厂另有规定外，阻值变化允许范围不应大于 $\pm5\%$；合闸电阻的投入时间按制造厂规定校核。

（8）断路器的速度特性。测量方法和测量结果及合闸、分闸时间及合分（金属短接）时间，主触头、辅触头的配合时间应符合制造厂规定。

（9）断路器的时间参量。断路器的合闸、分闸同期性（除制造厂另有规定外）应满足相间合闸不同期不大于 5ms，相间分闸不同期不大于 3ms，同相各断口间合闸不同期不大于 3ms，同相各断口间分闸不同期不大于 2ms。

（10）合闸、分闸电磁铁的动作电压。操动机构合闸、分闸电磁铁或合闸接触器端子上的最低动作电压应在操作电压额定值的 30%～65%之间。并联合闸脱扣器应能在其交流额定电压的 85%～110%范围或直流额定电压的 80%～110%范围内可靠动作；并联分闸脱扣器应能在其额定电源电压的 65%～120%范围内可靠动作,当电源电压低至额定值的 30%或更低时不应脱扣。在使用电磁机构时,合闸电磁铁线圈通流时的端电压为操作电压额定值的 80%(关合电流峰值不小于 50kA 时为 85%)时应可靠动作;进口设备按制造厂规定。

(11)导电回路电阻。应采用直流压降法测量,电流不小于 100A,并符合敞开式断路器的测量值不大于制造厂规定值的 120%;对 GIS 中的断路器按制造厂规定。

(12)分闸、合闸线圈直流电阻。用 1000V 绝缘电阻表,分闸、合闸线圈的直流电阻应符合制造厂规定,绝缘电阻不应小于 1MΩ。

(13)SF_6 气体密度监视器(包括整定值)检验。按制造厂规定。

(14)压力表校验(或调整),机构操作压力(气压、液压)整定值或校验,机械安全阀校验。按制造厂规定;对气动操动机构应校验各级气阀,如减压阀及机械安全阀的整定值。

(15)操动机构在分闸、合闸、重合闸下的操作压力(气压、液压下降值)。按厂方规定。

(16)液(气)压操动机构的泄漏试验和油(气)泵补压及零起打压的运转时间。

(17)液压操动机构及采用差压原理的气动操动机构的防失压慢分试验。

(18)闭锁、防跳跃及防止非全相合闸等辅助控制装置的动作性能。

3-17 对电容器组所用断路器的检测试验和要求有哪些?技术要求有哪些?

答:(1)对电容器组投切所用断路器的检测试验和要求有:

1)断路器出厂时状态符合要求,型式试验项目齐全,且必须包含本台断路器投切电容器组试验和提供分闸、合闸行程特性曲线,并提供本型断路器的标准分闸、合闸行程特性曲线。条件允许时,可在现场进行断路器投切电容器的大电流老练试验。用于电容器投切的开关柜必须有其所配断路器投切电容器的试验报告,且断路器必须选用 C2 级断路器。

2)新装置禁止选用断路器序号小于 12 的真空断路器投切电容器组(断路器在开断容性电流过程中出现重击穿会引起电容器的严重破坏)。已运行的电容器组若所用断路器为 12 序号以下的真空断路器应积极更换,避免断路器重击穿率偏高导致电容器组故障。

3)用于电容器组的真空断路器宜进行老练处理,以降低真空断路器的重击穿率,提高电容器组的运行可靠性。可要求断路器生产厂进行真空断路器老练,或电力部门自己用单相试验回路进行老练。具体方法是将真空断路器带容性负荷投切 30 次,无重击穿即为合格:若中间出现一次重击穿,则从该次算起的以后 30 次无重击穿即为合格,否则不得用于电容器组投切;有条件也可在现场进行 35 次电容器组投切试验。

4)定期对真空断路器的合闸弹跳和分闸弹跳进行检测,合闸弹跳应小于 2ms,分闸弹跳应小于断口间距的 25%,一旦发现断路器弹跳过大,应及时调整。

5)定期对真空断路器的真空度进行检测或进行耐压试验,真空度发生破坏时,应及时更换。

6)禁止采用断路器装在中性点侧的接线方式,避免在故障条件下断路器虽已开断,却不能隔离故障而导致扩大性事故发生。将高一级电压等级的断路器用于低一级电压等级的电容器装置时,必须在使用电压下进行电容器组投切试验。

(2)对电容器装置投切所用断路器的技术要求包括:

1)无弹跳:合闸弹跳不应大于 2ms;分闸弹跳应小于断口间距的 25%。

2)无重燃:优先采用无重燃的 SF_6 断路器:也可采用高序号的真空断路器;只有对于容

量不大、投切不频繁的电容装置，方可采用少油断路器。

3）满足容性负荷投切要求，包括具有权威部门的型式试验报告、断路器在出厂前应通过容性负荷 30 次连续投切无重击穿老练检验、现场进行 35 次电容器组投切试验。

4）机械、电气特性检测包括日常定期的检测和装置保护动作后的检测。

3-18　断路器大修前应进行哪些试验项目？

答：断路器大修前应进行的试验项目有：
（1）分闸、合闸时间及速度测量。
（2）导电回路电阻测量。
（3）测量分闸、合闸弹簧的予拉长度。
（4）测量合闸缓冲器定位间隙和活塞压缩行程。
（5）SF_6 气体含水量和泄漏检测。

3-19　断路器大修后应进行哪些试验？

答：断路器大修前应进行的试验项目有：
（1）抽真空处理，确认真空保持良好后，即可充装 SF_6 气体。
（2）进行局部包扎检漏或扣罩检漏，并测量 SF_6 气体含水量。
（3）测量分合闸时间、三相同期性、动作电压、回路电阻和储能时间等参数。
（4）用行程记录器配合示波器测量速度曲线。
（5）最后进行绝缘试验。

3-20　断路器安装或大修时需进行哪些试验？

答：断路器安装或大修时应进行的试验项目有：
（1）测量支柱对地以及断口之间绝缘电阻（均压电容器未装前），其值应大于 3000MΩ（用 2500V 绝缘电阻表）。
（2）在支柱及灭弧室解体检修后，有条件时应进行工频耐压试验。
（3）测量断路器回路电阻（采用直流降压法，回路电流不小于 100A）。
（4）均压电容器试验：①测量绝缘电阻；②测量电容，与铭牌值（2000pF）比较，误差应在 ±5% 以内；③测量介质损耗正切角，$\tan\delta \leqslant 0.5\%$。

3-21　断路器在检修后（送电前）为什么要进行断、合和重合闸试验？

答：断路器在检修后（送电前），进行断、合和重合闸试验是为了检查断路器合、跳闸回路是否完好、检查操动机构（如液压操动机构）是否正常、检查信号回路是否完好。

3-22　断路器并联电容和并联电阻的作用各是什么？

答：并联电容的作用：
（1）在多断口断路器中，使在开断位置时每个断口的电压均匀分配，开断过程中每个断口的恢复电压均匀分配，每个断口的工作条件接近相等。
（2）在断路器分闸过程中，当电弧电流过零后，降低断路器触头间弧隙的恢复电压速度，提高近区故障的开断能力。

并联电阻的作用：为了限制合闸或分闸以及重合闸过程中的过电压，改善断路器的使用性能，有些 SF_6 断路器采用在断口间并联电阻的方式来解决，合闸电阻值由制造厂给定，允许偏差为 ±5%，提前投入时间为 8～11ms。

3-23　为什么真空断路器、SF_6 断路器与少油断路器都不进行介质损耗因数的测量？

答： 真空断路器、SF_6 断路器与少油断路器不做介质损耗因数的测量试验，因为其绝缘结构主要是电瓷与环氧玻璃布类绝缘，本体电容很小，仅十至几十皮法，所测得的 $\tan\delta$ 分散性很大，不能有效的发现绝缘缺陷。如果 SF_6 断路器存在并联电容，需要测量并联电容的电容值和 $\tan\delta$。对于多油断路器，$\tan\delta$ 的测量是重要的测试项目。

3-24　SF_6 断路器的绝缘试验有什么特点？

答： SF_6 断路器的绝缘结构与其他断路器不同。断口间的绝缘由 SF_6 气体和瓷套构成，断路器的带电部分对地的绝缘包括 SF_6 气体、绝缘拉杆与瓷套。因为断路器是常充气封闭结构，一般不存在进水受潮的问题。运行中由于 SF_6 气体泄漏，有可能使 SF_6 气体含水量增加，以及触头烧损，导致电场均匀性下降而使绝缘性能变坏。但是 SF_6 断路器的电气寿命很长，触头烧损导致绝缘性能下降可以不考虑，关键是保证 SF_6 气体的泄漏与含水量符合规定，在进行常规的预防性试验时，一般只进行耐压试验即可，新断路器投运时，可以考虑进行绝缘电阻与直流泄漏试验。

第三节　隔离开关基本知识

3-25　隔离开关的主要作用和组成是什么？

答： 隔离开关的主要作用是使检修设备和带电设备隔离。隔离开关因没有专门的灭弧装置，故不能用来接通负荷电流（可接通小负荷电流）和切断短路电流。

隔离开关主要由以下几部分组成：

（1）支持底座：将导电部分、绝缘子、传动机构、操动机构等连接固定为一整体，起支持和固定的作用。

（2）导电部分：包括触头、闸刀、接线座等，其作用是传导电流。

（3）绝缘子：包括支持绝缘子、操作绝缘子，起导电部分对地绝缘作用。

（4）传动机构：其作用是接受操动机构的力矩，并通过拐臂连杆、轴齿或操作绝缘子，将运动传给触头，以完成分闸、合闸操作。

（5）操动机构：用手动、电动、气动、液压向隔离开关的动作提供能源。

3-26　引起隔离开关触头过热的原因有什么？

答： 引起隔离开关触头过热的原因有：

（1）隔离开关过载运行，应调整负荷或更换容量较大的隔离开关。

（2）接触面氧化，使接触电阻增大。用 0 号砂纸清除氧化层，并涂以中性凡士林或导电膏。

（3）压紧弹簧或螺纹松动，应检查调整或更换弹簧。

（4）动触头、静触头接触面积太小，应进行调整。

（5）在拉合过程中，电弧烧伤触头或用力不当，接触位置不对。操作时应仔细检查接触情况。

3-27　隔离开关检修前需进行哪些试验项目？

答：隔离开关检修前需的试验项目有：

（1）隔离开关在停电前、带负荷状态下的红外测温。

（2）隔离开关主回路电阻测量。

（3）隔离开关的电气传动及手动操作。

3-28　隔离开关的检测试验项目有哪些？

答：隔离开关在交接、大修或运行 1～3 年后，应进行如下检测试验项目：

（1）有机材料绝缘支持绝缘子及传动提升杆的绝缘电阻（在 20℃时用 2500V 绝缘电阻表测量胶合元件分层电阻）：U_N<24kV 时，交接时和大修后绝缘电阻值不大于 1200MΩ，运行中绝缘电阻值不小于 300MΩ；U_N 为 24～40.5kV 时，交接时和大修后绝缘电阻值不小于 3000MΩ，运行中绝缘电阻值不小于 1000MΩ。

（2）用 1000V 绝缘电阻表测二次回路绝缘电阻不应小于 1MΩ，试验电压为 1000V 时的二次回路交流耐压试验可用 2500V 绝缘电阻表测绝缘电阻代替。

（3）电动、气动或液压操动机构线圈的最低动作电压（气动或液压应在额定压力下进行）一般在操作电源额定电压的 30%～80%范围内。

（4）导电回路电阻（应采用直流压降法测量，电流不小于 100A）大修后不大于制造厂规定值的 150%。

（5）操动机构的动作情况：电动、气动或液压操动机构在额定操作电压（气压或液压）下分闸、合闸 5 次，动作应正常；手动操动机构操作应灵活，无卡涩；闭锁装置应可靠。

（6）采用超声波方法对支柱绝缘子进行超声探伤（探伤部位在瓷件与法兰结合部）。

3-29　隔离开关常见的故障及异常有哪些？

答：隔离开关由于结构相对简单、易于制造，制造厂一般作为与断路器配套的一种附加产品生产。对产品的设计、选材、加工工艺、组装调试和质员控制等均置于次要地位，同样，运行部门在高压开关专业管理中也不重视对隔离开关的管理，缺乏统一和法定的检修规程。一般在隔离开关的运行和操作中的常见故障及异常有：

（1）由于拧紧部件松动，刀口未合严，造成接触部分（如接头或触头）过热或刀口熔焊。

（2）瓷绝缘子外伤、硬伤，支柱底座破裂，针式瓷绝缘子胶合部因质量不良和自然老化而造成瓷绝缘子掉盖。

（3）操作卡阻，拉合失灵，分合不到位，或操作过程中隔离开关停止在中间位置。

（4）传动机构或电动操作失灵，造成三相合闸不同期或隔离开关自分。

（5）电动机烧坏，接触器烧坏，远方不能操作。

（6）辅助触点转换不到位。

（7）在污秽严重时或过电压情况下，产生闪络、放电、击穿接地而引起烧伤痕迹，严重时产生短路、瓷绝缘子爆炸、断路器跳闸等。

其中最容易发生的故障是绝缘子断裂、触点和触头等导电回路过热、电动操作失灵、三相不同期、合闸不到位等异常情况，而导电回路发热、操作障碍和绝缘子断裂是隔离开关在运行中遇到的主要故障。

第四节　SF₆断路器回路电阻试验

3-30　断路器导电回路电阻测试的目的是什么？

答：断路器导电回路接触良好是保证断路器安全运行的一个重要条件，导电回路电阻增大，将使触头发热严重、造成弹簧退火、触头周围绝缘零件烧损，因此在预防性试验中需要测量导电回路直流电阻。

3-31　简述测量高压断路器导电回路电阻的意义。

答：导电回路电阻的大小，直接影响通过正常工作电流时是否产生不能允许的发热及通过短路电流时开关的开断性能，它是反映安装检修质量的重要标志。

3-32　测量回路电阻应采用什么方法？

答：回路电阻的测量应采用直流电压降法。测量电流时，不应引起试品发热而使电阻改变。推荐采用不低于 100A 至被试电器额定电流之间任一数值。

3-33　画出断路器导电回路电阻试验原理图。

答：断路器导电回路电阻试验原理图如图 3-2 所示。

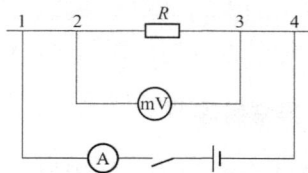

图 3-2　导电回路电阻试验原理图

R—主回路待测段；1、4—电流施加点；2、3—电压降测试点

3-34　采用电阻测试仪测试断路器导电回路电阻的试验步骤是什么？

答：采用电阻测试仪测试断路器导电回路电阻的试验步骤如下：

（1）断开断路器任意一端的接地开关或接地线。

（2）将断路器进行电动合闸。

（3）清除被试断路器接线端子接触表面的油漆及金属氧化层，按所用试验仪器的接线图进行接线，检查测试接线是否正确。测试接线应接触紧密良好。

（4）接通仪器电源，调整测试电流应不小于100A，待电流稳定后读出被测回路电阻值（或根据欧姆定律计算出导电回路的直流电阻值），并做好记录。

（5）拆除试验测量线，将断路器分闸（断路器恢复测试前状态）。

3-35 断路器回路电阻测试有哪些注意事项？

答：断路器回路电阻测试的注意事项有：

（1）仪器在测试前应可靠接地，防止测试过程中感应电流对仪器造成损坏。

（2）测试时应注意接线方式带来的误差，电压测量线应在电流输出线的内侧，尽量避免电流输出线与电压测量线重合，电压测量线应接到被测回路正确的位置，并且保证电压测量线夹紧面的接触，否则会产生较大的测量误差，影响到测试结果的准确性。应注意电压线要接在断口的触头端，电流线应接在电压线的外侧。测试电流应不小于100A。

（3）清除被试设备接线端子接触面的油漆及金属氧化层；试验前应对断路器进行几次分闸、合闸操作，可减少导电回路中氧化膜对测试结果的影响。

（4）在没有完成全部接线时，不允许在测试接线开路的情况下通电，否则会损坏仪器。

（5）为减少测量线的电压降对测试带来的误差，应尽量减少测量线的长度，长度够用即可；应尽量选用导线截面积足够大的测量线。

（6）测量过程中应防止断路器突然分闸或测量回路突然断开（测量线脱落），否则容易导致仪器的损坏。测试时，为防止被测断路器突然分闸，应断开被测断路器操作回路的熔丝。

（7）确认被试设备处于导通状态；测试时，为防止被测设备突然分闸，应断开被测设备操作回路的电源。

（8）在测量回路中若有电流互感器串入，应将电流互感器二次进行短路，防止保护误动。

（9）测量真空开关主回路电阻时，禁止将电流线夹在开关触头弹簧上，防止烧坏弹簧。

3-36 通常在测试断路器导电回路电阻时，为什么要将断路器进行几次电动分闸、合闸？

答：断路器导电回路电阻数值运行中一般为不大于制造厂规定值120%。根据设备的具体情况，测试前应将断路器进行几次电动分闸、合闸，以清除触头表面金属氧化膜的影响。如发现断路器回路电阻增大或超过标准值，可将断路器进行数次电动合闸后再进行测试。

例如：某变电站预防性试验时，对一台DW2-35多油断路器测试导电回路电阻，测试结果见表3-1。

表 3-1　　　　　　　　　　DW2-35多油断路器导电回路电阻测试结果　　　　　　单位：μΩ

相　别	U	V	W
测试结果	280	255	200
标准要求	≤250		

由表3-1可见，U、V两相导电回路电阻超过标准要求值。对该断路器进行几次电动合闸后又测试回路电阻，测试结果见表3-2。

表 3-2　　　　　　　　DW2-35 多油断路器导电回路电阻第二次测试结果　　　　　　单位：μΩ

相　　别	U	V	W
测试结果	220	215	190
标准要求	≤250		

由表 3-2 可见，断路器经过几次电动合闸后回路电阻明显变小，其原因是设备长期运行后，在断路器触头接触表面形成一层金属氧化膜影响接触电阻，使接触电阻增大，经过几次电动合闸后，破坏了金属氧化膜，使接触电阻明显减小，符合标准要求。

3-37　为什么铜铝导体接触易产生腐蚀？如何防止？

答：铜铝导体直接接触易产生所谓电化学腐蚀问题。电化学腐蚀原理积化学电池原理。不同金属作电极插入电解液中就会形成一个电池，外部正极、负极短路后，将有电流流通，从而造成负电极金属的腐蚀。电池的电动势决定于金属种类，不同金属在电解液中的电位（与氢相比）可按顺序排列成电化序表（见表 3-3）。

不同金属构成电接触且有导电水膜形成时，也发生类似的腐蚀现象，两种导体的电化序相差越大，电腐蚀也就越严重。

表 3-3　　　　　　　　　　　　　电　化　序　表　　　　　　　　　　　　单位：V

金属	银	铜	锡	镍	铁	铬	锌	铝
25℃的标准电位（相对于标准氢电极）	0.8	0.345	−0.14	−0.2	−0.44	−0.56	−0.76	−1.34

铜和铝的电化序相差很大，而且两种导体的化学性能较活泼，表面容易形成氧化膜，所以不宜直接连接。防止其电腐蚀的方法有下面几种：

（1）在铜和铝导体的接触面上镀银或锡。

（2）在铝导体表面喷铜。

（3）将锌片垫入在铜铝接触面间。

（4）采用铜铝过渡接头。

3-38　回路电阻测试不合格时，怎样查找不合格部位？

答：若电阻值变化不大，可分段查找以确定接触不良的部位（若断路器有几个断口或多个接触面时），并进行处理。如有主触头、副触头或多个并联支路，应对并联的每一对触头分别进行测量。测量时，非被测量触头间应垫一薄绝缘物。

例如：对一台 ZN28 型真空断路器测试导电回路电阻，发现 U 相回路电阻大，超过标准要求，分段检查后，发现断路器的软连接与导电夹之间的螺栓松动，经紧固螺栓后。重新检测回路电阻合格。

3-39　对回路电阻过大的断路器，应重点检查哪些部位？

答：对于因回路电阻过大而检修的断路器，应重点做以下检查：

（1）静触头座与支座、中间触头与支座之间的连接螺丝是否上紧，弹簧是否压平，检查有无松动或变色。

（2）动触头、静触头和中间触头的触指有无缺损或烧毛，表面镀层是否完好。

（3）各触指的弹力是否均匀合适，触指后面的弹簧有无脱落或退火、变色。对已损部件要更换掉。

第五节　SF₆断路器交流耐压试验

3-40　断路器耐压试验的目的是什么？

答：交流耐压试验是鉴定设备绝缘强度最有效和最直接的试验项目。对断路器进行耐压试验的目的是为了检查断路器的安装质量，考核断路器的绝缘强度。

3-41　SF₆断路器耐压试验的方法有哪些？

答：SF₆断路器耐压试验的方法有工频交流耐压试验、串联谐振交流耐压试验。

对瓷柱式 SF₆定开距断路器只做断口间耐压。SF₆罐式断路器耐压试验方式为合闸对地，即合闸状态测试导电回路对地的耐压，分闸状态两端轮流加压，另一端接地。

3-42　断路器耐压试验中应注意哪些事项？

答：断路器耐压试验的注意事项有：

（1）将被试断路器接地放电，拆除或断开断路器对外的一切连线。

（2）进行绝缘试验时，被试品温度应不低于+5℃。户外试验应在良好的天气进行，且空气相对湿度一般不高于80%。

（3）谐振试验回路品质因数 Q 的大小与试验设备以及被试品绝缘表面干燥清洁及高压引线直径大小、长短有关，因此试验宜在天气晴好的情况下进行。试验设备、试品绝缘表面应干燥、清洁，尽量缩短高压引线的长度，采用大直径的高压引线，以减小电晕损耗，提高试验回路品质因数 Q。

（4）对于过滤和新加油的断路器必须等油中气泡全部逸出后才能进行耐压试验，以免油中气泡引起放电。一般需要静止 3～5h 后才能进行油断路器的交流耐压试验。对于 SF₆断路器必须在充气至额定气压 24h 后才能进行交流耐压试验。

（5）升压必须从零（或接近于零）开始，切不可冲击合闸。升压速度在 75%试验电压以前，可以是任意的，自 75%电压开始应均匀升压，约为每秒 2%试验电压的速率升压。升压过程中应密切监视高压回路和仪表指示，监听被试品有何异响。

（6）有时工频耐压试验进行了数十秒钟，中途因故失去电源，使试验中断，在查明原因，恢复电源后，应重新进行全时间的持续耐压试验，不可仅进行"补足时间"的试验。

（7）在交流耐压试验时，真空断路器断口内发生电晕蓝光放电，则表明断口绝缘不良，不能使用。

3-43　断路器工频耐压试验有什么特点？断口间耐压水平如何确定？

答：断路器的对地绝缘水平应符合 GB 311.1—2012《高压输变电设备的绝缘配合》的规

定（10kV 和 35kV 产品的 1min 工频常温常压下试验电压应分别为 42kV 和 95kV）。对相间绝缘水平也应提出相应要求。对断口间的耐压水平应考虑反相最高电压的作用。

综上所述，断路器的工频耐压应包括对地、相间和断口间各个部位，并应分别在合闸、分闸状态下进行。具体试验时，加压部位应按表 3-4 进行。

表 3-4 加 压 部 位

试验序号	断路器状态	电压施加位置	接地位置	考核部位
1	合闸	AaCc	BbF	对地、相间
2	合闸	Bb	AaCcF	对地、相间
3	分闸	ABC	abcF	对地、断口间
4	分闸	abc	ABCF	对地、断口间

若相间绝缘纯为大气，则试验 1、2 的可合并进行。如果高压开关设备的绝缘主要是由固体有机材料制成，则需行 5min 工频耐压试验。

3-44 断路器耐压试验的试验结果如何进行分析？

答： 首先试验必须严格按照根据 DL/T 596—1996《电力设备预防性试验规程》、GB 50150—2016《电气装置安装工程 电气设备交接试验标准》、DL/T 474—2006《现场绝缘试验实施导则》及 Q/GDW 1168—2013《输变电设备状态检修试验规程》规定的标准和要求进行。比如 SF_6 断路器和 GIS 交接和大修后，交流耐压或操作冲击耐压的试验电压为出厂试验电压的 80%。

在升压和耐压过程中，如发现电压表指针摆动很大，电流表指示急剧增加，调压器往上升方向调节，电流上升、电压基本不变甚至有下降趋势，被试品冒烟、出气、焦臭、闪络、燃烧或发出击穿响声（或断续放电声），应立即停止升压，降压停电后查明原因。

这些现象如查明是绝缘部分出现的，则认为被试品交流耐压试验不合格。例如：一台 10kV 真空断路器（ZN-10 型），在大修时检查真空灭弧室，按规定对断口进行 42kV 工频交流耐压试验，耐压试验中断口产生闪络，后又降低电压到 28kV，还是有闪络现象，直至降到 15kV 才耐压通过。观察灭弧室内有雾气颜色，触头有氧化现象。决定更换新灭弧室，分析原因是使用时间较长，开断次数过多所致。因此对真空断路器在投运后 2 年内应每半年进行 1 次工频耐压，2 年后根据运行情况决定 1 年 1 次，还是 2 年 1 次，同时加强巡视检查。

如确定被试品的表面闪络是由于空气湿度或绝缘表面脏污等所致，应将被试品绝缘表面清洁干燥处理后，再进行试验。例如：某电厂新更换一台 10kV 手车式真空断路器，按规程规定对新更换的断路器进行相间、对地 42kV/min 工频交流耐压试验，在升压至 40kV 时，断路器 U 相绝缘隔板与金属架间发生闪络放电，切断试验电源后检查，发现绝缘隔板有脏污，擦拭干净后，耐压试验通过。

试验结果应根据试验中有无发生破坏性放电、有无出现绝缘普遍或局部发热及耐压试验前后绝缘电阻有无明显变化，进行全面分析后做出判断。试验前测试绝缘电阻应正常。试验后需要再次测试绝缘电阻，其值应无明显变化（一般绝缘电阻下降不超过 30%）。

第六节　SF₆断路器机械特性测试

3-45　断路器机械特性试验有哪些要求？

答：断路器机械特性试验的要求有：

（1）速度特性测量方法和测量结果应符合制造厂规定。

（2）断路器的分闸、合闸时间及合-分时间（金属短接时间），主触头、辅触头的配合时间应符合制造厂规定。

（3）除制造厂另有规定外，断路器的分合闸同期性应满足下列要求：相间合闸不同期不大于 5ms、相间分闸不同期不大于 3ms、同相各断口间合闸不同期不大于 3ms、同相各断口间分闸不同期不大于 2ms。

3-46　高压断路器机械特性测试仪可以测量哪些参数？

答：高压断路器机械特性测试仪测量参数包括合（分）闸顺序、三相不同期、同相不同期、合（分）闸时间、弹跳时间、弹跳次数、反弹幅度、行程、开距、超行程、刚合（分）速度、最大速度、平均速度、金属短接时间、无电流时间、电流波形曲线（动态）和时间行程速度动态曲线等。

3-47　简述断路器机械特性测试的步骤。

答：断路器机械特性测试的步骤如下：

（1）断路器动作时间测试。将断路器机械特性测试仪的合闸、分闸控制线分别接入断路器的二次控制线中，用试验接线将断路器一次各断口的引线接入断路器机械特性测试仪的时间通道。测试步骤如下：

1）将可调直流电源调至断路器额定操作电压，通过控制断路器机械特性测试仪，在额定操作电压及额定机构压力下对断路器进行合闸、分闸操作，测得各相合闸、分闸动作时间。

2）三相合闸时间中的最大值和最小值之差即为合闸不同期；三相分闸时间中的最大值与最小值之差即为分闸不同期。

3）对于一些多断口断路器，如果断路器每相存在多个断口的合闸、分闸时间，并得出同相各断口合闸、分闸的不同期。

4）如果断路器带有合闸电阻，则应同时测量合闸电阻的预先投入时间。

（2）断路器动作速度的测试。可结合断路器动作时间测试同时进行，将测速传感器固定可靠，并将传感器运动部分牢固连接至断路器机构的速度测量运动部件上。利用断路器机械特性测试仪进行断路器合闸、分闸操作，即得测试结果。

3-48　断路器机械特性测试应注意哪些事项？

答：断路器机械特性测试的注意事项有：

（1）机械特性测试仪的输出电源严禁短路。

（2）机械特性测试仪尽可能使用外接电源作为测试电源，防止因为内部电源电力不足而影响测试结果。

（3）如果断路器存在第二分闸回路，则应测量第二分闸的低电压动作特性、分闸动作时间和动作速度。

（4）进行断路器低电压特性测试时，加在分闸、合闸线圈上的操作电压时间不宜过长，防止烧毁线圈。

（5）测试前，应检查设备处于额定状态，并检查设备储能情况。

（6）正确使用测试仪器，仪器应可靠接地，以便接断口线时能够泄掉断口上的感应电压，保护仪器及人身安全。中途离开现场（进行检修时）必须断开操作电源和试验电源。试验完毕，恢复设备至初始状态。

（7）测试过程中，未经允许严禁他人操作，防止发生误操作和机械伤害。

（8）使用绝缘拉杆挂断口测量线时，应多人扶持，防止绝缘拉杆倾倒。

（9）控制回路线应接在分闸、合闸线圈辅助触点侧，严禁直接接在分闸、合闸线圈上，以防烧毁线圈。

（10）实际运行中所有断路器都是在控制电压为额定电压时动作的，所以当外加控制电压保持为额定电压时测得的断路器的动作时间才是正确的。一般加在分闸回路上的电压越高，断路器分闸的时间越短，反之越长。为防止测试误差，应保证施加在分闸、合闸线圈上的电压为额定工作电压。

（11）安装传感器时，应将操动机构能量完全释放（或把断路器的分闸、合闸动作销子插上），防止安装时断路器误动，造成人员机械伤害；尽量把传感器安装在最靠近动触头的运动部件侧，以免中间转换部分的间隙或非线性影响测试准确度；传感器安装应牢固，任何在断路器动作过程中的晃动都会影响到测试数据的准确性（对于旋转式传感器，注意避开传感器死区）。

（12）断路器机械特性试验应在额定 SF_6 压力、额定操动机构压力的情况下进行。

（13）断路器进行分合闸操作时，作业人员应保持呼唱，做好监护，严禁断路器的机构箱处有人工作，防止人员受到机械伤害。

（14）各种操动机构的断路器，其时间、速度的调整是互相影响的，调整一个参数的同时，会改变其他参数的数值，因此，调整完毕后，应对断路器的其他参数进行测试。

3-49　简述测量断路器动作速度的重要性。

答：测量断路器动作速度的重要性表现在以下几个方面：

（1）断路器分闸、合闸时，触头运动速度是断路器的重要特性参数，影响断路器工作性能最重要的是刚分、刚合速度。根据断路器合闸、分闸时间及触头的行程，计算得出的是触头运动的平均速度，断路器速度在整个运动过程中有很大变化，因此必须对断路器触头运动速度进行实际测量。

（2）断路器合闸速度不足将会引起触头合闸振颤，导致预击穿时间过长。

（3）分闸速度不足，将使电弧燃烧时间过长，致使断路器内存压力增大，轻者烧坏触头，使断路器不能继续工作，重者将会引起断路器爆炸，造成越级跳闸（扩大停电范围），加重设备的损坏和影响电力系统的稳定。

（4）合闸、分闸速度过快，将对断路器产生过大的冲击，对断路器造机械损伤，影响设备机械寿命，甚至造成事故。

3-50 分析断路器合闸、分闸时间及同期性测试的必要性。

答：断路器分闸时间过长，必然会延长断路器切除故障的时间，引起振荡过电压，对电网的安全稳定威胁很大；合闸时间过长，延长了重合闸时间，可能造成电网瓦解的事故。

极间分闸不同期对电网运行安全带来很大的危害，若不同期时间太长，断路器相当于非全相运行，所产生的不平衡电流可能导致继电保护装置误动；极间合闸不同期若相差太大，将直接影响到电网中性点的正常运行，可能出现危害绝缘的过电压。

同极各断口间的不同期，影响断路器本身的安全运行。若同极断口分闸不同期过大，甚至有一个断口的触头没有分开，可能使其开断时，触头间承受的恢复电压超过了允许值，而熄不了弧导致爆炸；若同极断口合闸不同期过大，将导致合闸时产生的预击穿时间提前（即某一相提前接通），增加了操动机构的合闸负担，甚至会因机构的合闸功不足而降低了刚合速度，在合闸过程中使动触头、静触头发生熔焊而拒动。

3-51 测量断路器动作速度试验的内容是什么？

答：指测量断路器刚分、刚合速度，即分别以动触头和静触头刚分后、刚合前 10ms 内的平均速度作为刚分、刚合点的瞬时速度。

断路器合闸、分闸速度的测量，应在额定操作电压下进行，测量时应取产品技术条件所规定的区段的平均速度、最大速度及刚分、刚合速度。

3-52 何种情况需要进行断路器动作时间、速度的测试？

答：应在断路器大修后、机构主要部件更换后、真空断路器的真空灭弧室调换后、断路器传动部分部件更换后、断路器安装后和必要时进行断路器动作时间、速度的测试。

3-53 测试高压断路器机械特性的方法有哪些？

答：通常测试高压断路器机械特性的方法有接触式测速传感器法、非接触式测速传感器法。电压等级在 6kV 及以上的高压断路器，在安装、大修、主要部件更换等情况下，均要进行机械特性的测试，应用接触式测速传感器法测试其机械特性的方法有光栅法、直线型滑线电阻法、旋转型滑线电阻法、旋转型编码器法、加速度传感器法等。这些传感器在使用中，均需要把传感器的运动体固定在断路器运动连杆上，一些断路器的运动连杆存在空间狭小的问题，导致常见的传感器安装困难，甚至造成传感器损坏，运动机构卡死的严重故障。

3-54 采用接触式测速传感器有什么缺点？

答：采用接触式测速传感器，对运动体较为复杂的运动方式，如偏移直线运行方式会导致无法测试或直接导致传感器损坏，因此无论采用哪一种测试方法，都无法避免以下的缺点：

（1）传感器与运动体的连接固定比较困难，有的甚至无法连接。

（2）如果被测的运动体速度较快，传感器损坏相当频繁。

（3）传感器相对笨重，影响被测运动体速度。

（4）传感器大多输出模拟量，采样精度对准确度影响较大，测试结果一致性较差。

3-55 采用非接触式测速传感器有什么优点？

答：基于接触式测速传感器的一些缺点，采用非接触式测速方式实现高压断路器速度测量具有较强的实用价值，克服了一些应用接触式传感器无法解决的缺点，如对运动体较为复杂的运动方式的测速。断路器高速成像测速传感器，在使用中只需对准断路器运动连杆，无须在断路器运动连杆安装机械构件，即可实现断路器非接触测速要求，采用高速成像技术，满足了对高压断路器的测速精度要求。

第七节 SF$_6$断路器低电压动作特性试验

3-56 断路器进行低电压合闸、跳闸试验的目的是什么？

答：断路器在每次检修后应进行低电压合闸、跳闸试验，其目的是保证断路器在变电站的操作电源为允许变动范围之内而且又偏低时，仍能可靠动作。断路器低电压动作特性在断路器检修时都要进行测试。如果断路器动作电压过高或过低，就会引起断路器误分闸和误合闸，以及在断路器发生故障时拒绝分闸，造成事故，甚至影响整个电网的稳定。

3-57 断路器低电压动作特性试验的测试方法是什么？

答：将直流电源的输出，经刀闸分别接入断路器二次控制线的合闸或分闸回路中，在一个较低电压下迅速合上并拉开直流电源出线刀闸，若断路器不动作，则逐步提高电压值，重复以上步骤，当断路器正确动作时，记录此前的电压值。则分别为合闸、分闸电磁铁的最低动作电压值。

3-58 断路器低电压动作特性试验的注意事项是什么？

答：断路器低电压动作特性试验的注意事项是：

（1）机械特性测试仪的输出电源严禁短路。

（2）机械特性测试仪尽可能使用外接电源作为测试电源，防止因为内部电源的电力不足而影响测试结果。采用外接直流电源时，应防止串入站内运行直流系统。

（3）试验时也可采用站内直流电源作为操作电源；对于电磁操动机构，应将合闸控制线接至合闸接触器线圈回路。

（4）进行断路器低电压特性测试时，操作电压加在合闸、分闸线圈上的时间不宜过长，防止烧毁线圈。

3-59 断路器低电压动作特性试验的测试标准是什么？

答：断路器低电压动作特性试验的测试标准如下：

（1）合闸电磁铁的最低动作电压应不大于额定电压的80%（在额定短路关合电流大于或等于50kA时，不低于额定电压的85%），在额定电压的80%~110%范围内可靠动作。

（2）分闸电磁铁的最低动作电压应在额定电压的30%~65%范围内，在额定电压的65%~120%范围内可靠动作。

（3）当电压低至额定电压的 30%或更低时不应脱扣动作。即对于断路器操动机构直流或交流的分闸电磁铁，在其线圈端钮处测得的电压大于额定值的 65%时，应可靠分闸，当此电压小于额定值的 30%时不应分闸，如果合闸接触器的最小动作电压低于其额定电压的 30%，则运行中若发生绿色指示灯或其他附加电阻短路时，便有可能引起合闸接触器误动，造成断路器误合事故。

第八节　真空断路器试验

3-60　真空断路器的真空指的是什么？

答：真空是相对而言的，指的是绝对压力低于一个大气压的气体稀薄空间。绝对真空是指绝对压力等于零的空间，这是理想的真空，目前世界上还不存在。表示真空的程度要用真空度来表示，也就是稀薄气体空间的绝对压力值。绝对压力越低，则真空度越高。根据实验，要满足真空灭弧室的绝缘强度，真空度不能低于 6.6×10^{-2}Pa。工厂制造的新真空灭弧室要求达到 7.5×10^{-2}Pa 以下。

3-61　真空断路器灭弧原理是什么？

答：真空断路器的灭弧原理是：同任何一种高压开关一样，熄灭电弧都要靠灭弧室。灭弧室是高压开关的心脏。当开关的动触头和静触头分开的时候，在高电场的作用下，触头周围的介质粒子发生电离、热游离、碰撞游离，从而产生电弧。如果动触头、静触头处于绝对真空之中，当触头开断时由于没有任何物质存在，也就不会产生电弧，电路就很容易分断了。但是绝对真空是不存在的，人们只能制造出相对高的真空度。真空断路器的灭弧室的真空度已做到 $1.3 \times 10^{-2} \sim 1.3 \times 10^{-4}$Pa 以上，在这种高真空中，电弧所产生的微量离子和金属蒸汽会极快地扩散，从而受到强烈的冷却作用，一旦电流过零熄弧后，真空间隙介电强度恢复速度也极快，从而使电弧不再重燃。这就是真空断路器利用高真空来熄灭电弧并维持极间绝缘的基本原理。

3-62　高压真空断路器优点是什么？

答：高压真空断路器优点有：①体积小、重量轻；②真空断路器的触头常常采用对接式触头。且动触头行程短，所以真空断路器动作快、开断容量大；③适合频繁操作；④无火灾及爆炸危险，不污染环境；⑤寿命长，维护工作量少。

3-63　简述真空间隙的绝缘特性。

答：真空间隙的绝缘特性包括：
（1）真空间隙析出的金属是引起绝缘破坏的主要原因。
（2）要保持真空灭弧室的绝缘强度，其真空度不能低于 0.0133Pa。
（3）在实用的触头开断范围内，真空的绝缘强度比变压器油、SF_6 及空气的绝缘强度都高得多。
（4）真空间隙的绝缘强度和间隙大小、电场均匀程度有关，受电极材料的性质及表面情况的影响很大。

3-64 影响真空间隙击穿强度的因素主要有哪些？

答：影响真空间隙击穿强度的因素主要有：

（1）电极的材料、电极形状及表面状况、电极间隙的长度。

（2）真空度。对于较短的真空间隙，当真空度在 $1.33 \times 10^{-6} \sim 1.33 \times 10^{-2}$Pa 范围变化时，击穿电压基本上不随真空度的变化而变化，但当真空度在 $1.33 \times 10^{-2} \sim 1.33$Pa 范围内时，击穿电压随真空度降低迅速下降。

（3）老练作用。老练是使新的真空灭弧室经过若干次击穿或使暴露的表面经受离子轰击的一种过程，是用来消除或钝化表面突起而使之成为无害缺陷的一种手段。经过老练，消除了电极表面的微观凸起、杂质和其他缺陷，提高了间隙的击穿电压并使之接近稳定。

（4）操作条件。一种情况是真空断路器带电合闸，而在分闸时电源已被切断，则因合闸时的熔焊现象在分闸时产生的毛刺不能被电流烧去，造成绝缘下降；另一种情况是老练处理后的断路器备用时间较长，在空载操作时，击穿电压往往有明显的降低，这是因为触头闭合形成冷焊而分开时又拉出新丝的原因，但对硬金属材料影响不明显。

（5）电压的类型及波形。

3-65 真空间隙长度对击穿电压有什么影响？

答：在均匀电场条件下，真空间隙的击穿电压与间隙长度的关系为

$$U_j = kl^\alpha$$

式中：l 为真空间隙距离；k 为与电极材料及表面状况有关的常数；α 为系数（与间隙长度有关，变化范围为 0.4～1。对于几毫米的短间隙，$\alpha=1$；对于长间隙，$\alpha=0.4\sim0.7$）。图 3-3 是实测直流电压下的击穿电压与间隙距离的关系曲线，曲线 1 为实际击穿电压（kV）；曲线 2 为击穿电场强度（kV/cm）。由此可见，真空灭弧室的触头开距不能取得太大。

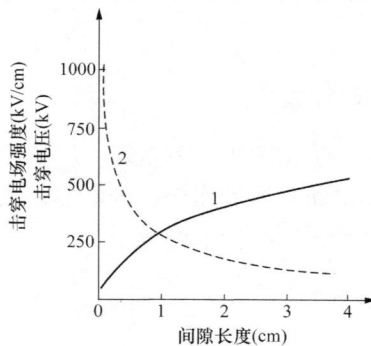

图 3-3　直流电压下的击穿电压与真空间隙距离的关系曲线图

1—实际击穿电压（kV）；2—击穿电场强度（kV/cm）

3-66 真空度对真空间隙的击穿有什么影响？

答：在间隙距离不同时，真空度对击穿的影响有完全不同的情况。对于较短的真空间隙，

实验表明，当真空度在 $1.33 \times 10^{-6} \sim 1.33 \times 10^{-2} Pa$ 之间变化时，击穿电压基本上不随真空度变化而变化。但当真空度 $1.33 \times 10^{-2} \sim 1.33 Pa$ 范围内时，击穿电压随着真空度降低而迅速下降，图3-4 给出了间隙长度为 1mm 的钨电极真空间隙的击穿电压与真空度的关系。可见，真空灭弧室通常的工作压力低于 $1.33 \times 10^{-2} Pa$，而新产品的真空度要求更高（如 $7.448 \times 10^{-4} Pa$ 以上）。

对于数厘米到数十厘米的真空间隙，由于存在明显的压力效应，击穿电压和真空度的关系就不一样。在高真空范围内，击穿电压为恒值；在中真空范围内，随着真空度下降，击穿电压反而提高。图3-5 所示为 20cm（曲线1）及 5cm（曲线2）不锈钢电极间隙的实验曲线。由图3-5 可见，在 $6.65 \times 10^{-4} Pa$ 以上真空度范围内，击穿电压不变。但在 $6.65 \times 10^{-2} Pa$ 真空度下，击穿电压达到最大值，然后击穿强度随压力增加而急剧下降。

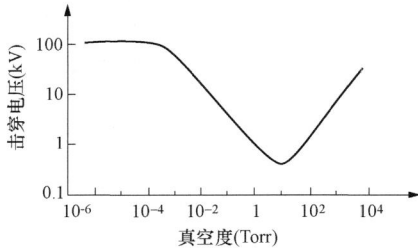

图 3-4　短真空间隙的击穿电压与真空度的关系

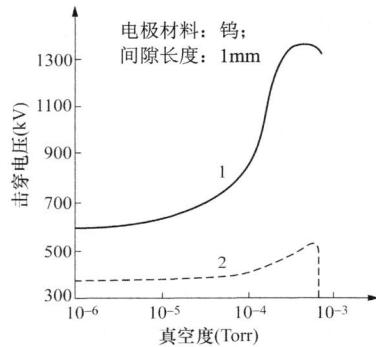

图 3-5　长真空间隙的击穿电压与真空度的关系

1—不锈钢电极，间隙长度为 20cm；

2—不锈钢电极，间隙长度为 5cm

3-67　老练对真空灭弧室绝缘性能有什么影响？

答：老练是使新的真空灭弧室经过若干次击穿或使暴露的表面经受离子轰击的一种过程，是用来消除或钝化表面突起而使之成为无害缺陷的一种手段。经过老练，消除了电极表面的微观凸起、杂质和其他缺陷，从而提高了间隙的击穿电压并使之接近稳定。

老练分为电压老练和电流老练两种。电压老练是在高电压作用下间隙产生多次小电流火花放电或长期通过预放电电流。但文献表明，老练后的灭弧室经过一定时期存放，老练作用会部分消失，甚至全部消失。电流老练是让间隙间燃烧直流或交流真空电弧，其作用主要是除气和清洁电极，因而可以改善开断性能。

3-68　真空电弧有哪两种形式，其特点如何？

答：真空电弧有小电流下的扩散型和大电流下的积聚型两种形态。

（1）在小电流下（如几千安以下），阴极上存在许多高温的小面积（又称之为阴极斑点）。阴极斑点温度很高、电流密度极大，并处于不断的游动、分裂、熄灭和再生的过程中。这种存在许多阴极斑点且不断向四周扩散的真空电弧叫作扩散型真空电弧。扩散型电弧阴极斑点的高速运动对真空断路器的灭弧性能十分有利。因为就阴极斑点所经过的电极表面的任何一点来说，都被加热极短一段时间，只有极薄的一层金属被熔化。阴极斑点一离开，融化的金属表面层能在微秒级时间内凝固，从而使电弧过零灭弧成为可能。

（2）真空电弧的电流超过数千安后，电弧外形发生明显变化，阴极斑点不再向四周扩散，它们相互吸引而聚集成一个或几个阴极斑点团。这种阴极斑点团移动速度很慢，阳极和阴极被局部加热，表面严重熔化，这种电弧叫作集聚型真空电弧。这种电弧由于在工频交流电流过零后，过量的金属蒸气仍会发射并存在，因而使灭弧成为不可能。

3-69 真空灭弧室基本结构包括哪些？

答：真空灭弧室是真空断路器的核心元件，承担开断、导电和绝缘等方面的功能。真空灭弧室的基本元件有外壳、波纹管、动静触头和屏蔽罩等元件。

3-70 真空灭弧室外壳元件的作用及特点是什么？

答：真空灭弧室外壳是一个真空密闭容器，外壳材料主要有玻璃和陶瓷两种。玻璃外壳优点是：容易加工；有一定的机械强度；有良好的气密性和较高的绝缘强度；与多种金属易于封接；由于玻璃是透明的，可以观察内部情况，因而便于运行监视。但缺点是：不能承受强烈的冲击；软化温度比较低。

陶瓷外壳的机械强度远比玻璃的高，软化温度也高，但装配焊接工艺较复杂，价格也较贵。由于其优良的特性，陶瓷外壳已得到越来越多的应用。

由于绝缘材料和金属材料的线膨胀系数相差很大，为了消除焊接应力，在玻璃或陶瓷圆筒和金属端盖之间常插入一个可伐环。可伐环是一种铁镍铬合金材料，其膨胀系数和玻璃或陶瓷相近，机械强度和气密性好，焊接性能也很好。

3-71 真空断路器的检测试验项目有哪些？

答：真空断路器在交接时、大修或运行 1～3 年后，应进行的检测试验项目有：

（1）不同额定电压等级断路器的绝缘电阻检测同油断路器。

（2）断路器分别在合闸、分闸状态下进行主回路对地、断口及相间交流耐压（更换绝缘提升杆后必须进行），要求相间、相对地耐压值相同，断口的耐压值按出厂值试验。

（3）辅助回路、控制回路交流耐压试验和导电回路电阻同油断路器。

（4）在额定操作电压下断路器的机械特性：合闸时间、分闸时间及合闸、分闸速度应符合制造厂规定；分闸不同期不大于 2ms，合闸不同期不大于 3ms；合闸弹跳时间对于 12kV 不大于 2ms，对于 40.5kV 不大于 3ms；分闸反弹幅值不大于触头开距的 20%。

（5）灭弧室的触头开距及超行程应符合制造厂规定。

（6）操动机构合闸接触器及合闸、分闸电磁铁的最低动作电压同油断路器。

（7）合闸接触器和合闸、分闸电磁铁线圈的直流电阻和绝缘电阻同油断路器。

（8）有条件时应进行灭弧室真空度测试，测试结果应符合制造厂规定。

3-72 用什么方法鉴定真空灭弧室的真空度？

答：鉴定真空灭弧室真空度的方法有：

（1）火花计法。此比较简单，只适用于玻璃管真空灭弧室。使用时，让火花探测仪在灭弧室表面移动，在其高频电场作用下内部有不同的发光情况。若管内有淡青色辉光，则真空度在 0.133Pa 以上；若呈红兰色光，说明管子已经失效；若管内已处于大气状态，则不会发光。

（2）观察法。此法只能定性地对玻璃真空管灭弧室进行观察。真空灭弧室内部真空度的劣化常常伴随着电弧颜色的改变及内部零件的氧化。

（3）工频耐压法。这是运行中常用的鉴定方法。当触头处于分闸状态时，施加 28kV 以上（对 10kV 等级灭弧室）的工频试验电压，就能判断真空度的好坏。

（4）真空度测试仪。利用专用的真空度测试仪定量测定真空度。目前比较精准的方法是磁控法，被制造厂作为真空灭弧室的主要检测方法。

3-73 简述真空断路器测试真空度的注意事项。

答： 真空断路器测试真空度的注意事项有：

（1）用真空度测试仪测试应正确选取管型，断路器真空灭弧室的管径不同，相同真空度下的离子电流也不同，所以管型的选择很重要，否则会影响测试的准确性；测试时，要将发射脉冲的测试夹子夹在动触头一端，否则会造成测试不准。

（2）为了提高检测准确度，测试前应将真空灭弧室外表面擦拭干净。

（3）工频耐压法测试真空度时，应注意测试仪器应有保护装置，并确保仪器的可靠接地，防止耐压通不过时造成仪器、表计损坏或人身伤害。

（4）应加强试验人员的安全意识和标准化操作，防止发生其他不安全的行为。测试过程中，高压输出端会输出约 20kV 高压，磁场电压输出端输出约 1600V 高压，测试人员与其保持足够的安全距离，并做好安全措施。

（5）工频耐压法测试时，应注意与真空断路器相连的其他设备的断口距离是否能满足施加电压的要求，尤其是对固定柜式真空断路器应格外注意，若距离不够，应采取措施防止该断口被击穿。

（6）在更换检测接线时，应在被试品上悬挂接地放电棒，再次检测前，应先取下放电棒，防止带接地放电棒升压。

（7）仪器进行检测时，应先连接磁控线圈、真空灭弧室端，再与仪器端口相连。测试完成后拆线应先拆除与仪器端口的测试线，然后再拆除与磁控线圈、真空灭弧室的连线；如在使用时忘记连接磁控线圈而直接检测时，应立即关闭电源，对磁场输出端放电，以免被电容上的残余电压击伤。

（8）测试过程中，若出现异常，应首先关闭电源。

（9）测试完成后，磁场输出端可能仍有 40V 左右的残余电压，应先关闭电源，再通过放电电阻对磁场和电场的端子放电，放电完全后再拆该测量线，防止发生人员触电。

第四章 电力电缆试验

第一节 电缆线路绝缘电阻测试和核对相位

4-1 电缆线路绝缘电阻测试和核对相位的目的是什么？

答： 电缆线路敷设完成后，为确保电缆线路两侧变电站同相相连，检查电缆主体绝缘是否良好、敷设过程中是否存在电缆绝缘层被破坏的情况，就必须对电缆线路进行绝缘电阻测试和核对相序。电缆线路绝缘电阻测试合格是开展电力电缆现场交接交流耐压试验以及电缆线路参数测试的一个先决条件。电缆的绝缘电阻与绝缘材料的电阻率和电缆的结构尺寸有关，其测量值与电缆长度的关系最大。绝缘电阻在一定程度上可反映出电缆绝缘的好坏，对低压电缆可以直接通过绝缘电阻的测量来判断电缆的好坏。

例如：某电缆线路在进行绝缘电阻和核相工作，测量试验结果见表 4-1。

表 4-1　　　　　　　　　　电缆绝缘电阻和核相试验的结果

对侧接地相 ＼ 相别	电缆芯线绝缘电阻（MΩ）		
	U	V	W
U	0	0	80 000
V	90 000	0	80 000
W	90 000	0	0

分析上述数据，线路核对相位基本正确，但 V 相芯线有接地现象。通过巡线发现，在电缆敷设过程中 V 相某位置受挤压破损，芯线与护层通过进入破损点的杂质与地联通。

4-2 电力电缆绝缘试验中测试铜屏蔽层电阻和导体电阻比的目的是什么？

答： 电力电缆绝缘试验中测试铜屏蔽层电阻和导体电阻比的目的是：

（1）需要判断屏蔽层是否出现腐蚀时，重做终端或接头后进行铜屏蔽层电阻和导体电阻比测试。

（2）在相同温度下，测量铜屏蔽层和导体的电阻，屏蔽层电阻和导体电阻之比应无明显改变。

（3）比值增大，可能是屏蔽层出现腐蚀；比值减少，可能是附件中的导体连触点的电阻增大，比如电缆的金属接头和金属线芯的连接处接触点的电阻增大。

4-3 测量三相电缆芯线对地及相间绝缘电阻的测试接线是什么？

答： 一般在电压等级 10kV 及以下的电缆基本上是三相电缆，测量芯线绝缘电阻的接线如图 4-1 所示，应分别在每一相上进行。对一相进行试验或测量时，其他两相导体、金属屏蔽或金属护套（铠装层）应一起接地。

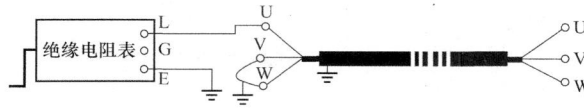

图 4-1　三相电缆芯线绝缘电阻测试接线图

4-4　测量三相电缆芯线对地及相间绝缘电阻的测试步骤是什么？

答：测量三相电缆芯线对地及相间绝缘电阻的测试步骤是：

（1）将电缆两端的线路接地开关拉开，对电缆进行充分放电。

（2）按图 4-1 进行接线，对侧三相全部悬空，将测量线一端接绝缘电阻表"L"端，另一端接绝缘杆，绝缘电阻表"E"端接地。

（3）通知对侧试验人员准备开始试验（以 U 相为例）。试验人员驱动绝缘电阻表达额定转速后，将绝缘杆搭接电缆 U 相，待绝缘电阻表指针稳定后读取 1min 绝缘电阻值并记录。完毕后，将绝缘杆脱离电缆 U 相，再停止绝缘电阻表转动，并对 U 相进行放电。

（4）分别测量 V、W 相绝缘电阻。

4-5　测量三相电缆外护套、内衬层对地绝缘电阻的方法是什么？

答：测量三相电缆外护套（绝缘护套）、内衬层的对地绝缘电阻测试接线如图 4-2 所示，应将"金属护层""金属屏蔽层"接地解开。

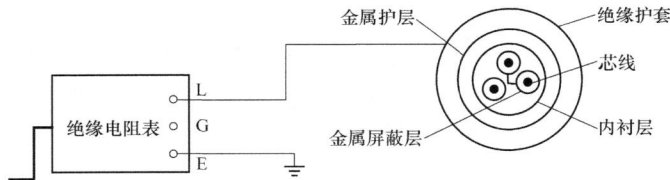

图 4-2　三相电缆外护套、内衬层的对地绝缘电阻测试接线图

橡塑电缆外护套、内衬套的测量用 500V 绝缘电阻表。其测试步骤是：

（1）测量外护套的对地绝缘电阻。将"金属护层""金属屏蔽层"接地解开。将测量线一端接绝缘电阻表"L"端，另一端接绝缘杆，绝缘电阻表"E"端接地。驱动绝缘电阻表达额定转速后，将绝缘杆搭接"金属护层"，待绝缘电阻表指针稳定后读取 1min 绝缘电阻值并记录。完毕后，将绝缘杆脱离"金属护层"，再停止转动绝缘电阻表，并对"金属护层"进行放电。

（2）测量内衬层（内护层）的对地绝缘电阻。将"金属护层"接地，将测量线一端接绝缘电阻表"L"端，另一端接绝缘杆，绝缘电阻表"E"端接地。驱动绝缘电阻表达额定转速后，将绝缘杆搭接"金属屏蔽层"，待绝缘电阻表指针稳定后读取 1min 绝缘电阻值并记录。完毕后，将绝缘杆脱离"金属屏蔽层"，再停止绝缘电阻表转动，并对"金属屏蔽层"进行放电。

4-6　核对三相电缆相位的方法是什么？

答：核对三相电缆相位的接线如图 4-3 所示，应分别在每一相上进行。对一相进行测量时，其末端应接地。

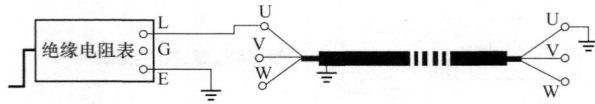

图 4-3 三相电缆核对相位的接线图

其测试步骤是：

（1）将电缆两端的线路接地开关拉开，对电缆进行充分放电。对侧三相全部悬空，将测量线一端接绝缘电阻表"L"端，另一端接绝缘杆，绝缘电阻表"E"端接地。

（2）通知对侧人员将电缆其中一相接地（以 U 相为例），另两相断开，试验人员驱动绝缘电阻表达额定转速后，将绝缘杆搭接线路，分别测量电缆三相绝缘电阻，其中对侧接地相（U 相）绝缘电阻为零，另两相（V、W 相）绝缘电阻表指针指示有绝缘电阻值。完毕后，将绝缘杆脱离电缆 U 相，再停止转动绝缘电阻表，进行放电并记录。

（3）完成上述操作后，通知对侧试验人员将接地线，接在线路另一相，重复上述步骤（2）操作，直至对侧三相均有一次接地。

4-7 测量电缆线路绝缘电阻、核相测试注意事项是什么？

答：测量电缆线路绝缘电阻、核相测试的注意事项是：

（1）在测量电缆线路绝缘电阻、核相前，必须进行感应电压测量。

（2）当电缆线路感应电压超过绝缘电阻表输出电压时，应选用电压等级输出更高的绝缘电阻表。

（3）在测量过程必须保证通信的畅通，对侧配合的试验人员必须听从试验负责人指挥。

（4）绝缘电阻测试过程应有明显充电现象。在测量过程中还应注意有无明显的充电过程以及试验完毕后的放电是否明显。而无明显充电及放电现象，其绝缘电阻值正常，应怀疑被试品未接入试验回路。

（5）电缆电容量大，充电时间较长，测量时必须给予足够的充电时间，待绝缘电阻表指针完全稳定后方可读数。在绝缘电阻测试过程测量时间过短，"充电"还未完成下读数，易引起对试验结果的误判断。

（6）电缆两端都与 GIS 相连，在测量"电缆芯线对地绝缘电阻""核对电缆相位"时，若连接有串级式电压互感器，则将电压互感器的一次绕组末端接地解开，恢复时必须检查。

（7）测量电力电缆线路绝缘用绝缘电阻表的额定电压，符合交接试验规程规定的是 0.6/1kV 电缆用 1000V 绝缘电阻表；0.6/1kV 以上电缆用 2500V 绝缘电阻表。

4-8 规程对于电缆线路绝缘电阻测试标准及要求是什么？

答：根据 DL/T 596—1996《电力设备预防性试验规程》、GB/T 3048.5—2007《电线电缆电性能试验方法 第 5 部分：绝缘电阻》、GB 50150—2016《电气装置安装工程 电气设备交接试验标准》及 DL/T 393—2013《输变电设备状态检修试验规程》的规定：

（1）电缆线路绝缘电阻应在进行交流或直流耐压前后进行，分别测量耐压试验前后，绝缘电阻测量应无明显变化。

（2）橡塑电缆外护套、内衬套的绝缘电阻不低于 0.5MΩ/km。

4-9　为什么规程对于测量三相电缆芯线对地及相间绝缘电阻的测试结果没有明确要求？

答：规程对于测量三相电缆芯线对地及相间绝缘电阻的测试结果采用"自行规定"。因为检测电力电缆缺陷的主要试验项目是泄漏电流试验和耐压试验，电缆的绝缘不良，一般均可在泄漏电流试验中发现。现场交联聚乙烯电缆会出现"高阻接地"故障，电缆的绝缘电阻值很高，但是在进行耐压试验的时候会发生击穿。所以绝缘电阻试验结果，常用于耐压试验前后的比较作参考。

另外，很显然同一型号的电缆，长短不同，其绝缘电阻值大小也不一样。因此必须把绝缘电阻值，根据电缆的实际长度折算到 1km 的长度的值，这样才能进行比较。但是在实际工作中，特别是发生事故抢修时，往往很难精确地测得故障点和电缆端部的精确长度，所以就无法折算到 1km 的长度来统一比较。所以规程对于测量三相电缆芯线对地及相间绝缘电阻的测试结果采用"自行规定"。

4-10　在实际工作中，如何根据绝缘电阻试验的测试结果初步判断三相电缆芯线对地及相间绝缘的状况？

答：各种电缆的绝缘电阻换算到长度为 1km、温度为 20℃时的参考值见表 4-2。

表 4-2　　　　　　　　　　　　　电力电缆绝缘电阻参考值　　　　　　　　　　　　单位：MΩ

电缆绝缘种类	额定电压				
	1kV	3kV	6kV	10kV	35kV
聚氯乙烯	40	50	60		
黏性浸渍纸	50	50	100	100	160
不滴流			200	200	200
交联聚乙烯			1000	1000	1000

另外，对测量结果还应该从历次测得的绝缘电阻变化规律以及各相绝缘电阻的差别进行综合分析、判断电缆的绝缘情况。一般来说，三相电缆的绝缘电阻的不平衡系数一般不应大于 2。

4-11　电缆绝缘电阻和电缆长度的折算关系是什么？

答：需要强调的是，同一根电缆分成若干段后，总的绝缘电阻等于各段电缆绝缘电阻的并联的值。即对于同一根电缆来说，电缆越短，绝缘电阻值越大。若电缆的总长度为 L，电缆的总绝缘电阻为 R，则该电缆每千米长度的绝缘电阻 R_0（单位：MΩ·km）是

$$R_0 = L \times R$$

如某油浸纸介质电缆在 20℃时测得的绝缘电阻是 150MΩ，长度是 800m，则该电缆每千米长度的绝缘电阻是

$$R_0 = L \times R = 150 \times 0.8 = 120（MΩ·km）$$

4-12　电缆的绝缘电阻值为什么必须折算到 20℃进行比较才有意义？

答：各种电缆的绝缘介质都是有机绝缘材料，当温度上升，其绝缘电阻值大约按照指数

规律下降，因此必须统一折算到某一个温度进行比较才有意义，而且标准大气状况的温度为20℃，所以一般统一折算到20℃。对于不同绝缘介质的电缆，其温度折算系数也有所不同，具体数值请参考厂家提供的参数或者查阅相关试验手册。

4-13　对埋在土壤里的电缆，为什么必须测量记录土壤温度作为环境温度？

答：因为一般在120cm以下的潮湿土壤，一年四季基本恒温约15～18℃，电缆进行试验时，一般已经停电2h以上，缆芯温度降为土壤温度，所以必须测量记录土壤温度作为环境温度。某电力局对一条2km、10kV电缆的5次试验，大气温度变化很大，但是试验数值基本稳定，见表4-3。

表4-3　　　　　　　　　某10kV电缆绝缘电阻和泄漏电流的测量结果

序号	绝缘电阻（MΩ）	泄漏电流（μA）	气温（℃）
1	1950	26	40
2	2000	25	30
3	2000	25	20
4	2050	24	5
5	2000	25	10

4-14　橡塑电缆内衬层和外护套如何确定是否破坏进水？

答：直埋橡塑电缆的外护套，特别是聚氯乙烯外护套，受地下水的长期浸泡吸水后，或者受到外力破坏而又未完全破损时，其绝缘电阻均有可能下降至规定值以下，因此当外护套或内衬层破损进水后，用绝缘电阻表测量时，每千米绝缘电阻值低于0.5MΩ时，用万用表的"正""负"表笔轮换测量铠装层对地或铠装层对铜屏蔽层的绝缘电阻，此时在测量回路内，由于形成的原电池与万用表内干电池相串联，当极性组合使电压相加时，测得的电阻值较小；反之，测得的电阻值较大。因此，在上述2次测得的电阻值相差较大时，表明已形成原电池就可判断外护套和内衬层已破损进水。

35kV及以下电压等级的三相电缆（双护层）外护套破损不一定要立即修理，但内衬层破损进水后，水分直接与电缆芯接触并可能会腐蚀铜屏蔽层，一般应尽快检修，35kV及以上电压等级的单相或三相电缆（单护层）电缆外护套破损一定要立即修复，以免造成金属护层多点接地形成环流。

4-15　如何判断110kV及以上电缆外护套破损进水？

答：采用1000V绝缘电阻表测量110kV及以上电缆外护套绝缘电阻。再用万用表测量绝缘电阻，然后调换表笔重复测量，如果调换前后的绝缘电阻差异明显，可初步判断护套已破损进水。

第二节　电力电缆直流耐压和泄漏电流测试

4-16　电力电缆直流耐压和泄漏电流测试的主要目的是什么？

答：电力电缆直流耐压和泄漏电流测试的试验仪器和试验方法完全相同，所以一般情况下可以同时进行。当然根据现场设备的情况不同，也可以分别进行试验。

电力电缆直流耐压和泄漏电流测试主要用来反映油浸纸绝缘电力电缆的耐压特性和泄漏特性。直流耐压主要考验电缆的绝缘强度，是检查油纸电缆绝缘干枯、气泡、纸绝缘中的机械损伤和工艺包缠缺陷的有效办法；直流泄漏电流测试可灵敏地反映电缆绝缘受潮与劣化的状况。因为直流泄漏试验的电压远远高于绝缘电阻试验，所以测量结果比绝缘电阻试验准确地多。

4-17 为什么油浸纸绝缘电力电缆不采用交流耐压试验，而采用直流耐压试验？

答： 油浸纸绝缘电力电缆不采用交流耐压试验，而采用直流耐压试验的原因是：

（1）电缆电容量大，进行工频交流耐压试验需要容量大的试验变压器，现场不具备这样的试验条件。

（2）交流耐压试验有可能在油浸纸绝缘电力电缆空隙中产生游离放电而损害电缆，电压数值相同时，交流电压对电缆绝缘的损害较直流电压严重得多。

（3）直流耐压试验时，可同时测量泄漏电流，根据泄漏电流的数值及其随时间的变化或泄漏电流与试验电压的关系，可判断电缆的绝缘状况。

（4）若油浸纸绝缘电力电缆存在局部空隙缺陷，直流电压大部分分布在与缺陷相关的部位上，因此更容易暴露电缆的局部缺陷。

4-18 为什么交联聚乙烯等橡塑电缆一般不宜采用高电压的直流耐压试验？

答： 交联聚乙烯等橡塑电缆一般不宜采用高电压直流耐压试验的原因是：

（1）直流高压试验不仅不能发现交联聚乙烯电缆绝缘中的水树枝等绝缘缺陷，而且由于试验后电缆内部会残存大量的空间电荷，这些残余电荷形成的残余电压，需要很长时间才能将直流电压释放。电缆如果在直流残余电荷未完全释放之前投运，在电缆投运后残余直流高压会与额定电压叠加，有可能造成电缆击穿。

（2）交联聚乙烯电缆在交、直流电压下的电场分布不同。因为交联聚乙烯电缆在生产时往往融有一些副产品，所以在直流高压下，交联聚乙烯电缆绝缘层中的电场分布不同于理想的圆柱体结构，很不均匀。另外直流耐压试验时，会有电子注入聚合物介质内部，形成空间电荷，使该处的电场强度降低，从而难于发现绝缘的缺陷。

（3）现场进行直流高压试验时，发生闪络或击穿会对其他正常的电缆和接头的绝缘造成损害。因为击穿后，直流高压不会马上消失，必须要电弧电流达到一定程度时才会消失。如果进行变频谐振交流耐压试验，击穿时就会失去谐振，高压立即消失。

（4）直流高压具有累积效应，加速绝缘老化，缩短使用寿命。橡塑绝缘电缆绝缘易产生水树枝，一旦产生水树枝，在直流电压下会迅速转变为电树枝，并形成放电，加速了绝缘劣化，以至于运行后在工频电压作用下形成击穿。

（5）直流耐压试验标准太低，直流试验电压绝大多数在 $4U_0$ 以下（U_0 指电缆导体对地或对金属屏蔽层之间的额定工作电压），不宜发现水树枝等缺陷。直流耐压试验不能模拟橡塑电缆的实际运行工况。在很多情况下，直流耐压试验无法像交流耐压试验那样可以迅速地检测出交联电缆存在机械损伤等明显缺陷。

如在一段正常的 110kV 交联聚乙烯电缆的绝缘层中钉入一个铁钉子，深度是绝缘层的一半。在施加 $8U_0$ 的直流高压时，电缆没有击穿，但是在施加 U_0 的工频交流电压时，绝缘立即击穿。所以，对于交联聚乙烯等橡塑电缆，一般不宜采用高电压的直流耐压试验。另外需指出，电力电缆的泄漏电流测量，同直流耐压试验相比，尽管它们在发现缺陷的作用上有些不同，但实际上它仍然是直流耐压试验的一部分，见表 4-4。

表 4-4　　　　　　　　各种耐压试验对于不同类型电力电缆的适用范围

电缆类型	直流耐压	0.1Hz 超低频耐压	变频谐振交流耐压
油浸纸绝缘	可以	没必要	没必要
橡塑电缆（≤35kV）	不可以	可以，但是 $U=3U_0$，而且通过试验仍然有可能在运行时击穿	推荐
橡塑电缆（≥110kV）	不可以	不可以	推荐

4-19　进行油浸纸绝缘电力电缆直流耐压试验和泄漏电流测试时，为什么要施加负极性直流电压？

答：进行油浸纸绝缘电力电缆直流耐压时，如缆芯接正极性，则绝缘中如有水分存在，将会因电渗透性作用使水分移向铅包，使缺陷不易发现。当缆芯接正极性时，击穿电压较接负极性时约高 10%，因此为严格考查电力电缆绝缘水平，规定用负极性直流电压进行电力电缆直流耐压试验和泄漏电流测试。

如：某站 6kV 油浸纸电缆在不同电压极性作用下泄漏电流的测量结果，见表 4-5。

表 4-5　　　　6kV 运行中油浸纸电缆在不同电压极性作用下的泄漏电流测量结果

试验电压（kV）	I_U		I_V		I_W	
	+DC	−DC	+DC	−DC	+DC	−DC
10	0.15	1.05	0.40	0.75	0.10	0.80
15	0.20	4.20	1.20	4.80	0.65	3.50
20	0.40	9.00	4.90	11.0	2.90	9.00
25	1.30	14.00	7.00	15.00	4.45	13.00
30	3.40	19.80	11.60	20.20	7.40	18.30

从表 4-5 可以看出，试验电压极性对运行电缆泄漏电流的测量结果有明显的影响。油浸纸绝缘受潮越严重，负极性电压与正极性电压测量结果的差别越显著，所以用负极性试验电压进行泄漏电流测量较为严格，易于发现油浸纸电缆的绝缘缺陷。

4-20　进行油浸纸绝缘电力电缆直流耐压试验和泄漏电流测试时，选取保护电阻的要求是什么？

答：高压保护电阻通常采用水电阻器，水电阻管内径一般不小于 12mm。因为水电阻的热容量比较大，当试验时发生击穿，大电流流过保护电阻，其温度上升很小，不容易烧毁。采用其他电阻材料时应注意防止匝间放电短路。

保护电阻的阻值为

$$R = (0.001\sim0.01)\frac{U_d}{I_d}$$

式中：R 为保护电阻；U_d 为直流试验电压值，V；I_d 为试品电流，A。

I_d 较大时，为减少 R 的发热，可取较小的系数。R 的绝缘管长度应能耐受幅值为 U_d 的冲击电压，并留有适当裕度。

4-21 油浸纸绝缘电力电缆直流耐压试验和泄漏电流测试时，微安表接在高压侧的接线原理接线图是什么？

答： 微安表接在高压侧的原理接线如图 4-4 所示。微安表外壳屏蔽，高压引线采用屏蔽线，将屏蔽掉高压对地杂散电流，同时电缆终端头采取屏蔽措施，屏蔽掉电缆表面泄漏电流的影响，此时的测试电流等于电缆的泄漏电流，测量结果较准确。

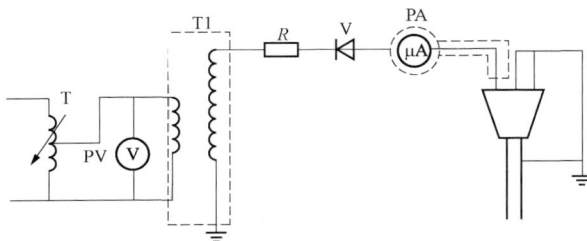

图 4-4　微安电流表接在高压侧的原理接线图

T—调压器；T1—试验变压器；R—保护电阻；V—高压硅堆；PV—电压表；PA—微安表

4-22 电力电缆进行泄漏电流测试时，克服电缆终端头对地杂散电流和表面泄漏电流影响的方法和接线是什么？

答： 电力电缆进行泄漏电流测试时，克服电缆终端头对地杂散电流和表面泄漏电流影响的方法是：

（1）消除电缆终端头对地杂散电流的影响。室内终端头之间距离较近，测量时电场较强，加压相易产生电晕，电晕现象严重时会影响泄漏电流的测量，此时可在加压相电缆终端头与地之间加绝缘隔离板或在加压相终端头套绝缘物，在加压相与地及非加压相终端头之间形成电场屏障以消除电缆终端头杂散电流的影响。

（2）克服电缆终端头表面泄漏电流的影响。可以在电缆终端头两端同时测量泄漏电流。其测试接线如图 4-5 所示，I_1 为加压侧屏蔽掉表面泄漏电流和杂散电流后的测量电流，同时包括电缆另一侧的表面泄漏电流和杂散电流 I_2，电缆的泄漏电流值 I_C 为

$$I_C=I_1-I_2$$

式中：I_C 为电缆泄漏电流，μA；I_1 为电缆泄漏电流及电缆非加压侧的表面泄漏电流和杂散电流，μA；I_2 为电缆非加压侧的表面泄漏电流和杂散电流，μA。

实际测量时可采用多股裸铜线在电缆两侧终端头上部紧密缠绕若干圈作为屏蔽环，屏蔽环与金属屏蔽帽连接后与高压测量线屏蔽层连接，测量线屏蔽层注意与微安表输入端相连接。

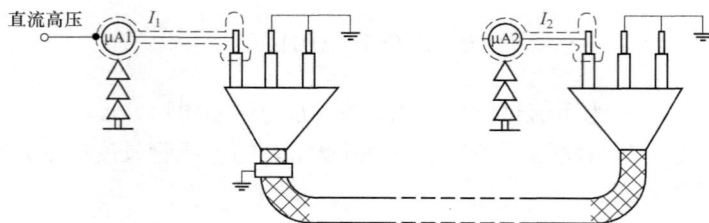

图 4-5　电缆终端头两侧同时测量泄漏电流的测试接线图

4-23　电力电缆直流耐压试验和泄漏电流测试的步骤是什么？

答：电力电缆直流耐压试验和泄漏电流测试的步骤是：

（1）对电缆进行充分放电，拆除电缆两侧终端头与其他设备的连接线。

（2）选择合适的接线方式，将直流高压发生器高压端引出线与电缆被试相连接（三相依次施加电压），加压相对地应有足够距离。电缆金属铠甲及铅护套（三相分包）和非试验相可靠接地。检查各试验设备的位置、量程是否合适，调压器指示应在零位，所有接线应正确无误。

（3）合上电源开关开始升压，应从足够低的数值开始缓慢地升高电压。直流耐压试验和泄漏电流测试一般结合起来进行，即在直流耐压的过程中随着电压的升高，分段读取泄漏电流值，最后进行直流耐压试验。试验时，试验电压可分 4～6 个阶段均匀升压，每阶段停留 1min，（打开微安表短路开关）读取各点泄漏电流值，如电缆较长电容大，可取 3～10min。从试验电压值的 75%开始，应以每秒 2%的速度升到试验电压值，持续相应耐压时间。

（4）试验结束后，应迅速均匀地降低电压，不可突然切断电源。调压器退到零后切断电源，当电缆上的电压降到 1/2 试验电压后进行放电。试验完毕必须使用放电棒经放电电阻放电，多次放电至无火花时，再直接通过地线放电并接地。

4-24　电力电缆直流耐压试验和泄漏电流测试的注意事项是什么？

答：电力电缆直流耐压试验和泄漏电流测试的注意事项是：

（1）试验宜在干燥的天气条件下进行，脏污时应将电缆终端头擦拭干净，以减少泄漏电流。温度对泄漏电流测试结果的影响较为显著，环境温度应不低于 5℃，空气相对湿度一般不高于 80%。

（2）试验场地应保持清洁，电缆终端头和周围的物体必须有足够的放电距离，防止被试品的杂散电流对试验结果产生影响。

（3）电缆直流耐压和泄漏电流测试应在绝缘电阻和其他测试项目测试合格后进行。

（4）高压微安表应固定牢靠，注意倍率选择和固定支撑物的影响。

（5）试验设备布置应紧凑，直流高压端及引线与周围接地体之间应保持足够的安全距离，与直流高压端邻近的易感应电荷的设备均应可靠接地。

（6）在测量高压电缆各相电流时，电缆头线间距离应在 300mm 以上，且绝缘良好，方便测量者，方可进行。

4-25　电力电缆直流耐压试验和泄漏电流测试的结果分析方法是什么？

答：电力电缆直流耐压试验和泄漏电流测试的结果分析方法是：

（1）如果在试验期间出现电流急剧增加，甚至直流高压发生器的保护装置跳闸，或被试电缆不能再次耐受所规定的试验电压，则可认为被试电缆已击穿。

（2）交接试验耐压时间为 15min；预防性试验耐压时间为 5min。耐压 15min 或 5min 时的泄漏电流值不应大于耐压 1min 时的泄漏电流值。

（3）电缆的泄漏电流具有下列情况之一，电缆绝缘可能有缺陷，应找出缺陷部位，并予以处理。

1）泄漏电流很不稳定；

2）泄漏电流随试验电压升高而急剧上升；

3）泄漏电流随试验时间延长有上升现象。

（4）测试结果不仅看试验数据合格与否，还要注意数值变化速率和变化趋势。应与相同类型电缆的试验数据和被试电缆原始试验数据进行比较，掌握试验数据的变化规律。

（5）在一定测试电压下，泄漏电流作周期性摆动，说明电缆可能存在局部孔隙性缺陷或电缆终端头脏污滑闪。应处理后复试，以确定电缆绝缘的状况。

（6）如果电缆泄漏电流的三相不平衡系数较大，应检查电缆相间及对地距离是否满足要求。油浸纸绝缘电力电缆泄漏电流的三相不平衡系数不应大于 2，但 6kV 及以下电压等级电缆泄漏电流小于 10μA 时，或 6/10kV 及以上电压等级电缆的泄漏电流小于 20μA 时，其不平衡系数不作规定。泄漏电流值和不平衡系数只作为判断绝缘状况的参考，不作为是否能投入运行的判据，应结合其他测试参数综合判断。

（7）如果电流在升压的每一阶段不随时间下降反而上升，说明电缆整体受潮。泄漏电流随时间的延长有上升现象，是绝缘缺陷发展的迹象。绝缘良好的电缆在试验电压下的稳态泄漏电流值随时间的延长保持不变，电压稳定后应略有下降。如果所测泄漏电流值随试验电压值的升高或加压时间的增加而上升较快，或与相同类型电缆比较数值增大较多，或者和被试电缆历史数据比较呈明显的上升趋势，应检查接线和试验方法，综合分析后，判断被试电缆是否能够继续运行。

4-26　10kV 及以上电力电缆直流耐压试验时，往往发现随电压升高泄漏电流增加很快，是否能判断电缆有问题，在试验方法上应注意哪些问题？

答：10kV 及以上电力电缆直流耐压试验时，试验电压分 4～6 段升至 3～6 倍额定电压值。因电压较高，随电压升高，如无较好地防止引线及电缆端头游离放电的措施，则在直流电压超过 30kV 以后，对于良好绝缘的泄漏电流也会明显增加，所以随试验电压的上升泄漏电流增大很快不一定是电缆缺陷，此时必须采取极间屏障或绝缘覆盖（在电缆头上缠绕绝缘层）等措施减少游离放电的杂散泄漏电流之后，才能判断电缆绝缘水平。

4-27　为什么包括交联聚乙烯在内的橡塑电缆有时候电缆主绝缘击穿后，过一段时间，该击穿点的绝缘性能有可能自行恢复？

答：对于非定型的固体电介质都存在这样的特性。有人用透明的非定性固体电介质材料比如松香、赛璐珞等进行试验，发现将它们用高电压击穿以后，过一段时间，从外面看到内部不透明的放电通道会慢慢的自行愈合，使整个材料重新恢复透明状态。原因可能是非定型固体电介质的分子一般为有机化合物，分子链很长，分子量很大，当该分子链中间被高电压的电场力打断以后，断裂处分子链两端的原子间仍然有吸引力，有可能再慢慢连接在一起。交联聚乙烯等橡塑材料也属于非定型的固体电介质，所以也存在这种特性。在工程实践中，有时候也能够观察到这种现象的存在。这时有机绝缘材料虽然已经恢复了绝缘，但是绝缘性能有可能会下降，称为有机绝缘材料的疲劳，或者叫劣化。

4-28 测量电力电缆的直流泄漏电流时，为什么在测量中微安表指针有时会有周期性摆动？

答：如果没有电缆终端头脏污及试验电源不稳定等因素的影响，在测量中直流微安表出现周期性摆动，可能是被试电缆的绝缘中有局部的孔隙性缺陷。孔隙性缺陷在一定的电压下发生击穿，导致泄漏电流增大，电缆电容经过被击穿的间隙放电；当电缆充电电压又逐渐升高，使得间隙又再次被击穿；然后，间隙绝缘又一次得到恢复。如此周而复始，就使测量中的微安表出现周期性摆动现象。

4-29 导致电力电缆泄漏电流偏大测量误差的原因是什么？如何抑制或消除？

答：测量电力电缆的泄漏电流时，由于施加的试验电压较高，致使电缆的终端头，特别是室内干封头的电场强度较大，容易产生电晕现象。实测表明，即使将微安表接在高压侧并加屏蔽，而且高压引线采用屏蔽线，但是如果对电缆终端头的出线铜杆裸露部分不采取任何措施，使电缆终端头在直流试验电压作用下产生的电晕将严重地影响泄漏电流的测量结果，导致明显的偏大测量误差，结果见表4-6。当空气潮湿或电缆终端头与周围接地部分间空气距离较小，或电缆终端头本身的相间距离较小时，这种偏大的测量误差将更加显著。另外，在逐级升压过程中，泄漏电流常常会在某一试验电压下迅速升高，类似电缆有缺陷的现象，导致试验人员误判断。

表 4-6　　　　　　　　　某 10kV 电力电缆泄漏电流的测试结果　　　　　　　　单位：μA

电缆终端头电场情况（kV）	30	40	50
未采取改善电场措施	6.5	17	38
采取改善电场措施	0.5	1	3

抑制或消除电晕对偏大测量误差影响的主要措施有：

（1）采用极间障改变不对称电场中的极间放电条件。根据气体放电理论，在不均匀不对称电场中，放置一个极间障，能改善极间电场分布，从而改变极间放电条件，使电晕及放电电压均可大大提高。在测量电力电缆泄漏电流时，若在施加试验电压相的裸露终端头处设置一极间障，则可以减小出线铜杆的电晕影响，从而减小泄漏电流偏大的测量误差。具体做法是用 35kV 多油断路器消弧室屏蔽罩或其他绝缘纸筒套在终端头上，由于户外终端头相间空气距离较大，影响较小，所以通常套在户内终端头上。表4-7 中的改善措施就是加装极间障，可见效果非常显著。

（2）采用绝缘层改善引线表面的电场以减小电晕的影响。根据绝缘理论，在不均匀电场中。曲率半径小的电极上包缠固体绝缘层会使引线表面的电场得到改善，从而使电晕电流减小，提高测足的准确性。现场的通常做法是将绝缘手套套在终端头上，这是一种简便有效的方法。

4-30　为什么统包绝缘电力电缆做直流耐压试验时，易发生芯线对铅包的绝缘击穿，而很少发生芯线间的绝缘击穿？

答：统包绝缘电缆各相芯线的外面都有各自独立的绝缘层，对统包电力电缆做直流耐压试验时，试验方法是一相对其他两相及铅包间加电压，由于绝缘击穿一般发生在铅包损坏导致破损处绝缘受潮后，并且显然每两相间绝缘层厚度比各相芯线对铅包外壳的绝缘层厚度大，所以一般绝缘击穿发生在各相芯线对铅包间，而很少发生在每两相芯线间。

第三节　橡塑绝缘电力电缆变频谐振耐压试验

4-31　橡塑绝缘电力电缆进行变频谐振耐压试验的目的是什么？

答：橡塑绝缘电力电缆是指交联聚乙烯绝缘、聚氯乙烯绝缘和乙丙橡胶绝缘电力电缆。目前高压电缆应用最广泛的是交联聚乙烯电力电缆。当前低压电力电缆基本选用聚氯乙烯绝缘的电缆。为了检验和保证橡塑电缆的安装质量，在投运前对橡塑电缆进行耐压试验是十分必要的。但对于橡塑绝缘电缆，无论从理论上还是实践上都证明了不宜采用直流耐压的方法。进行工频耐压试验所需的设备容量很大，另外，理论和实践都证明，变频谐振耐压试验对橡塑电缆的考验最为严格，因此建议对橡塑绝缘电力电缆进行变频谐振耐压试验。

4-32　在其他外界条件一定的时候，外加电压频率的变化对于固体电介质的击穿电压有什么影响？

答：在电击穿领域，如果外加电压频率的变化不会造成电场均匀度的变化，那么固体电介质的击穿电压与频率几乎无关。

在热击穿领域，击穿电压与成反比，在高频范围内，频率变化时，$\tan\delta$ 和电介质的相对介电系数 ε 的变化很小，所以击穿电压与施加电压的频率 f 的平方根成反比，实验结果也证实了这一点。

人们通过试验发现，对于同样体积大小、材料成分的交联聚乙烯绝缘材料样品进行耐压试验，在施加直流电压、0.1Hz 超低频交流电压、50Hz 工频交流电压、以及 200Hz 较高频率交流电压时，绝缘材料击穿电压逐渐下降，绝缘材料的击穿电压的幅值大致上和电压的频率的平方根成反比。

例如在工程实践中，对交联聚乙烯电力电缆进行耐压试验时，如果采用 0.1Hz 超低频耐压试验，试验电压就不能与电缆额定运行电压相同或相近，否则即使通过试验，电缆在运行时也可能击穿。按照《35kV 及以下交联聚乙烯绝缘电力电缆超低频（0.1Hz）耐压试验规范》规定，试验电压采用 3 倍的额定电压。但是现场仍然有通过了试验在运行时爆炸的案例。

如果采用变频谐振耐压试验，试验时产生谐振的频率一般大于 50Hz，大约在几十赫兹到几百赫兹之间，所以即使试验电压和电缆额定运行电压相同，电缆通过试验后，在投运时也不会发生击穿。所以有条件的单位，应该尽量开展变频谐振耐压试验。

4-33　橡塑绝缘电力电缆进行谐振交流耐压试验的优点是什么？

答：橡塑绝缘电力电缆进行谐振交流耐压试验的优点在于：

（1）谐振交流耐压试验对橡塑绝缘电力电缆的绝缘状况考核最为严格。

（2）所需电源容量大大减小。设备的重量和体积大大减少。串联谐振电源是利用谐振电抗器和被试品电容谐振产生高电压和大电流的。在整个系统中，电源只需要提供系统中有功消耗的部分，因此，试验所需的电源功率只有试验容量的 $1/Q$（Q 是产生谐振时整个系统的品质因数）。

串联谐振电源中，不但省去了笨重的大功率调压装置和普通的大功率工频试验变压器，而且，谐振激磁电源只需试验容量的 $1/Q$，使得系统重量和体积大大减少，一般为普通试验装置的 $1/3 \sim 1/5$。

（3）改善输出电压的波形。谐振电源是谐振式滤波电路，能改善输出电压的波形畸变，获得很好的正弦波形，有效地防止谐波峰值对试品的误击穿。

（4）防止的大短路电流烧伤故障点。在串联谐振状态，当试品的绝缘弱点被击穿时，电路立即脱谐，回路电流迅速下降为正常试验电流的 $1/Q$。而并联谐振或者试验变压器方式做耐压试验时，击穿电流立即上升几十倍，两者相比，短路电流与击穿电流相差数百倍。所以，串联谐振能有效地找到绝缘弱点，又不存在大的短路电流烧伤故障点的忧患。

（5）不会出现任何恢复过电压。试品发生击穿时，因失去谐振条件，高电压也立即消失，电弧即刻熄灭，且恢复电压的再建立过程很长，很容易在再次达到闪络电压前断开电源，这种电压的恢复过程是一种能量积累的间歇振荡过程，其过程长，而且，不会出现任何恢复过电压。

4-34　0.1Hz 超低频耐压试验的优点和局限性有哪些？

答：0.1Hz 超低频电压波形主要有正弦波和余弦波两种。0.1Hz 超低频耐压试验的优点和局限性主要有：

（1）在超低频系统中，所需功率非常低。理论上讲，与 50Hz 系统相比 0.1Hz 系统要小500 倍，所以设备体积小、质量轻，成本接近直流测试系统。0.1Hz 超低频试验能有效地检验橡塑电缆、发电机、变压器等设备的生产质量和安装质量，考核发电机、变压器的主绝缘、电缆终端头和中间接头的绝缘强度，较灵敏地发现机械损伤等明显缺陷。

（2）用于局部放电测量时，可抑制 50Hz 交流的干扰。

（3）由于原理和结构的原因，目前 0.1Hz 超低频耐压装置的输出电压较低，一般只应用于 35kV 及以下橡塑电缆和其他电容性电气设备的试验。在热击穿领域，击穿电压与 $\sqrt{\varepsilon f \tan \delta}$ 成反比，在高频范围内，频率变化时，$\tan\delta$ 和电介质的相对介电系数 ε 的变化很小，所以击穿电压与施加电压的频率 f 的平方根成反比，实验结果也证实了这一点。

例如在工程实践中，对交联聚乙烯电力电缆进行耐压试验时，如果采用 0.1Hz 超低频耐压试验，试验电压就不能与电缆额定运行电压相同或相近，否则即使通过试验，电缆在运行时也可能击穿。按照《35kV 及以下交联聚乙烯绝缘电力电缆超低频（0.1Hz）耐压试验方法》

规定，试验电压采用 3 倍额定电压。但是现场仍然有通过了试验在运行时爆炸的案例。

所以，虽然调感式或变频谐振试验装置费用高、体积大、运输困难，但是相对而言，串联谐振试验方法的等效性好，对电力电缆的考核更加严格，所以在现场电缆的交流耐压试验中仍然建议有条件的单位开展串联谐振试验。

4-35　橡塑绝缘电力电缆进行变频谐振耐压试验的试验接线是什么？

答：试验常采用变频串联谐振试验接线，如图 4-6 所示。在试验时，应将试验设备外壳接地。变频电源输出与励磁变压器输入端相连，励磁变压器高压侧尾端接地，高压输出与电抗器尾端连接。若电抗器 2 节串联使用，注意上下节首尾连接，然后电抗器高压端采用大截面软引线与分压器和电缆被试芯线相连，非试验相、电缆屏蔽层及铠装层或外护套接地。

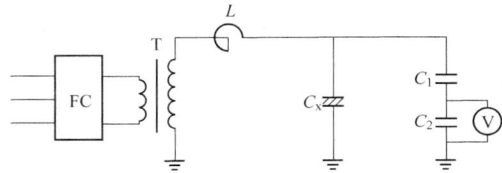

图 4-6　电缆变频串联谐振试验原理接线图

FC—变频电源；T—励磁变压器；L—谐振电抗器；C_x—被试电缆等效电容；C_1、C_2—电容分压器高、低压臂电容

4-36　橡塑绝缘电力电缆进行变频谐振耐压试验的试验步骤是什么？

答：橡塑绝缘电力电缆进行变频谐振耐压试验的试验步骤如下：

（1）试验前充分对被试电缆放电，拆除被试电缆两侧引线，测试电缆绝缘电阻。检查并核实电缆两侧是否满足试验条件。根据电缆电容量和试验装置容量大小按图 4-6 接线。检查接线无误后开始试验。

（2）按说明书进行操作，在较低电压下调整谐振频率。按升压速度要求升压至耐压值，记录电压和时间。

（3）升压过程中注意观察电压表和电流表及其他异常现象，到达试验时间后降压，切断变频电源开关，对电缆进行充分放电并接地后，拆改接线，重复上述操作步骤进行其他相试验。

（4）电缆耐压试验结束后，应测试电缆绝缘电阻。

4-37　橡塑绝缘电力电缆进行变频谐振耐压试验有哪些注意事项？

答：橡塑绝缘电力电缆进行变频谐振耐压试验的注意事项有：

（1）试验应在干燥良好的天气情况下进行。

（2）为减小电晕损失，提高试验回路 Q 值，高压引线宜采用大直径金属软管。

（3）合理布置试验设备，尽量缩小试验装置与试品之间的接线距离。

（4）试验时必须在较低电压下调整谐振频率，然后才可以升压进行试验。

（5）对电缆的主绝缘进行耐压试验时，应分别在每一相上进行。对一相电缆进行试验时，其他两相导体、屏蔽层及铠装层或金属护层应一起接地。

（6）电缆主绝缘进行耐压试验时，如金属护层接有过电压保护器，必须将护层过电压保护器短接。

（7）耐压试验前后，绝缘电阻测量应无明显变化。

（8）试验前需要根据试验电压和所试电缆的电容（见表 4-7）及长度选择合适电压等级的电源设备、测量仪表和保护电阻。应根据相关数据计算电抗器、变压器的参数，以保证谐振回路能够匹配谐振以达到所需的试验电压和电流。

表 4-7 交联聚乙烯电力电缆单位长度的电容量

电缆导体截面积（mm²）	电容量（μF/km）						
	YJV、YJLV	YJV、YJLV	YJV、YJLV	YJV、YJLV	YJV、YJLV	YJV、YJLV	YJV、YJLV
	6/6kV、6/10kV	8.7/6kV、8.7/10kV	12/35kV	21/35kV	26/35kV	64/110kV	128/220kV
1（3）×35	0.212	0.173	0.152				
1（3）×50	0.237	0.192	0.166	0.118	0.114		
1（3）×70	0.270	0.217	0.187	0.131	0.125		
1（3）×95	0.301	0.240	0.206	0.143	0.135		
1（3）×120	0.327	0.261	0.223	0.153	0.143		
1（3）×150	0.358	0.284	0.241	0.164	0.153		
1（3）×185	0.388	0.307	0.267	0.180	0.163		
1（3）×240	0.430	0.339	0.291	0.194	0.176	0.129	
1（3）×300	0.472	0.370	0.319	0.211	0.190	0.139	
1（3）×400	0.531	0.418	0.352	0.231	0.209	0.156	0.118
1（3）×500	0.603	0.438	0.388	0.254	0.232	0.169	0.124
1（3）×600	0.667	0.470	0.416	0.287	0.256		
3×630						0.188	0.138
3×800						0.214	0.155
3×1000						0.231	0.172
3×1200						0.242	0.179
3×1400						0.259	0.190
3×1600						0.273	0.198
3×1800						0.284	0.297
3×2000						0.296	0.215
3×2200							0.221
3×2500							0.232

第四节 电力电缆线路参数测试

4-38 电力电缆线路参数测试目的是什么？

答：随着城市规模的扩大，架空输电线路逐渐减少，因此测试电缆工频参数为计算系统短路电流、继电保护整定值、推算潮流分布和选择合理运行方式等提供实际依据，并可以检查电缆在安装、敷设时的质量是否满足设计的要求。

4-39　测量电缆线路直流电阻的测试步骤及要求是什么？

答：（1）测试接线。电缆线路直流电阻测试接线如图 4-7 所示。

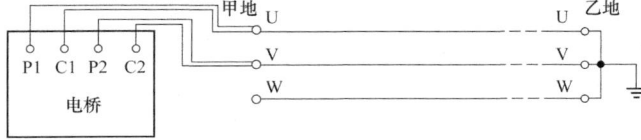

图 4-7　电缆线路直流电阻测试接线图

（2）测试步骤。工作负责人通知乙地试验人员将被测电缆线路三相短路接地，甲地试验人员按图 4-7 进行接线，对电缆线路 UV 相测量直流电阻，并记录。再依次对 VW、UW 相进行测量，完毕后，将甲地被测线路接地。

（3）测试数据整理及计算。将测得的 UV、VW、UW 相直流电阻值换算为每相直流电阻，即

$$\left.\begin{aligned} R_{\mathrm{U}} &= \frac{R_{\mathrm{UV}} + R_{\mathrm{UW}} - R_{\mathrm{VW}}}{2} \\ R_{\mathrm{V}} &= \frac{R_{\mathrm{UV}} + R_{\mathrm{VW}} - R_{\mathrm{UW}}}{2} \\ R_{\mathrm{W}} &= \frac{R_{\mathrm{UW}} + R_{\mathrm{VW}} - R_{\mathrm{UV}}}{2} \end{aligned}\right\}$$

式中：R_{UV}、R_{VW}、R_{UW} 分别为测得的线电阻；R_{U}、R_{V}、R_{W} 为换算的每相直流电阻。

将每相直流电阻 R_{U}、R_{V}、R_{W} 换算为每相 20℃直流电阻值，再与试验方案中被测电缆线路的直流电阻估算值进行比较，即

$$R_{20} = \frac{T + 20}{T + t} \times R_{\mathrm{t}}$$

式中：R_{20} 为换算至温度 20℃时的电阻；R_{t} 为在温度 t 时测量的电阻；T 为温度换算系数，铜线时 $T=235$，铝线时 $T=225$。

4-40　测量电缆线路正序阻抗的测试步骤及要求是什么？

答：（1）测试接线。电缆线路正序阻抗测试接线如图 4-8 所示。

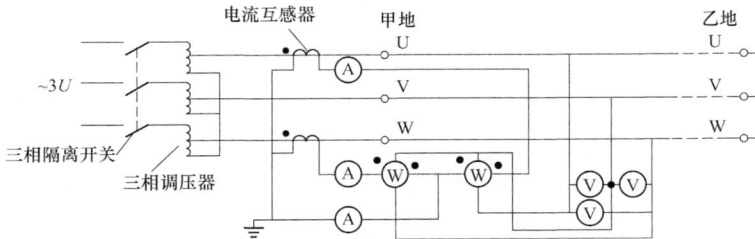

图 4-8　电缆线路正序阻抗测试接线图

（2）测试步骤。工作负责人通知乙地试验人员将被测电缆线路三相短路，甲地试验人员按图4-8进行接线。检查试验接线正确后，将三相电源加到被试电缆线路甲地侧（U、V、W端），乙地侧三相短路，然后调整调压器，慢慢升起电压，观察仪表指示是否正常，若无异常，将电流升至所需的试验电流值，同时读取并记录仪表指示值（电压：U_{UV}、U_{VW}、U_{UW}；电流：I_U、I_V、I_W；功率：P_1、P_2）。记录数据后，将调压器调回零，断开隔离开关。完毕后，通知甲、乙两地试验人员将被测线路接地开关合上。这里特别要注意，电流互感器、功率表的"极性"。

（3）测试数据整理及计算。

电压平均值

$$U_{av} = \frac{U_{UV} + U_{VW} + U_{UW}}{3} \quad (V)$$

电流平均值

$$I_{av} = \frac{I_U + I_V + I_W}{3} \times K_{TA} \quad (A)$$

功率平均值

$$P_{av} = P_1 + P_2 \quad (W)$$

正序电阻

$$R_1 = \frac{P_{av}}{I_{av}^2 l} \quad [\Omega/(km \cdot 相)]$$

正序阻抗

$$Z_1 = \frac{U_{av}}{\sqrt{3} I_{av} l} \quad [\Omega/(km \cdot 相)]$$

正序电抗

$$X_1 = \sqrt{Z_1^2 - R_1^2} \quad [\Omega/(km \cdot 相)]$$

正序电感

$$L_1 = \frac{X_1}{\omega} \quad [H/(km \cdot 相)]$$

式中：U_{UV}、U_{VW}、U_{UW}为测得线路试验电压，V；I_U、I_V、I_W为测得线路试验电流，A；P_1、P_2为测得线路功率，W；K_{TA}为电流互感器变比；l为被测线路长度，km；ω为角频率，在工频下为314。

4-41 测量电缆线路零序阻抗的测试步骤及要求是什么？

答：（1）测试接线。电缆线路零序阻抗测试接线如图4-9所示。

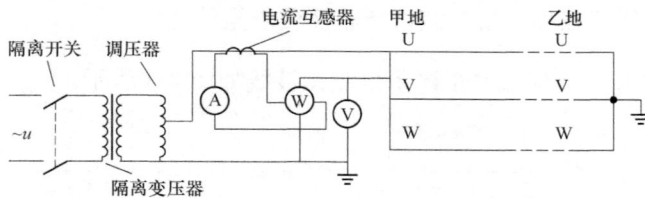

图4-9 电缆线路零序阻抗测试接线图

（2）测试步骤。工作负责人通知乙地试验人员将被测电缆线路三相短路接地，甲地三相短路，试验人员按图4-9进行接线。检查试验接线正确后，将单相电源加到被试电缆线路甲地侧三相短路，乙地侧三相短路接地，然后调整调压器，慢慢升起电压，观察仪表指示是否正常，若无异常，将电流升至所需的试验电流值，同时读取并记录仪表指示值（电压：U；

电流：I；功率：P）。记录数据后，将调压器调回零，断开隔离开关。完毕后，通知甲、乙两地试验人员将被测电缆线路接地。

（3）测试数据整理及计算。

零序电阻

$$R_0 = \frac{3P}{(IK_{TA})^2 l} \quad [\Omega/（\text{km·相}）]$$

零序阻抗

$$Z_0 = \frac{3U}{IK_{TA} l} \quad [\Omega/（\text{km·相}）]$$

零序电抗

$$X_0 = \sqrt{Z_0^2 - R_0^2} \quad [\Omega/（\text{km·相}）]$$

零序电感

$$L_0 = \frac{X_0}{\omega} \quad [\text{H}/（\text{km·相}）]$$

式中：U 为测得线路试验电压，V；I 为测得线路试验电流，A；P 为测得线路功率，W。

4-42　电力电缆工频参数测试有哪些注意事项？

答：电力电缆工频参数测试的注意事项是：

（1）在测量阻抗时，短路线截面积应尽可能大。

（2）在试验时为避免电流线压降的影响，功率表、电压表的电压最好从线路端子处进行测量。

（3）零序阻抗测试中，接地线截面积应足够大，与接地端连接应可靠，以防止接地不良干扰零序电阻测量。

（4）测量感应电流时，电缆线路末端应不接地，避免分流造成测量不准确。

（5）零序阻抗测试中，电缆"金属护层"的接地方式与运行时的实际方式保持一致。

（6）施工方提供的电缆线路长度要准确，若提供的理论线路长度和实际长度相差过大会严重干扰对测量值的判断。

（7）严禁在雷雨天气进行线路参数测量，若在测量过程中沿线路有雷阵雨，则应立即停止测量。

（8）当被测电缆线路感应电压过高（>1000V）、感应电流过大（>30A）时，应向上级部门汇报，取消线路参数测量工作或将同沟敷设运行的电缆线路配合停电以降低感应电压、电流。

（9）在测量正序阻抗时，采用双功率表法，要注意"极性"。

（10）在测量零序阻抗时，应采用隔离变压器，以避免系统零序分量的干扰。

（11）测量直流电阻值与试验方案计算值比较，有明显差异，表明设计长度与施工长度不一致。若考虑电缆两端与 GIS 相连，直流电阻值包含 GIS 内隔离开关、断路器的接触电阻，以及到 GIS 内接地开关接触电阻的影响。一般都超过厂家的计算值，直流电阻值作为参考值。

例如：某 220kV 线路电缆线型号为 YJQ02-127/220×800mm²，长度为 1.01km，电缆厂家提供的电缆理论参数是对金属保护层两点接地，平行敷设，计算值 $Z_1 = 0.0412 + j0.182$（Ω/km）；$Z_0 = 0.136 + j0.135$（Ω/km），直流电阻 $R = 0.0366$（Ω/km，20℃时）；现场测试结果见表 4-8 和表 4-9。

表 4-8 线路参数测试结果 1

项 目 \ 相 别	U	V	W
感应电压（V）	1	4	2
感应电流（A）	3	7	4
20℃直流电阻（Ω）	0.0401	0.0404	0.0397

表 4-9　　　　　　　　　　　　线路参数测试结果 2　　　　　　　　　　　单位：Ω

项 目	R	X	Z
正序	0.0422	0.1857	0.1904
零序	0.3315	0.5812	0.6691

在确认测量接线、测量仪器、接地状况都正常，两侧变电站主地网接地电阻均合格后，由于电缆两端与 GIS 相连，而线路接地开关的接地端在 GIS 内部，试验回路是通过 GIS 内部的隔离开关、断路器，因此所测直流电阻值大于厂家提供的理论值（0.0366Ω/km）是正常的。而电缆实际敷设是"金属护层"一端接地，测得的正序阻抗值与厂家提供的理论值基本相等。测得的零序阻抗值按 R_0/R_1、X_0/X_1 比值基本符合电缆"金属护层"一端接地的规律，故所测量的参数是正确的。

（12）测量的正序电阻与直流电阻在相同温度下比较，正序电阻与直流电阻的比值一般在 1.05～1.15。

（13）在正常情况下，电缆线路的正序阻抗的阻抗角一般在 75°左右，其计算为

$$\varphi=\arctan\frac{X_1}{R_1}$$

（14）在电缆线路的感应电压过高、感应电流过大时，采用电桥测直流电阻，电桥的"检流计"指针晃动较大，难以平衡，可以在电桥的 P1 或 P2 端接地，进行测量。也可以将线路末端三相短路接地进行测量。或采用直流电源加电压表、电流表进行测量，其接线如图 4-10 所示。

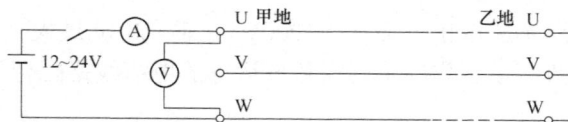

图 4-10　用直流电源测量电缆线路直流电阻的接线图

直流电阻计算为

$$R_{\text{UW}}=\frac{U}{I}$$

式中：U、I 为测量时的电压、电流。

（15）在电缆线路的感应电压过高、感应电流过大时，采用"双功率表"测量正序阻抗，可能使功率表读数偏低或偏高，导致正序电阻值不准确，影响线路的阻抗角。可以采用"三功率表将线路末端短路接地""双功率表换相""单功率表分相"等方法进行测量，以降低感应电压、感应电流的影响。

（16）电缆线路"金属护层"接地方式对阻抗的影响。

第五节　国内外新的电缆试验方法简介

4-43　电力电缆新的停电试验方法有哪些？

答： 电力电缆的吸收过程很有特点，因为电力电缆的电容量很大，施加直流高压以后，试验回路中的吸收电流逐步下降，很长时间才达到稳定的泄漏电流，基于这一个特点，国内外已研究出几种新的停电试验方法，如残余电压法、反向吸收电流法、电位衰减法等。这些方法在实际应用中取得了较好的效果，有的已与在线监测配合使用。

4-44　电力电缆残余电压法测量的原理是什么？

答： 如图 4-11 所示。测量时将开关 K2 打开，K3 打到接地侧，开关 K1 合向试验电源，使被试电缆充上直流电压。一般可按每毫米绝缘厚度上的电压为 1kV 来施加电压。充电10min 后，将 K1 及 K2 先后打到接地侧，经约10s 后打开 K1、K2，将开关 K3 合向试验电源，以测量电缆绝缘上的残余电压，对 XLPE 电缆测得的残余电压与其 tanδ 值的相关性较好。研究表明交联聚乙烯电缆不同老化过程阶段其残余电压明显不同，电缆劣化越严重残余电压越高。

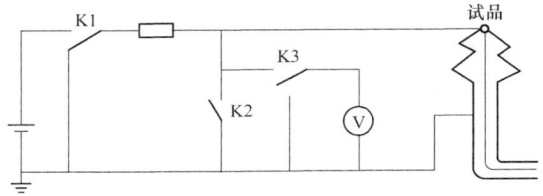

图 4-11　电力电缆残余电压法测量的原理

4-45　电力电缆反向吸收电流法测量的原理是什么？

答： 反向吸收电流法测量原理如图 4-12 所示。测量时先将开关 K2 闭合，K1 打到电源侧，让电缆加上 1kV 直流电压 10min，然后将 K1 打到接地侧让电缆放电；3min 后打开 K2，由电流表测量反向吸收电流。而"吸收电荷"Q 在这里定义为 3～33min，30min 内电流对时间的积分值。

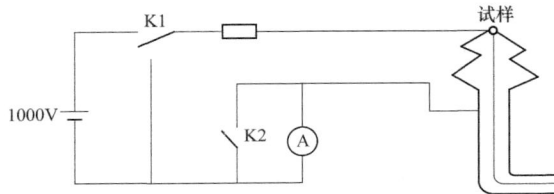

图 4-12　反向吸收电流法测量原理

图 4-13 给出了运行中因老化而退下的 6.6kV　XLPE 电缆的吸收电荷、绝缘电阻及 tanδ 与该电缆交流击穿电压 U 的关系，可见其 Q-U 的相关性比 tanδ-U 还要好，而绝缘电阻与 U 的相关性最差。由此可见当监测某电缆整体劣化时，以测量 Q 及 tanδ 为宜。因两者均取决于绝缘的整体特性，而测残余电荷时外界干扰也较小，测量比较准确。

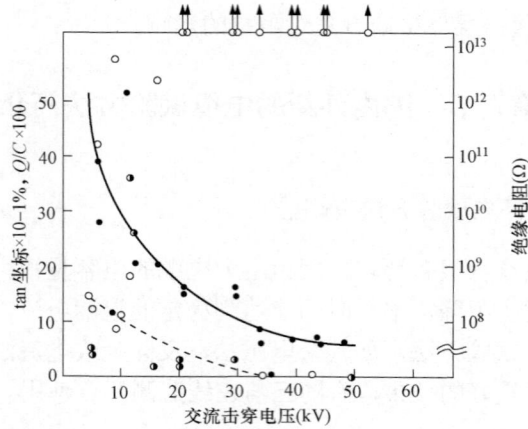

图 4-13 吸收电荷、绝缘电阻、tanδ 和交流击穿电压相关性

4-46 电力电缆电位衰减法测量的原理是什么？

答： 电位衰减法是在电缆放电后，测量自放电的电压下降速度，其测量原理如图 4-14 所示。试验时先对电缆绝缘充电，再打开开关 K1 让它自放电。由于静电电压表的绝缘电阻远高于电缆的绝缘电阻，如电缆绝缘良好，则自放电很慢；如电缆绝缘品质已经下降，则放电电压下降速度很快，下降曲线如图 4-15 所示。

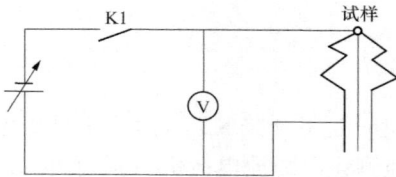

图 4-14　自放电法测量原理

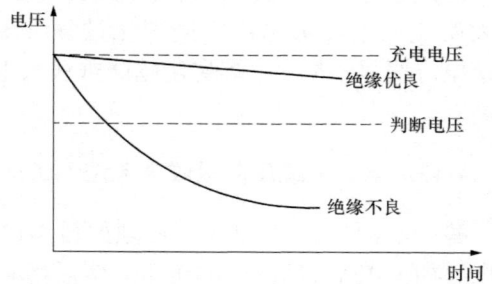

图 4-15　自放电电压的下降曲线

第五章　电力电容器试验

第一节　电力电容器基础知识

5-1　现场常见的电容器的类型有哪些？

答： 常见的电容器有耦合电容器、电容式电压互感器的电容分压器、集合式（密集型）电容器、高压并联电容器和交流滤波电容器等。

5-2　高压并联电容器和交流滤波电容器的试验项目有哪些？

答： 高压并联电容器和交流滤波电容器的试验项目有：

（1）交接或必要时，用2500V绝缘电阻表测试两极对外壳的绝缘电阻不小于2000MΩ。

（2）交接或必要时，用电桥法或电压电流法进行电容值试验，要求电容值不小于出厂值的95%，偏差不超出额定值的−5%～+10%范围；交流滤波电容器组的总电容值应满足交流滤波器调谐的要求。

（3）交接、必要或运行1～5年后，应用自放电法对并联电阻进行测量，要求电阻值与出厂值的偏差在±10%范围内。

（4）交接时，按出厂耐压值的75%进行极对壳交流耐压试验。

（5）交接或巡视检查时，用观察法进行渗漏油检查。

5-3　集合式（密集型）电容器的试验项目有哪些？

答： 集合式（密集型）电容器在交接、必要或运行1～3年后，应进行的试验项目有：

（1）用2500V绝缘电阻表测试相间和极对壳绝缘电阻，试验时极间用导线短路。

（2）用电压电流法进行电容值试验，要求每相电容值不小于出厂值的96%，偏差不超出额定值的−5%～+10%范围，且三相电容值比较，最大值与最小值之比不大于1.06；每相有三个套管引出的电容器，测量每两个套管之间的电容量应与出厂值相差不得超过±5%。

（3）按出厂耐压值的75%进行相间和两极对外壳的交流耐压试验，试验时极间用导线短路。

（4）参照变压器油的试验项目内容，进行绝缘油击穿电压试验。

（5）交接时，在电网额定电压下进行3次冲击合闸试验，无闪络及熔断器熔断等异常现象。

5-4　耦合电容器和电容式电压互感器的电容分压器的试验项目有哪些？

答： 耦合电容器和电容式电压互感器的电容分压器的试验项目有极间绝缘电阻、电容值测量、测量介质损耗因数、渗漏油检查、低压端对地绝缘电阻、局部放电和交流耐压。

5-5　耦合电容器在电网中起什么作用？耦合电容器的工作原理是什么？

答： 耦合电容器是载波通道的主要设备，它与结合滤波器共同构成高频信号的通路，并将电力线上的工频高电压和大电流与通信设备隔开，以保证人身设备的安全。电容器的容抗与频率 f 成反比。高频载波信号通常使用的频率为 30～500kHz，对于 50Hz 工频交流电来说，耦合电容器呈现的阻抗要比对高频载波信号呈现的阻抗值大 600～10 000 倍，基本上相当于开路。对高频载波信号来说，则接近于短路，所以耦合电容器可作为载波高频信号的通路，并可隔开工频高压。

5-6　预防性试验合格的耦合电容器为什么会在运行中发生爆炸？

答： 从耦合电容器的结构可知，整台耦合电容器是由 100 个左右的单元件串联后组成的。就电容量而言，其变化增加或者减少 10%，即在 100 个单元件如有 10 个以下的元件发生短路损坏，还是在允许范围之内。此时，另外 90 多个单元件电容要承担较高的运行电压，这对运行中的耦合电容器的绝缘造成了极大的危害。

耦合电容器损坏事故多数是由于在出厂时就带有一定的先天缺陷。有的厂家对电容芯子烘干不好，留水分较多，或元件卷制后没有及时转入压装，造成元件在空气中的滞留时间太长，另外，还有在卷制中碰破电容器纸等。个别电容器由于胶圈密封不严，进入水分。此时一部分水分沉积在电容器底部，另一部分水分在交流电场的作用下将悬浮在油层的表面，此时如顶部单元件电容器有气隙，它最容易吸收水分，又由于顶部电容器的场强较高，这部分电容器最易损坏。对损坏的电容器解体后分析得知，电容器表面已形成水膜。由于表面存在杂质，使水膜迅速电离而导电，引起了电容量的漂移，介电强度、电晕电压和绝缘电阻降低，损耗增大，从而使电容器发热，最后造成了电容器的失效。所以每年的预防性试验测量绝缘电阻、介质损耗因数并计算出电容量是十分必要的。即使绝缘电阻、介质损耗因数和电容量都在合格范围内，当单元件电容器有少量损坏时，还不可能及早发现电容器内部存在的严重缺陷。

电容器的击穿往往是与电场的不均匀相联系的，在很大程度上取决于宏观结构和工艺条件，而电容器的击穿就发生在这些弱点处。电容器内部无论是先天缺陷还是运行中受潮，都首先造成部分电容器损坏，运行电压将被完好电容器重新分配，此时每个单元件上的电压较正常时偏高，从而导致完好的电容器继续损坏，最后导致电容器击穿。

为减少耦合电容器的爆炸事故发生，对运行中的耦合电容器应连续监测或带电测量电容电流，并分析电容量的变化情况。

例如：有的耦合电容器虽然预防性试验合格，但仍然会发生爆炸。如华北某变电站的一组 220kV 耦合电容器的 V、W 相上节在预防性试验后 2 个月就发生了爆炸。当年预防性试验时的电容量均为 6480pF，分别比上年减少 0.1% 和增加 0.6%，而 $\tan\delta$ 分别为 0.3% 和 0.2%，显然远远低于规定值。

因为耦合电容器由 100 个左右的电容元件串联组成，如果 10 个以下发生短路损坏，电容量的变化仍在 10% 的允许范围之内，但是另外 90 个左右的元件要承担更高的运行电压，并可能引起爆炸。

5-7 耦合电容器局部放电试验的试验要求有哪些？

答：耦合电容器局部放电试验，应符合下列规定：

（1）局部放电试验的预加电压值为 $0.8U_m \times 1.3$，停留时间大于 10s，降至测量电压值为 $1.1U_m/\sqrt{3}$，维持 1min 后，测量局部放电量，放电量不宜大于 10pC。

（2）交接试验规程规定对 500kV 的耦合电容器局部放电试验，放电量不宜大于 10pC。

5-8 防止串联电容器补偿装置和并联电容器装置事故的措施是什么？

答：防止串联电容器补偿装置和并联电容器装置事故的措施是：

（1）串补电容器应采用双套管结构。

（2）电容器绝缘介质的平均电场强度不宜高于 57kV/mm。

（3）单只电容器的耐爆容量应不小于 18kJ，电容器的并联数量应考虑电容器的耐爆能力。

（4）电容器组接线宜采用先串联后并联的接线方式。

（5）电容器组不平衡电流应进行实测，且测量值应不大于电容器组不平衡电流告警定值的 20%。

（6）电容器组内部各个电容器之间的连接线应采用软连接。

（7）交接和大修后应对真空断路器的合闸弹跳和分闸反弹进行检测。12kV 真空断路器合闸弹跳时间应小于 2ms，40.5kV 真空断路器小于 3ms。

（8）电容器组过电压保护用金属氧化物避雷器接线方式应采用星形接线，中性点直接接地方式。

（9）电容器组过电压保护用金属氧化物避雷器应安装在紧靠电容器组高压侧入口处位置。

第二节　电容器绝缘电阻测试

5-9 电容器绝缘电阻测试目的是什么？

答：电容器是全密封设备，如密封不严或不牢固造成渗漏油现象，使空气和水分以及杂质都可能进入油箱内部，会使绝缘电阻降低，甚至造成绝缘损坏，危害极大。电容器绝缘电阻测试可以发现电容器由于油箱焊缝和套管处焊接工艺不良，密封不严造成绝缘性能降低的故障，同时可发现电容器高压套管受潮及缺陷情况。

5-10 电容器绝缘电阻测试仪器、设备的选择标准是什么？

答：电容器绝缘电阻测试仪器、设备的选择标准如下：

（1）测量电容器主绝缘电阻，如测量高压并联电容器双极对地绝缘电阻、断口电容器极间绝缘电阻、耦合电容器极间绝缘电阻和集合式高压并联电容器相间及对地绝缘电阻，应采用 2500V 绝缘电阻表。

（2）测量耦合电容器小套管对地绝缘电阻，应使用 1000V 绝缘电阻表。

5-11　耦合电容器极间及小套管对地绝缘电阻测试接线和测试步骤是什么？

答：（1）测试接线。测试耦合电容器极间绝缘电阻时，耦合电容器高压端接绝缘电阻表的"L"端，耦合电容器的下法兰和小套管接地，绝缘电阻表的"E"端接地。表面潮湿或脏污时应在靠近耦合电容器高压端1～2瓷裙处加装屏蔽环，屏蔽环接于绝缘电阻表的"G"端。其测试接线如图5-1所示。

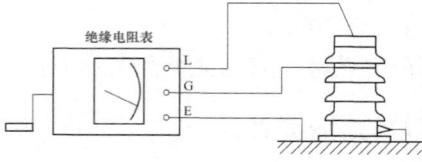

图5-1　耦合电容器极间绝缘电阻测试接线图

测试耦合电容器小套管对地绝缘电阻时，耦合电容器的小套管接绝缘电阻表的"L"端，耦合电容器的法兰接地。

（2）测试步骤如下：

1）测试前首先对电容器充分放电，拆除与电容器的所有接线，表面脏污时应进行擦拭。

2）测量极间绝缘电阻时，法兰和小套管接地，测试前首先检查绝缘电阻表是否正常。耦合电容器高压端接绝缘电阻表的"L"端，绝缘电阻表的"E"端接地，读取1min或稳定后的绝缘电阻值。读取数据后断开"L"端与电容器的连接线，停止或关断绝缘电阻表，使用放电棒对电容器进行充分放电。

3）测试小套管对地绝缘电阻时，先拆除小套管的连接线，检查法兰是否接地，耦合电容器高压端不接地，耦合电容器小套管接绝缘电阻表的"L"端，绝缘电阻表的"E"端接地，读取1min的绝缘电阻值。读取数据后断开"L"端与电容器的连接线，停止或关断绝缘电阻表，试验后将小套管对地放电。

5-12　断路器电容器极间绝缘电阻测试接线和步骤是什么？

答：（1）测试接线。测试时，断路器电容器一端接绝缘电阻表的"L"端，另一端接绝缘电阻表的"E"端。

（2）测试步骤是：

1）交接试验时，断路器电容器绝缘电阻应在安装前测试，可以减少断路器灭弧室的影响。

2）预防性试验时应检查断路器是否在开断状态，如测试的绝缘电阻过低，可拆下断路器电容器进行测试，以判断故障部位。

3）测试前使用放电棒对电容器放电，放电时电容器一端接地，另一端通过放电棒短接放电。

4）测试前首先检查绝缘电阻表是否正常，断路器电容器一端接绝缘电阻表的"L"端，另一端接地和绝缘电阻表的"E"端，读取1min或稳定后的绝缘电阻值。

5）读取数据后断开"L"端与电容器的连接线，停止或关断绝缘电阻表，使用放电棒对断路器电容器进行充分放电。

5-13　高压并联电容器双极对地绝缘电阻测试接线和步骤是什么？

答：（1）测试接线。电容器两电极之间用裸铜线短接后接绝缘电阻表的"L"端，外壳可靠接地，绝缘电阻表的"E"端接地。其测试接线如图5-2所示。

（2）测试步骤是：

1）测试前首先对电容器进行充分放电，拆除与电容器的所有接线，清洁电容器套管，电容器外壳应可靠接地。

2）测试前首先检查绝缘电阻表是否正常，然后被试电容器极间短接后接绝缘电阻表的"L"端，绝缘电阻表的"E"端接地，读取 1min 或稳定后的绝缘电阻值。

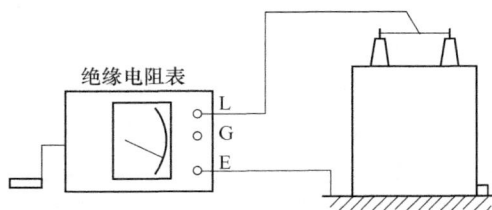

图 5-2　高压并联电容器双极对地绝缘电阻测试接线图

3）读取数据后断开"L"端与电容器的连接线，停止或关断绝缘电阻表，使用放电棒对电容器进行充分放电。

5-14　集合式高压并联电容器相间及对地绝缘电阻测试接线和步骤是什么？

答：（1）测试接线。各相极间应短接，测试相接绝缘电阻表的"L"端，非测试相接地，电容器外壳应可靠接地，绝缘电阻表的"E"端接地。其测试接线如图 5-3 所示。

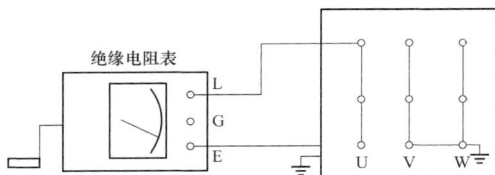

图 5-3　集合式高压并联电容器相间及
对地绝缘电阻测试接线图

（2）测试步骤是：

1）测试前对电容器进行充分放电，拆除与电容器的所有接线，清洁电容器套管，电容器外壳应可靠接地，被试电容器各相极间短接，绝缘电阻表的"E"端接地。

2）测试前首先检查绝缘电阻表是否正常。被试电容器 U、V、W 三相分别与绝缘电阻表的"L"端连接，非被试相接地，测试各相对地及相间绝缘电阻，读取 1min 或稳定后的绝缘电阻值。

3）读取数据后断开"L"端与电容器的连接线，停止或关断绝缘电阻表，测试后使用放电棒对电容器进行充分放电。

5-15　电容器绝缘电阻测试有哪些注意事项？

答：电容器绝缘电阻测试的注意事项有：

（1）为了克服测试线本身对地电阻的影响，绝缘电阻表的"L"端测试线应尽量使用屏蔽线，芯线与屏蔽层不应短接。在测量时，绝缘电阻表"L"端的测试线应使用绝缘棒与被试电容器连接。

（2）运行中的电容器，为克服残余电荷影响测试数据，测试前应充分放电。电容器不仅极间放电，极对地也要放电。并联电容器应从电极引出端直接放电，避免通过熔丝放电。电容器电容量比较大时，充电时间比较长，测量时应读取 1min 或稳定后的数据，便于以后的分析比较。

（3）放电时应使用放电棒，放电后再直接通过接地线放电接地。

（4）正确使用绝缘电阻表，注意操作程序，防止反充电。

（5）避免测试并联电容器极间绝缘电阻。因并联电容器极间电容较大，操作不当将造成人身和设备事故。

（6）高压并联电容器绝缘结构比较简单，双极对地电容较小，绝缘电阻能有效地反映瓷套管和极对壳的绝缘缺陷。实践证明，双极对地绝缘电阻低，大部分是电容器密封不严或不牢固使空气和水分以及杂质进入油箱内部，造成套管内部和油纸绝缘受潮使绝缘电阻降低。

对于耦合电容器和断路器电容器极间绝缘缺陷，极间绝缘电阻的测试数据反映效果不够显著。因为耦合电容器和断路器电容器极间电容由较多电容元件串联组成，电容器绝缘缺陷初期，绝缘劣化和受潮的电容器元件是个别的，由于元件串联原因，极间绝缘电阻变化不是很显著。如果测得的绝缘电阻很低，可以判断绝缘不良，但大多数情况下应结合其他测量参数综合判断。

第三节　电容器介质损耗因数的测试

5-16　电容器介质损耗因数的测试目的是什么？

答：电容器介质损耗因数和电容器绝缘介质的种类、厚度、浸渍剂的特性以及制造工艺有关。电容器 $\tan\delta$ 的测量能灵敏地反映电容器绝缘介质受潮、击穿等绝缘缺陷，对制造过程中真空处理和剩余压力、引线端子焊接不良、有毛刺、铝箔或膜纸不平整等工艺的问题也有较灵敏的反应，所以说电容器介质损耗因数是电容器绝缘优劣的重要指标。

5-17　耦合电容器测试介质损耗因数的测试接线和步骤是什么？

答：（1）测试接线。一般采用正接线，分析比较时采用反接线测量。正接线测试接线如图 5-4（a）所示，反接线测试接线如图 5-4（b）所示。采用正接线测量时，耦合电容器高压电极接测试电压，法兰接地，耦合电容器低压电极小套管接电桥 C_x 端，若被试品没有小套管，C_x 端与法兰连接并垫绝缘物测量。采用反接线时，耦合电容器高压电极接电桥 C_x 端法兰和小套管接地。

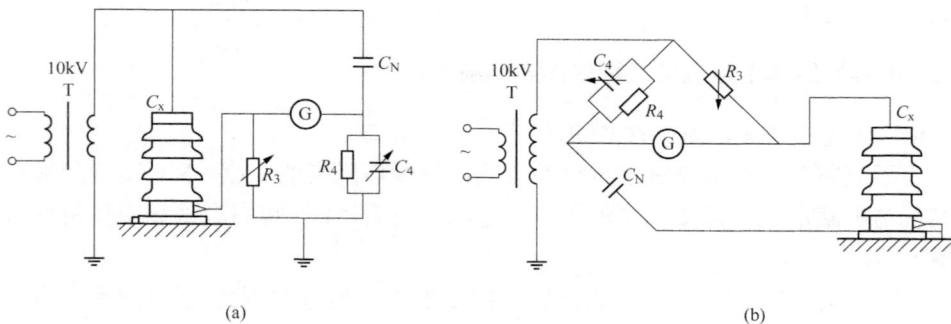

图 5-4　耦合电容器 $\tan\delta$ 的测试接线图

（a）正接线；（b）反接线

T—试验变压器；G—检流计；C_x—被试品；R_3、R_4—标准电阻；C_N、C_4—标准电容

（2）测试步骤是：

1）采用正接线测量时，先将被试电容器对地放电并接地，拆除被试电容器对外所有一次连接线，电容器法兰接地，打开小套管接地线并与电桥 C_x 端相连接，高压引线接至电容器高

压电极，取下接地线，检查接线无误后，通知其他人员远离被试品并监护。合上试验电源，从零开始升压至测试电压进行测试，测试电压为 10kV。测试完毕后先将电压降到零，然后读取测量数据，切断电源，对被试品进行放电并接地，拆除测试引线。特别注意小套管接地引线的恢复。

2）采用反接线测量时，电桥 C_x 端接电容器高压电极，低压电极接地。测量下节耦合电容器时下法兰和小套管接地，采用反接线测量时，桥体接地应直接与被试品接地点直接连接，测试电压为 10kV。

5-18 断路器电容器测试介质损耗因数的测试接线和步骤是什么？

答：（1）测试接线。通常采用正接线，如图 5-5 所示，测量时被试电容器一端接测试电压，另一端接电桥 C_x 端。如断口电容器在安装前测试，应注意测量端要垫绝缘物。

（2）测试步骤为：

1）交接时断口电容器的 tanδ 应在安装前测试，主要是避免断路器灭弧室的影响。测试前先将被试电容器对地放电并接地，高压引线接至断路器电容器一端电极，电容器另一端接电桥 C_x 端。取下接地线，检查接线无误后，通知其他人员远离被试电容器。合上试验电源，从零开始升压至测试电压进行测试，测试电压为 10kV。测试完毕后将电压降到零后读取测量数据，然后切断电源，对被试品进行放电并接地。

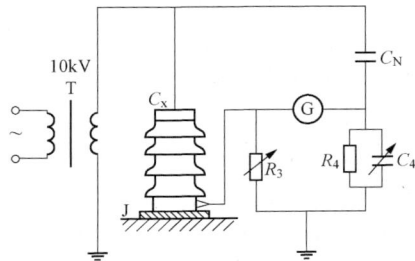

图 5-5 断口电容器 tanδ 测量接线图

T—试验变压器；J—绝缘物；G—检流计；C_x—被试品；

R_3、R_4—标准电阻；C_N、C_4—标准电容

2）预防性试验时，如果测试数据偏大，可将电容器拆下进行测试。

5-19 电容器介质损耗因数的测试有哪些注意事项？

答：测试电容器介质损耗因数的注意事项有：

（1）测试应在良好的天气下进行，电容器本身及环境温度不低于+5℃，电容器表面脏污、潮湿时，应采取擦拭和烘干等措施减少表面泄漏电流的影响，必要时加屏蔽环屏蔽表面泄漏电流。

（2）采用反接线测量时，电桥本体用截面较大的裸铜导线可靠接地，接地点应直接与被试品接地点直接连接。

（3）接线紧凑、布置合理，注意电场、磁场干扰。测试现场如有电场或磁场干扰应采用移相法、倒相法或变频法等抗干扰法进行测量。

（4）高压引线连接应紧密牢靠，否则接触电阻会对膜纸复合绝缘电容器 tanδ 带来误差。

（5）测试前必须检查电容器是否漏油。如漏油，则电容器应退出运行，不必进行测试。

（6）电容器 tanδ 测量通常采用正接线。如果检查瓷套绝缘状况，可使用反接线测试，反接线能反映瓷套裂纹及内壁受潮的绝缘缺陷。例如：一台型号为 OY-110/$\sqrt{3}$−0.01 的耦合电容器，原始 tanδ 测试数据是 0.2%，电容量 0.00998μF，测试环境温度 29℃，本次测试数据 0.3%，电容量 0.011μF，测试环境温度 30℃，tanδ 增大，电容量增长明显，仔细检查发现耦合电容

器上法兰与瓷套结合处渗油。分析认为耦合电容器密封不严进水受潮，导致绝缘劣化。因为良好的油纸绝缘的 tanδ 在 10～30℃ 范围内是稳定的或变化很小的，只有绝缘劣化 tanδ 变化才会明显，电容量增大显著，说明电容器进水受潮，因为水的介电系数比电容器油要高。

（7）电容器内部元件为串联、并联结构，特别是耦合电容器等电容器串联元件较多，个别元件短路、开路或劣化，tanδ 反应并不是很灵敏，还要结合电容量的变化综合判断。

第四节　电容器交流耐压试验

5-20　电容器交流耐压试验目的是什么？

答： GB 50150—2016《电气装置安装工程　电气设备交接试验标准》只对并联电容器交流耐压试验进行了规定，并联电容器极对地交流耐压试验的目的是考核其绝缘的电气强度，主要检查电容器内部极对外壳的绝缘、电容元件外包绝缘、浸渍剂泄漏引起的滑闪和套管以及引线故障。

有些规程对耦合电容器交接和必要时进行极间交流耐压也作了规定，试验的目的是考核极间绝缘的电气强度，检查绝缘沿面和贯穿性击穿故障。电极对油箱的绝缘强度一般是比较高的，但由于生产工艺的缺陷，如在焊接过程中烧伤了元件与油箱间的绝缘纸板、引线没包绝缘、油量不足、采用短尾套管绝缘距离不够、瓷套质量不良等，在试验过程中都可以及时发现。

5-21　集合式高压并联电容器相间及对地交流耐压试验的接线方式和试验步骤是什么？

答：（1）试验接线如图 5-6 所示。

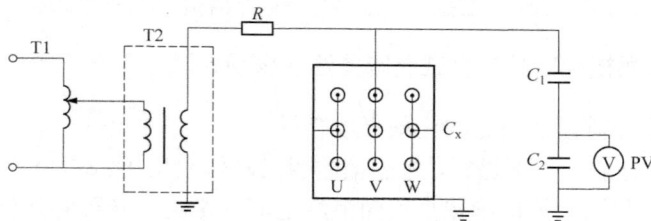

图 5-6　集合式高压并联电容器相间及对地交流耐压试验接线图

（2）试验步骤是：

1）对电容器进行充分放电并接地，做好相关安全措施，拆除所有引线和外熔丝，外熔丝是指对整个的单台电容器内部元件的短路故障（包括引线对外壳的短路故障）的保护器件。

2）试验时取下接地线，电容器各相电极间短接，外壳接地，试验相接高压引线，非试验相接地，U、V、W 三相分别施加试验电压，集合式高压并联电容器相间及对地交流耐压试验电压为出厂值的 75%，试验步骤同耦合电容器。

5-22　电容器交流耐压试验有哪些注意事项？

答： 电容器交流耐压试验的注意事项有：

（1）耐压试验前首先检查其他试验项目是否合格，合格后才可进行交流耐压试验。

（2）试验前后应对电容器进行充分放电，应从电极引出端直接放电，避免通过熔丝放电，以免放电电流熔断熔丝。

（3）注意容升和电压谐振。试验电压应在耦合电容器两端或并联电容器极对地之间测量，耦合电容器因试验电压较高，为防止电压谐振，还应与被试品并接球隙进行保护。

（4）试验回路必须装设过电流保护装置且动作灵敏可靠，动作电流可按试验变压器额定电流的 1.5～2 倍整定。

（5）试验时注意电压波形。为防止电压畸变，应避免使用移圈式调压器，电源电压应采用线电压。为克服电源干扰，可在试验变压器低压侧加滤波装置。

（6）防止冲击合闸及合闸过电压。应从零（或接近于零）开始升压，切不可冲击合闸。必要时在调压器与试验变压器之间加装隔离开关，先合调压器电源开关，再合上隔离开关。试验过程中，如发现试验设备或被试品异常，应停止升压，立即降压、断电，查明原因后再进行下面的工作。

第五节　电容器极间电容量测试

5-23　电容器极间电容量测试目的是什么？

答： 耦合电容器电容量的改变将直接影响耦合电容器的通信质量，断路器电容器电容量的改变将影响断口电容器的均压效果，而高压并联电容器电容量的改变影响补偿效果。电容量的变化不仅影响电容器的功能，更重要的是改变了电容器内部电容芯子的电压分布和工作场强，加速了电容器的老化，造成绝缘事故。因此，电容器的电容量是电容器的一个重要指标。通过电容器极间电容量的测试，可灵敏地反映电容器内部浸渍剂的绝缘状况以及内部元件的连接状况。若电容值升高，说明内部元件击穿或受潮；若电容值减小，说明内部元件开路或缺油等。通过计算、分析电容值，可指导电容器的更换或检修工作。

5-24　耦合电容器及断路器电容器极间电容量测试方法是什么？

答： 采用电桥法的正接线方式，正接线桥体处于低压屏蔽接地，对地寄生电容影响小，测量准确，操作安全方便。测量时耦合电容器或断路器电容器高压电极接高压，低压电极或小套管接电桥 C_x 端，带小套管的耦合电容器法兰接地，其测试接线如图 5-7 所示。

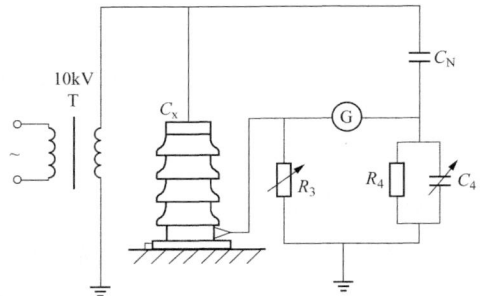

图 5-7　耦合电容器及断路器电容器
极间电容量测试接线图

T—试验变压器；G—检流计；C_x—被试品；

R_3、R_4—标准电阻；C_N、C_4—标准电容

测试前应对被试电容器充分放电并接地，拆除所有接线，做好安全措施。合理布置试验设备，按图 5-7 进行接线，严格按照所使用测试仪器的操作说明书进行设置和操作。检查测试接线和调压器零位，检查 C_x 芯线和屏蔽是否相碰，注意高压引线对地距离，桥体是否可靠接地。取下接地

线，通知其他人员远离被试电容器，从零均匀升压至测试电压进行测试，测试电压为 10kV。测试结束后应先将高压降到零后再读取测试数据，然后切断电源，对被试电容器放电接地。恢复电容器接线，特别注意耦合电容器小套管接地引线的恢复。

5-25 用毫安表带电测量耦合电容器电容量的试验接线是什么？

答： 用毫安表带电测量耦合电容器电容量的试验接线如图 5-8 所示。

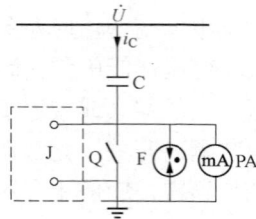

图 5-8 毫安表带电测量耦合电容器电容量的试验接线

C—被试耦合电容器；J—高频载波通信装置；PA—0.5 级毫安表；F—放电管；Q—接地开关

5-26 高压并联电容器电容量得接线方式和测试方法是什么？

答：（1）接线方式。并联电容器电容量较大，现场测量常采用电压电流表法，原理接线如图 5-9 所示。在测试时，应该考虑电压表和电流表内阻的影响，因为电压表的内阻抗不可能很大，电流表的内阻抗又不可能很小。图 5-9（a）接线主要是克服电压表的影响；图 5-9（b）接线主要是克服电流表的影响。一般 $C<10\mu F$ 时，采用图 5-9（a）接线；$C>10\mu F$ 时，采用图 5-9（b）接线。通常高压并联电容器电容量 $C<10\mu F$，所以采用图 5-9（a）接线，测试时外壳接地。

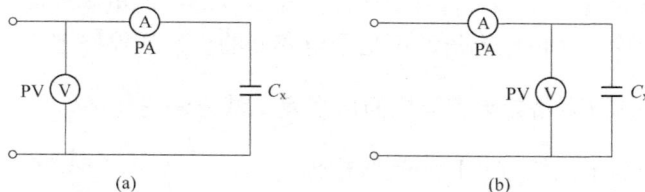

图 5-9 并联电容器采用电压电流表法测试极间电容量的原理接线图

（a）$C<10\mu F$ 时；（b）$C>10\mu F$ 时

PV—电压表；PA—电流表；C_x—被试电容

（2）测试方法是：

1）测试前，应对被试电容器充分放电并接地，拆除其所有接线和外部保险丝，根据被试电容器的电容量和测试电压计算测试电流，选择电流表和电压表的挡位。

2）按图 5-9（a）进行接线，并检查接线和调压器零位，拆除接地线。

3）合上电源隔离开关，升压至试验电压，读取电流后立即将调压器降到零位，切断电源，对被试电容器放电并接地，试验结束后恢复电容器接线。

4）在测试时，从电容器两电极之间施加测试电压，读取测试电流，被试电容器的电容

量为

$$C = \frac{I}{\omega U_s} \times 10^6$$

5-27　电容器极间电容量测试有哪些注意事项？

答：电容器极间电容量测试的注意事项有：

（1）运行中的设备停电后应先放电，再将高压引线拆除后测量，否则将引起测量误差。

（2）应根据被试电容器电容量的大小选择接线方式，注意克服电压表或电流表的影响。

（3）进行电容器电容量测试时，尽量避免通过熔丝测量。如有内置熔丝，应注意测试电流的大小。

（4）采用正接线测试耦合电容器及断路器电容器极间电容量时，注意低压电极对地应有绝缘。

（5）绝缘良好的电容器，电容值的变化是很小的。电容值的突然增高，一般认为是部分电容元件击穿短路，因为电容器是由多段元件串联组成的，串联段数减少，电容才会增高。如果部分元件发生断线，电容值将会减少。电容量的测试也可灵敏地反映电容器浸渍剂的绝缘状况，如箱体密封不良浸渍剂泄漏会使电容值减少，进水后又会使电容量增大。

第六章　电力互感器试验

第一节　互感器基础知识

6-1　什么是互感器？

答： 互感器是指能将高电压变成低电压、大电流变成小电流，用于量测或保护系统的一种特殊变压器。其功能主要是将高电压或大电流按比例变换成标准低电压（100V）或标准小电流（5A 或 1A，均指额定值），以便实现测量仪表、保护设备及自动控制设备的标准化、小型化。包括电流互感器和电压互感器两种形式。

6-2　电流互感器如何分类？

答： 电流互感器按以下几种方式分类：

（1）按工作原理可分为电磁式、电容式、光电式、电子式。

（2）按照绝缘介质可分为干式、浇注式、油浸式、瓷绝缘以及 SF_6 绝缘等形式。10kV 及以下电流互感器的主绝缘结构大多为干式。

6-3　电流互感器的试验项目有哪些？

答： 不同电流互感器的试验项目分别如下：

（1）SF_6 电流互感器。试验项目有含水量测量、SF_6 气体泄漏试验、耐压试验、SF_6 气体密度继电器检验和 SF_6 气体压力表校验。

（2）油浸式电流互感器。试验项目包括检修前、检修中和检修后三种。

1）检修前。试验项目有绕组及末屏的绝缘电阻试验、一次绕组"L"端或"P"端对储油柜绝缘电阻测量、$\tan\delta$ 及电容量的测量、油中溶解气体色谱分析、本体内绝缘油试验、变比测量。

2）检修中。试验项目有密封检查无漏油、金属膨胀器检查无渗漏、油位正确。

3）检修后。试验项目有绕组及末屏的绝缘电阻试验、一次绕组"L"端或"P"端对储油柜绝缘电阻测量、$\tan\delta$ 及电容量的测量、油中溶解气体色谱分析、本体内绝缘油试验、变比测量、交流耐压试验、局部放电测量（有条件时）、极性检查。

6-4　对一台 110kV 级电流互感器，预防性试验应做哪些项目？

答： 通常现场预防性试验应做绕组及末屏的绝缘电阻、$\tan\delta$ 及电容量测量、油中溶解气体色谱分析及油试验。

6-5　电流互感器带电检测项目有哪些？

答： 带电检测项目有红外热像检测、高频局部放电检测、相对介质损耗因数、相对电容量比值。

6-6 高压电容型电流互感器受潮的特征是什么？

答：高压电容型电流互感器现场常见的受潮有以下三种：

（1）轻度受潮。进潮量较少，时间不长，又称初期受潮。其特征为：主屏的 tanδ 无明显变化；末屏绝缘电阻降低，tanδ 增大；油中含水量增加。

（2）严重进水受潮。进水量较大，时间不太长。其特征为：底部往往能放出水分；油耐压降低；末屏绝缘电阻较低，tanδ 较大；若水分向下渗透过程中影响到端屏，主屏 tanδ 将有较大增量，否则不一定有明显变化。

（3）深度受潮。进潮量不一定很大，但受潮时间较长。其特征为：由于长期渗透，潮气进入电容芯部，使主屏 tanδ 增大；末屏绝缘电阻较低，tanδ 较大；油中含水量增加。

6-7 若发现电流互感器高压侧接头过热，应怎样处理？

答：电流互感器高压侧接头过热应按以下方法处理：

（1）若接头发热是由于表面氧化层使接触电阻增大，则应把电流互感器接头处理干净，抹上导电膏。

（2）接头接触不良，应先处理完接触处氧化层，再旋紧接头固定螺钉，使其接触处有足够的压力。

6-8 电流互感器二次侧开路为什么会产生高电压？为什么电流互感器运行中二次侧不准开路？当系统受雷击，电流互感器一次绕组的两个端子为什么会形成很高的电位差？

答：电流互感器是一种仪用变压器。其结构与变压器一样，有一、二次绕组，有专门的磁通路；它完全依据电磁转换原理，一、二次电势遵循与匝数成正比的数量关系。一般说电流互感器是将处于高电位的大电流变成低电位的小电流，即二次绕组的匝数比一次要多几倍，甚至几千倍（视电流变比而定）。如果二次开路，一次侧仍然被强制通过系统电流，二次侧就会感应出几倍甚至几千倍于一次绕组两端的电压，这个电压可能高达几千伏以上，将产生以下危害：①感应电动势产生高压可达几千伏及以上，危及在二次回路上工作人员的安全，损坏二次设备；②由于铁芯高度磁饱和、发热可损坏电流互感器二次绕组的绝缘。

电流互感器一次绕组的两个端子，一端为 L1，经小套管与储油柜绝缘引出，另一端与储油柜等电位引出。在正常运行电压下，由于一次绕组电感很小，L1 和储油柜间的电位几乎相同，故不会出现放电现象。当系统受雷击，高频电流流过一次绕组时，一次绕组将呈现很大的感抗而造成很大的电压降，使 L1 端与储油柜间形成很高的电位差而放电。

6-9 何为电流互感器的末屏接地？不接地会有什么影响？

答：在 220kV 及以上的电流互感器或 60kV 以上的套管式电流互感器中，为了改善其电场分布，使电场分布均匀，在绝缘中布置一定数量的均压极板—电容屏，最外层电容屏（即末屏）必须接地。如果末屏不接地，则因在大电流作用下，其绝缘电位是悬浮的，电容屏不能起均压作用，在一次通有大电流后，将会导致电流互感器绝缘电位升高，而烧毁电流互感器。

6-10 电流互感器的误差与什么因素有关？

答：影响电流互感器误差的因素有：

（1）励磁安匝数的大小。即与铁芯的质量和结构形式有关，铁芯质量差时励磁电流增大，误差增大。

（2）一次电流的大小。在额定范围内一次电流增大，误差减小。

（3）二次负载阻抗大小。阻抗越大，误差越大。

（4）二次负载感抗。当二次功率因数减小时，电流误差增大，而角误差相对减少。

6-11 电压互感器如何分类？

答：电压互感器按以下几种方式分类：

（1）按工作原理可以分为电磁式、电容式、电子式。

（2）按绝缘介质可分为干式、浇注式、油浸式以及 SF_6 绝缘等形式。

6-12 电压互感器的试验项目有哪些？

答：不同电压互感器的试验项目分别如下：

（1）油浸式电压互感器。试验项目包括检修前、检修中和检修后三种。

1）检修前。试验项目有绝缘电阻试验、绕组和支架的 $\tan\delta$、油中溶解气体色谱分析。

2）检修中。试验项目有铁芯夹紧螺栓绝缘电阻。

3）检修后。试验项目有绝缘试验、绕组和支架的 $\tan\delta$、油中溶解气体色谱分析、空载电流测量、密封试验、接线组别和极性、电压比、绝缘油击穿电压试验、外施感应耐压试验、局部放电测量（有条件时）。

（2）电容式电压互感器。试验同样包括检修前、检修中和检修后三种。

1）检修前和检修中的试验项目同油浸式电压互感器。

2）检修后。试验项目有绝缘试验、电容分压器和电磁单元的 $\tan\delta$、油中溶解气体色谱分析、空载电流测量、密封试验、接线组别和极性、电压比、绝缘油击穿电压试验、准确度试验、铁磁谐振试验（必要时）。

6-13 为什么电压互感器运行中二次侧不准短路？

答：电压互感器正常运行中二次侧接近开路状态，一般二次侧电压可达 100V。如果二次短路后，在恒压电源作用下二次绕组中会产生很大短路电流，烧毁互感器，损坏绝缘，一、二次击穿。失掉电压互感器会使有关距离保护和电压有关的保护误动作，仪表无指示，影响系统安全，所以电压互感器二次不能短路。

6-14 电压互感器高压熔断的原因主要有哪些？

答：电压互感器高压熔断的原因主要有：

（1）系统发生单相间歇性电弧接地，引起电压互感器的铁磁谐振。

（2）熔断器长期运行，自然老化熔断。

（3）电压互感器本身内部出现单相接地或相间短路故障。

（4）二次侧发生短路而二次侧熔断器未熔断，也可能造成高压熔断器熔断。

6-15 测量相电压的电压互感器，其一次绕组接地端 **X** 如果接地不良或根本没有接地，会产生悬浮高压而发生故障，其现象主要有哪些？

答：现象主要有：
（1）当电源合闸时，电压表指示不稳定。
（2）沿绝缘支架击穿，甚至发生爆炸。从高压端 A 至击穿部位的绕组绝缘往往因过热而烧焦。
（3）接地不良的地方将出现电弧烧焦痕迹。

6-16 SF$_6$气体绝缘式互感器有什么优点？

答：SF$_6$气体绝缘式互感器是以 SF$_6$气体作为主绝缘的互感器，主要有组合式（和 GIS 配套）和独立式两种。优点是：
（1）有防爆性能。
（2）安全可靠、使用寿命长。
（3）SF$_6$气体无绝缘老化问题。
（4）复合绝缘套管不易损坏，抗地震性能好，表面具有良好的憎水性和防污性。
（5）若 SF$_6$气体年漏气率小于 0.5%，额定压力下至少 20 年不需要维修。SF$_6$气体绝缘互感器定性检漏无泄漏点，有怀疑时进行定量检漏，年泄漏率应小于 1%。
（6）装有密度继电器，可达到远距离控制和监视。

6-17 互感器的二次绕组为什么必须接地？

答：互感器二次绕组接地的目的在于当发生一、二次绕组击穿时，降低二次系统的对地电位，从而保证人身及设备安全。二次系统的对地电位由接地电阻的大小决定。

6-18 简述互感器受潮的现象、原因及处理方法。

答：（1）互感器受潮的现象：绕组绝缘电阻下降、介质损耗超标或绝缘油微水超标。
（2）互感器受潮原因：产品密封不良，使绝缘受潮，多伴有渗漏油或缺油现象，对老型号互感器，可进行密封改造。
（3）处理方法：应对互感器器身进行干燥处理，若轻度受潮，可用热油循环干燥处理；若严重受潮，则需要进行真空干燥，对老型号非全密封结构互感器，应进行更换或加装金属膨胀器。对互感器进行真空干燥处理，器身干燥处理应严格控制真空度、压力、温度。

6-19 为什么温差变化和湿度增大会使高压互感器的 tanδ 超标？如何处理？

答：互感器外部主要有底座、储油柜、接有一次绕组出线的大瓷套和二次绕组出线的小瓷套。当它们内部和外部的温度变化时，tanδ 也会变化，因此 tanδ 与温度有一定的关系。当大、小瓷套在湿度较大的空气中，使瓷套表面附上了肉眼看不见的小水珠，这些小水珠凝结在试品的大、小瓷套上，造成了试品绝缘电阻降低和电容量减小。对电容量较大的 U 形电容式互感器，电容改变的相当大，导致出现−tanδ。

如果想降低 $\tan\delta$，一是按照技术条件和标准要求，在规定的温度和湿度情况下测量 $\tan\delta$ 值。二是在实际温度下想办法排除大小瓷套上的水分，使试品恢复原来本身实际的电容量和绝缘电阻，以达到测出试品的 $\tan\delta$ 值的真实数据。

处理方法有：化学去湿法、红外线灯泡照射法、烘房加热法等。

若采用上述方法处理后，个别试品 $\tan\delta$ 值仍未降下，就要从试品的制造工艺和干燥水平上找原因。根据经验，如果是电流互感器，造成 $\tan\delta$ 值偏大的主要原因有试品包扎后时间过长，试品吸尘、吸潮或有碰伤等现象。电容式结构的试品，还可能出现电容屏断裂或地屏接触不良或断开现象，造成 $\tan\delta$ 值偏大或测不出来。如果是电压互感器，主要是由于试品的胶木支撑板干燥不透或有开裂现象，造成 $\tan\delta$ 值偏大。因为胶木支撑板的好坏，直接影响试品的 $\tan\delta$ 值。

处理因温差变化和湿度增大，使高压互感器的 $\tan\delta$ 超标的方法有：在规定的温度和湿度情况下测量 $\tan\delta$ 值；排除大小瓷套上的水分；使试品恢复原来本身实际的电容量和绝缘电阻，以测出试品的 $\tan\delta$ 值的真实数据。

6-20 对高压互感器绝缘油的介质损耗因数、含水量的要求是什么？

答：高压互感器绝缘油的介质损耗因数、含水量要求见表 6-1。

表 6-1 高压互感器绝缘油的介质损耗因数、含水量要求

电压等级	新 油			运行中的油		
	$\tan\delta$（90℃）	微量水	总含气量	$\tan\delta$（90℃）	微量水	总含气量
110kV	≤1%	≤20μL/L		≤4%	≤35μL/L	
220kV	≤1%	≤15μL/L		≤4%	≤25μL/L	
500kV	≤0.7%	≤10μL/L	≤1%	≤2%	≤15μL/L	≤1%

第二节 电流互感器绝缘电阻试验

6-21 电流互感器一次绕组绝缘电阻试验的测试方法是什么？

答：电流互感器一次绕组绝缘电阻试验接线如图 6-1 所示。

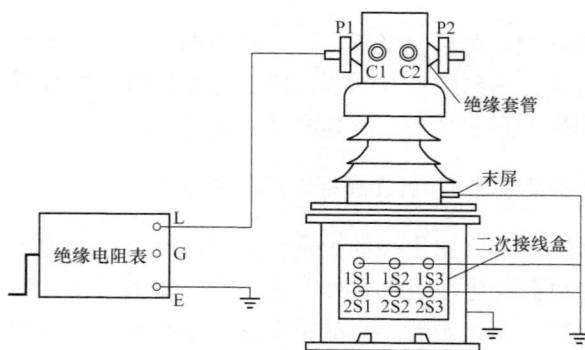

图 6-1 测量电流互感器一次绕组绝缘电阻的接线图

电流互感器一次绕组有两个并列的线圈，一个线圈的两端是 C1、P1，另一个线圈的两端是 C2、P2，平时端子 C1、C2 通过连接片连接。将电流互感器一次绕组端子 P1、P2 短接后接至绝缘电阻表"L"端，绝缘电阻表"E"端接地，电流互感器的二次绕组及末屏短路接地。接线经检查无误后，驱动绝缘电阻表至额定转速，将"L"端测试线搭上电流互感器高压测试部位，读取 60s 绝缘电阻值，并做好记录。完成测量后，应先断开接至被试

电流互感器高压端的连接线，再将绝缘电阻表停止运转，对电流互感器测试部位短接放电并接地。

6-22 测量电流互感器末屏绝缘电阻的测试方法是什么？

答：将电流互感器末屏端接地解开，绝缘电阻表"L"端接电流互感器"末屏端"，"E"端接地，接线经检查无误后，驱动绝缘电阻表至额定转速，将"L"端测试线搭上电流互感器"末屏端"，读取60s绝缘电阻值，并做好记录。完成测量后，应先断开接至电流互感器"末屏端"的连接线，再将绝缘电阻表停止运转，对电流互感器"末屏端"测试部位短接放电并恢复接地。例如：电容式电流互感器还可通过比较主屏与末屏的介质损耗因数与绝缘电阻来判断受潮的程度。如一台 TA 主屏 $\tan\delta$=0.3%，绝缘电阻 R=5000MΩ，末屏对二次及地 $\tan\delta$=4.1%，绝缘电阻 R=150MΩ。吊心后看到箱底有水，说明外层绝缘已受潮，但潮气尚未进入主绝缘；这样的 TA 要及时进行真空干燥，确认绝缘状况良好才可恢复运行。

6-23 测量电流互感器二次绕组对地及之间的绝缘电阻的测试方法是什么？

答：将电流互感器二次绕组分别短路，绝缘电阻表"L"端接测量绕组，"E"端接地，非测量绕组接地。检查无误后，驱动绝缘电阻表至额定转速，将绝缘电阻表"L"端连接线搭接测量绕组，读取60s绝缘电阻值，并做好记录。断开绝缘电阻表"L"端至测量绕组的连接线，再将绝缘电阻表停止运转，对所测二次绕组进行短接放电并接地。

电流互感器二次绕组有几组，每组都要分别进行测量，直至所有绕组测量完毕。

6-24 测量电流互感器一次绕组段间的绝缘电阻的测试方法是什么？

答：解开电流互感器的一次绕组间所有连接片（串联、并联使用），对 110kV 及以上电流互感器还应解开一次绕组间的避雷器。将绝缘电阻表"L"端接电流互感器一次绕组的"P1"端，"E"端接电流互感器一次绕组的"P2"端。接线经检查无误后，驱动绝缘电阻表至额定转速，将"L"端测试线搭上电流互感器"P1"端，"E"端测试线搭上电流互感器一次绕组的"P2"端，读取60s绝缘电阻值，并做好记录。完成测量后，应先断开接至被试电流互感器"P1"端的连接线，再将绝缘电阻表停止运转。对所测一次绕组进行短接放电并接地。恢复所有连接片及避雷器的接线。

6-25 测量互感器绝缘电阻有哪些注意事项？

答：测量互感器绝缘电阻的注意事项是：

（1）每次试验应选用相同电压、相同型号的绝缘电阻表。

（2）测量时宜使用高压屏蔽线且屏蔽层接地。若无高压屏蔽线，测试线不要与地线缠绕，应尽量悬空。测试线不能用双股绝缘线和绞线，应用单股线分开单独连接，以免因绞线绝缘不良而引起误差。

（3）试验人员之间应分工明确，测量时应配合默契，测量过程中要大声呼唱。

（4）测量时应在天气良好的情况下进行，且空气相对湿度不高于80%。若遇天气潮湿、互感器表面脏污，则需要进行"屏蔽"测量，屏蔽是在互感器套管中上部表面用软质裸铜线紧密缠绕若干圈，引至绝缘电阻表的屏蔽端（"G"端），以消除表面泄漏的影响。

（5）禁止在有雷电或邻近高压设备时使用绝缘电阻表，以免发生危险。

（6）测试电流互感器末屏绝缘的绝缘电阻、串级式电压互感器一次绕组绝缘电阻、电容式电压互感器主电容 C_1、分压电容 C_2 及中间变压器的绝缘电阻后，切记做好末屏、"X"端、"δ"端的接地。

（7）在将末屏接地解开时，应解开"接地端"，不要解开"末屏端"，以免造成末屏芯线断裂或渗油。

（8）在测量电流互感器末屏绝缘电阻时，将绝缘电阻表"L"端测试线搭在电流互感器"末屏端"后，观察有无充电现象，放电时注意观察有无"火花"或"放电"声。

（9）在测量末屏绝缘电阻时，若没有充电现象，而绝缘电阻值很高，放电时无"火花"或"放电"声，可能末屏引线发生断裂，需用其他试验来进行综合判断。

（10）在测量末屏绝缘电阻时，若没有充电现象，而绝缘电阻值很低，放电时无"火花"或"放电"声，可能电流互感器末屏受潮。这是因为电容型电流互感器一般由 10 层以上电容串联。进水受潮后，水分一般不易渗入电容层间或使电容层普遍受潮，因此进行主绝缘试验往往不能有效地监测出其进水受潮。但是水分的密度大于变压器油，所以往往沉积于套管和电流互感器外层（末层）或底部（末屏与法兰间），而使末屏对地绝缘水平大大降低。因此，当末屏对地绝缘电阻小于 1000MΩ 时，以超过"状态检修"的要求，要引起注意，应在测量一次绕组对末屏主绝缘的 C_X 和 $\tan\delta$ 值的同时，测量末屏对地的 C_X 和 $\tan\delta$ 值。

（11）在测量串级式电压互感器一次绕组的绝缘电阻时，由于末端（"X"端）的小套管脏污、受潮、破裂或支持小套管及二次端子的胶木板脏污、受潮，会影响一次绕组的绝缘电阻值。

第三节　电流互感器介质损耗因数的测试

6-26　电流互感器介质损耗因数的测试目的是什么？

答： 电流互感器介质损耗因数的测试能灵敏地发现油浸链式和串级绝缘结构电流互感器绝缘受潮、劣化及套管绝缘损坏等缺陷，对油纸电容型电流互感器由于制造工艺不良造成电容器极板边缘的局部放电和绝缘介质不均匀产生的局部放电、端部密封不严造成底部和末屏受潮、电容层绝缘老化及油的介电性能下降等缺陷，也能灵敏地反映。所以介质损耗因数是判定电流互感器绝缘介质是否存在局部缺陷、气泡、受潮及老化等的重要指标。

6-27　油浸链式电流互感器的结构有什么特点？

答： 油浸链式结构电流互感器一次和二次绕组互相嵌套在一起，外观结构类似于铁链子上面两个嵌套连接在一起的铁环，一次和二次绕组上都包着油-纸绝缘，一、二次绕组绝缘各占主绝缘的一半，绝缘包扎不能保证连续性，易产生间隙，使电场不均匀，故主要适用于 35kV 的互感器。链式结构电流互感器一、二次绕组之间和对地电容较小，所以高压对地电容对测量影响较大。链式电流互感器结构如图 6-2 所示。

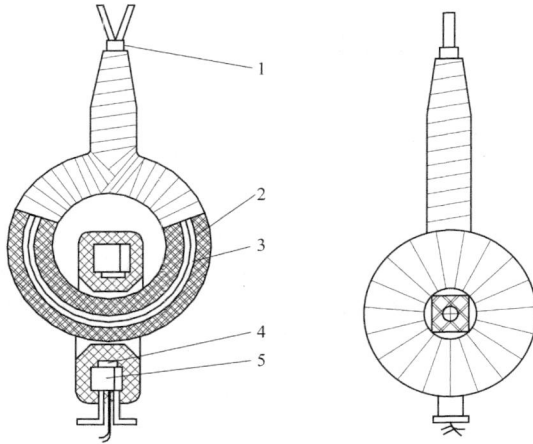

图 6-2　链式电流互感器结构图

1——次引线支架；2—主绝缘Ⅰ；3——次绕组；4—主绝缘Ⅱ；5—二次绕组

6-28　油浸链式和串级结构电流互感器现场测试 $\tan\delta$ 时，按一次对二次绕组采用高压电桥正接线测量和反接线测量的接线方法是什么？各自有什么优点？

答：采用正接线如图 6-3 所示，这时桥体处于低压，屏蔽接地，对地寄生电容影响小，测量准确，操作安全方便，适用于电流互感器一、二次间绝缘测量和判断。在测量时，一次短接后接高压，二次短接后接电桥 C_x 端，电流互感器外壳接地。

采用反接线如图 6-4 所示，这时桥体处于高压，高压电极及引线对地寄生电容影响大，尤其对电容较小的试品。反接线可以反映电流互感器一次对二次及地的绝缘状况，对电流互感器套管内外壁和绝缘支架的绝缘状况反映也较灵敏。测量时一次绕组短接后接电桥 C_x 端，二次各绕组短接后接地，电流互感器外壳接地。

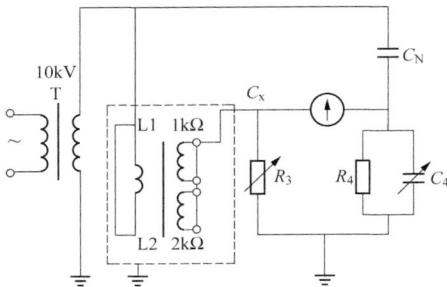

图 6-3　电流互感器采用正接线测试
$\tan\delta$ 的原理接线图

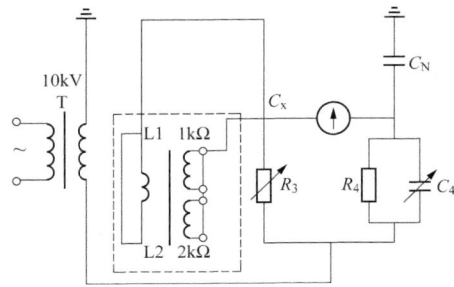

图 6-4　电流互感器采用反接线测试
$\tan\delta$ 的原理接线图

例如：一台电流互感器型号为 LCWD-110，使用 QS1 电桥测量 $\tan\delta$ 和电容量，采用反接线测试时，一次对地杂散电容 $C_1=25\text{pF}$，$\tan\delta_1=0.1\%$；一次对二次及地 $C_2=57\text{pF}$，一次对二次 $\tan\delta_2=3.3\%$。采用反接线测量时 $\tan\delta=(C_1\tan\delta_1+C_2\tan\delta_2)/(C_1+C_2)=2.3\%$；采用正接线测量时，此时一次对二次等效电容 $C=50\text{pF}$，测得 $\tan\delta=3.3\%$。可见，采用正接线测量更容易发现互感器绝缘故障。

6-29　电容型电流互感器的结构有什么特点？

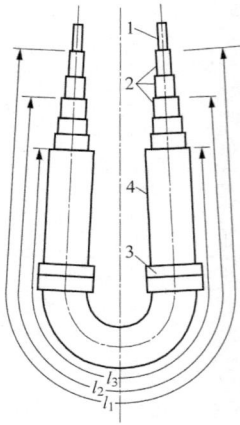

图 6-5　电容型电流互感器结构原理图

答： 电容型电流互感器结构原理如图 6-5 所示。电容型电流互感器一次绕组有 U 形和吊环型（倒立式）两种，主要适用于 110kV 及以上的电流互感器。U 形主绝缘包在一次绕组。U 形地电屏（也称末屏）在最外层。主屏层数随电压增高而增加，110kV 一般 6 层，220kV 10 层，对高电压电流互感器，为了均匀电场，主屏之间设置端屏，500kV 一般为 4 个主屏、30 个端屏。

通过对电容型绝缘结构的电流互感器进行油中溶解气体色谱分析，局部放电测量，绕组主绝缘及末屏绝缘的 tanδ 和绝缘电阻测量时，会发现绝缘末屏引线在内部发生的断线或不稳定接地缺陷。

对高压电容式绝缘结构的套管、互感器及耦合电容器，不仅要监测其绝缘介质损耗因数，还要监测其电容量的相对变化。

6-30　电容型电流互感器主绝缘电容量和 tanδ 的测试接线是什么？

答： 主绝缘电容量和 tanδ 的测试接线，如图 6-6 所示。电容型电流互感器主绝缘测量一般采用正接线，测试一次绕组和末屏之间的 tanδ 和电容量。在测试时，一次绕组短接后接高压，电流互感器末屏接电桥 C_x 端，二次绕组短接后接地，电流互感器外壳接地。测试电压为 10kV。

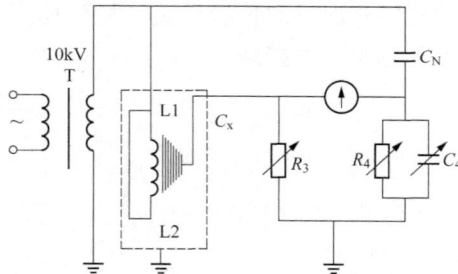

图 6-6　电容型电流互感器主绝缘电容量和 tanδ 的测试接线图

6-31　电容型电流互感器末屏对地电容量和 tanδ 的测试接线是什么？

答： 电容型电流互感器进水受潮以后，水分一般沉积在底部，最容易使底部和末屏绝缘受潮。采用反接线测量末屏对地的 tanδ 和电容量能灵敏地发现电容型电流互感器主绝缘早期受潮故障。规程规定：如绝缘电阻小于 1000MΩ 时，应进行末屏对地 tanδ 和电容量的测试。

末屏对地电容量和 tanδ 的测试接线如图 6-7 所示，其接线方式有正、反两种接法。一般来说，两种接线方式测得的介质损耗因数值相当吻合，只是电容值有所差异，反接法测得的 C_x 比正接线法测得的大几十皮法。这是由于用反接法测量时，将互感器末屏对地的杂散电容测进来的缘故，杂散电容与试品电容并联，因此测得的总电容就偏大。干扰较大时，宜采用正接线。

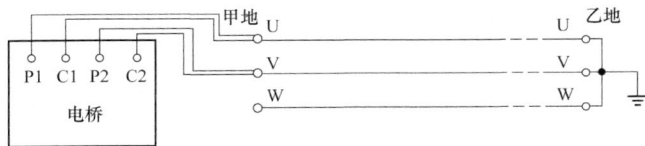

图 6-7 电容型电流互感器末屏对地电容量和 tanδ 的测试接线图

在电力系统中，采用反接线较方便，这时电流互感器的末屏接西林电桥，在末屏与油箱座之间加压，测试时施加电压一般可取 2～2.5kV。打开末屏接地线，将电桥 C_x 端与末屏相连接，将一次绕组短接后接到电桥的"E"端屏蔽，二次绕组短接后接地。其中 C_z 为主绝缘；C_d 为末屏对地绝缘；δ 为末屏引出线。

采用反接线测量末屏对地的 tanδ 和电容时，tanδ 值不应大于表 6-2 中数据。此表主要适用于油浸式电流互感器。SF_6 气体绝缘和环氧树脂绝缘结构电流互感器不适用，注硅脂等干式电流互感器可以参照执行。

表 6-2   交接试验时电流互感器 tanδ 限值   单位：%

设备种类　　　　　额定电压	20～35kV	66～110kV	220kV	330～500kV
油浸式电流互感器	2.5	0.8	0.6	0.5
注硅脂及其他干式电流互感器	0.5	0.5	0.5	—
油浸式电流互感器末屏	0.2			

6-32 电容型电流互感器主绝缘高压介质损耗因数和电容量接线是什么？

答：其测试接线如图 6-8 所示。主绝缘高电压电容量和介质损耗因数测试采用正接线，测试一次绕组和末屏之间的 tanδ 和电容量。测试时一次绕组短接后接高压，电流互感器末屏接电桥 C_x 端，二次绕组短接后接地，电流互感器外壳接地，标准电容 C_N 采用外附高压标准电容，一般高压标准电容电容量远大于低压标准电容电容量，因为测试电压为 10kV～U_m/$\sqrt{3}$，为保证 Z_4 桥臂的压降小于 1V，并能承受流过标准电容的电流，故在 Z_4 桥臂并联一无感电阻 R_b 以减少

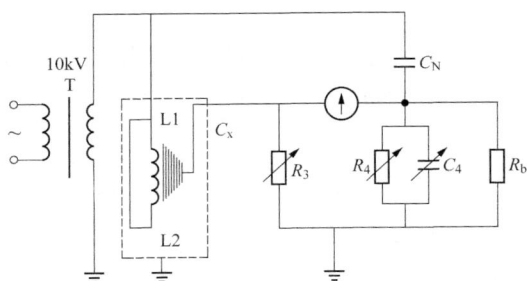

图 6-8 主绝缘高压电容量和介质损耗因数测试接线图

Z_4 桥臂的阻抗，并联 R_b 后 Z_4 桥臂标准电阻为 R_{4b}，R_{4b} 的阻值一般为 1000/π 或 100/π。

例如：扩大量程 10 倍（$n=10$）时，$R_{4b}=1000/\pi$，R_b、tanδ 及电容量 C_x 的计算式为

$$R_b=R_4/(n-1)=3184/(10-1)=353.8（\Omega）$$

$$\tan\delta=\tan\delta_b/n$$

$$C_x=C_{xb}/n$$

式中：R_4 为 Z_4 桥臂标准电阻（10 000/π），Ω；tanδ_b 为并联电阻后的介质损耗因数值，%；C_{xb} 为并联电阻后的电容值，pF。

检查接线无误后，从零升至测试电压进行测试，测试电压为 $10kV \sim U_m/\sqrt{3}$，升压过程中在多点电压下测试 $\tan\delta$ 值，读取测试数据；降压过程中在相应各点电压下测试 $\tan\delta$ 值，读取测试数据。测试完毕后，将高压降到零，立即切断电源，将被试品放电接地。恢复电流互感器一、二次连接线，特别注意末屏接地引线的恢复。

6-33　测量电流互感器介质损耗因数时，一次侧短路与不短路在原理上有什么不同？对测量的影响如何？

答：一次侧不短路，在一次绕组中存在很小的电感电流，影响测量结果的准确性，但影响很小；一次侧短路，一次绕组两端等电位，线圈电感影响消除，测试结果准确。

6-34　为什么油纸电容型电流互感器的介质损耗因数一般不进行温度换算？

答：油纸绝缘的介质损耗因数与温度的关系取决于油与纸的综合性能。良好的绝缘油是非极性介质，油的 $\tan\delta$ 主要是电导损耗，它随温度升高而增大。而纸是极性介质，其 $\tan\delta$ 由偶极子的松弛损耗所决定，一般情况下，纸的 $\tan\delta$ 在温度$-40 \sim 60℃$范围内随温度升高而减小。因此，不含导电杂质和水分的良好油纸绝缘，在此温度范围内其 $\tan\delta$ 没有明显变化，所以可不进行温度换算。若要换算，也不宜采用充油设备的温度换算方式，因为其温度换算系数不符合油纸绝缘的 $\tan\delta$ 随温度变化的真实情况。

当绝缘中残存有较多水分与杂质时，$\tan\delta$ 与温度的关系就不同于上述情况，$\tan\delta$ 随温度升高明显增加。如两台 220kV 电流互感器通入 50%额定电流，加温 9h，测取通入电流前后 $\tan\delta$ 的变化，$\tan\delta$ 初始值为 0.53%的一台无变化，$\tan\delta$ 初始值为 0.8%的一台则上升为 1.1%，$\tan\delta$ 随温度上升而增加。因此，当常温下测得的 $\tan\delta$ 较大时，为进一步确认绝缘状况，应考察高温下的 $\tan\delta$ 变化，若高温下 $\tan\delta$ 明显增加时，则应认为绝缘存在缺陷。

6-35　进行电容型电流互感器主绝缘高压介质损耗因数和电容量测试试验时，为什么要测量绘制 $\tan\delta$ 与电压的关系曲线？如何通过 $\tan\delta$ 与电压的关系曲线分析判断电流互感器绝缘状况？

答：《防止电力生产重大事故的二十五项重点要求》中，要求进行电流互感器的高压介质损耗因数测量。油纸电容型电流互感器 $\tan\delta$ 一般不进行温度换算，当 $\tan\delta$ 值与出厂值或上一次试验值比较有明显增长时，应综合分析 $\tan\delta$ 与电压的关系。良好绝缘的 $\tan\delta$ 不随电压的升高而明显增加，若绝缘内部有缺陷，则其 $\tan\delta$ 将随试验电压的升高而明显增加，通过高压电容量和介质损耗因数测试可绘制 $\tan\delta$ 与电压的曲线，以便进一步分析绝缘缺陷的性质，更灵敏地发现互感器绝缘内部的缺陷。

利用 $\tan\delta$ 与电压的关系曲线分析判断电流互感器绝缘状况。GB 5010—2016《电气装置安装规程　电气设备交接试验标准》规定：当对电流互感器绝缘性能有怀疑时，可采用高压法进行试验，试验电压在（$0.5 \sim 1$）$U_m/\sqrt{3}$ 范围内。在进行电容型电流互感器 $\tan\delta$ 分析时，不仅要看绝对值，还要看不同试验电压下的 $\tan\delta$ 变化值。

电流互感器绝缘良好时，在一定电压范围内 $\tan\delta$ 一般随着电压升高变化很小，如图 6-9（a）所示。

绝缘有缺陷时 $\tan\delta$ 变化则较显著，绝缘受潮介质损耗增加使绝缘温度增高，造成 $\tan\delta$ 迅速加大，电压下降时由于介质损耗增大导致介质发热，使损耗增加而不能回到原来响应电压下的 $\tan\delta$ 数值，如图 6-9（b）所示。

在绝缘产生局部放电时，$\tan\delta$ 不随电压升高，当达到局部放电起始电压时 $\tan\delta$ 急剧增加，当电压下降到局部放电熄灭电压时，曲线重合。熄灭电压越低，绝缘局部缺陷越严重。绝缘产生气隙局部放电的 $\tan\delta=f$（U）曲线如图 6-9（c）所示。

电流互感器主绝缘含有离子型杂质会造成随着试验电压升高 $\tan\delta$ 下降的情况，在交流电场下，随着电场的加强，离子运动速度加快，离子在纸层间或油中的迁移被阻拦，表现在电流上为有功分量波形畸变，有功电流波形畸变后超前电压一个角度，使 $\tan\delta$ 减小。一般为制造和检修质量问题，多为干燥不彻底，潮气浸入绝缘内部，油被污染等情况造成的，如图 6-9（d）所示。

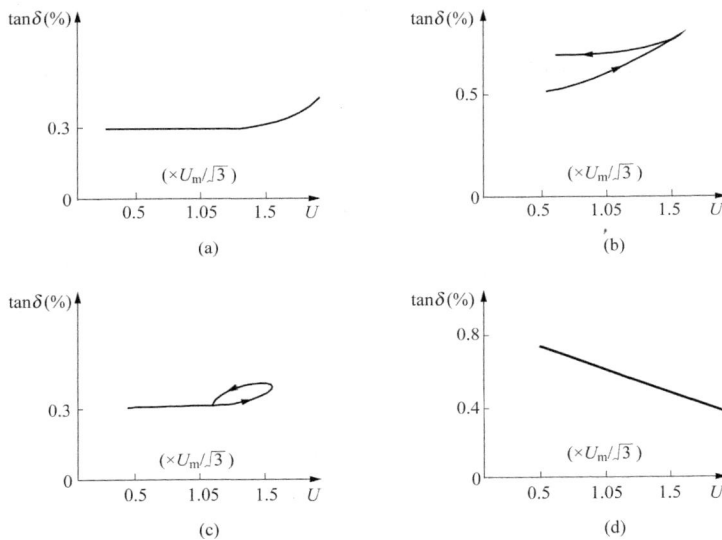

图 6-9　电流互感器 $\tan\delta$ 与电压的关系

（a）绝缘良好时的 $\tan\delta=f$（U）曲线；（b）绝缘受潮时的 $\tan\delta=f$（U）曲线；

（c）绝缘气隙局部放电时的 $\tan\delta=f$（U）曲线；（d）主绝缘含有离子型杂质时的 $\tan\delta=f$（U）曲线

6-36　电流互感器主绝缘介质损耗因数和电容量测试有哪些注意事项？

答：电流互感器主绝缘介质损耗因数和电容量测试试验的注意事项是：

（1）测试应在良好的天气，湿度小于80%，互感器本体及环境温度不低于+5℃的条件下进行。

（2）互感器表面脏污、潮湿时，应采取擦拭和烘干等措施以减少表面泄漏电流的影响。互感器电容量较小时，加屏蔽环会影响电场分布，不宜采用。

（3）测试前，应先测试被试品的绝缘电阻，其值应正常。

（4）互感器附近的木梯、架构、引线等所形成的杂散损耗，会对测量结果产生较大影响，应予拆除。高压引线与被试互感器的角度应尽量大，尽量远离被试品法兰，有条件时高压引线最好自上向下引到试品，以免杂散电容影响测量结果，同时注意电场、磁场干扰。

（5）电桥本体用截面较大的裸铜导线可靠接地。被试电流互感器外壳可靠接地，电桥本体应直接与被试互感器外壳或接地点连接且尽量短。

（6）在测量电流互感器末屏介质损耗和电容量时，所加电压不得超过该末屏的承受电压。

6-37 如何根据主绝缘、末屏对地介质损耗因数和绝缘电阻值来判断电容型电流互感器的受潮程度？

答：电容型电流互感器因结构原因受潮后，水分容易沉积在底部，随着受潮程度的加深，水分逐渐沿着主绝缘表面往上部和内部发展，根据受潮程度不同表现如下：

（1）电流互感器轻度受潮时，主屏介质损耗变化小，末屏对地绝缘电阻较低、末屏对地介质损耗增大。

（2）电流互感器严重进水受潮时，末屏绝缘电阻进一步降低、末屏介质损耗进一步增大。主屏介质损耗变化不明显，如水分渗透到端屏，主屏介质损耗变化较明显。

（3）电流互感器深度受潮时，主屏介质损耗增大，末屏绝缘电阻更低、末屏介质损耗更大。

6-38 高压电流互感器末屏引出结构方式对末屏的介质损耗因数有何影响？

答：高压电流互感器末屏引出的结构方式有两种：一种是从二次接线板（环氧酚醛层压玻璃布板）上引出，另一种是利用一个绝缘小瓷套管，从油箱底座上引出，如图 6-10 所示。

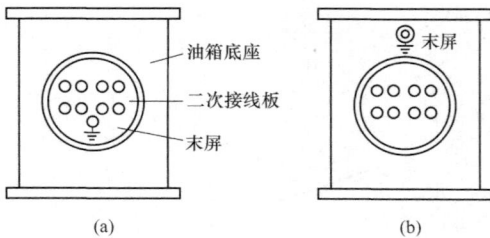

图 6-10　高压电流互感器末屏引出方式
（a）二次接线板引出；（b）绝缘小瓷套管引出

现场测试表明，电流互感器的末屏引出结构方式对其介质损耗因数测量结果影响较大。由二次接线的环氧玻璃布板上直接引出的末屏介质损耗因数一般都较大，最大可达 8%左右，即使合格的也在 1%～1.5%之间；由绝缘小瓷套管引出的末屏介质损耗因数一般都较小，在 1%以下，最小的在 0.4%左右。

对于由二次接线板上直接引出的末屏介质损耗因数不合格的电流互感器，可采取更换二次接线板的方法。但是，有的更换了二次接线板后，末屏介质损耗合格，在 1%～1.5%之间，而有的更换了二次接线板后，介质损耗因数反而增大。对于这种情况，应将其末屏改为由绝缘小瓷套管引出至箱壳，这样更换后的末屏介质损耗因数可达 1%以下。

两种末屏引出结构方式对末屏介质损耗因数影响如此之大，主要是与末屏引出的绝缘结构材料有关。电流互感器的末屏对二次绕组及地之间，可以看成一个等效电容，它由油纸、变压器油和环氧玻璃布板或小瓷套管并联组成。末屏介质损耗因数的大小与上述并联绝缘介质的性能如其 $\tan\delta$ 和电容量 C 有很大关系。

若将环氧玻璃布板和瓷套管的 $\tan\delta$ 和 C 进行对比，环氧玻璃布板结构方式在 20℃、50Hz 下的 $\tan\delta$ 和 C 较瓷套管方式在 20℃、50Hz 下的大。根据电介质理论，绝缘介质的 $\tan\delta$ 大、C 大，必然使末屏介质损耗因数大。此外，环氧玻璃布板是由电工用无碱玻璃布浸以环氧酚醛树脂经热压而成，其压层间难免出现一些微小的气泡和杂质，有的甚至出现夹层和裂纹，这种有缺陷的环氧玻璃布板不但会影响末屏介质损耗因数，导致其增大，而且会影响到末屏对二次及地的绝缘电阻的降低，有的甚至降到 1000MΩ 以下而不合格。

采用绝缘小瓷套管的末屏引出方式，不但能保证电流互感器的末屏介质损耗因数在合格的范围内，而且能够提高末屏对地的绝缘水平。一般说来，末屏对地绝缘电阻可达 5000MΩ 以上，末屏对地的 1min 工频耐压可由 2kV 提高到 5kV。

6-39　110kV 及以上的互感器在试验中测得 tanδ 增大时，如何分析可能是受潮引起的？

答：在排除下述因测量方法和外界的影响因素后，确知油中氢含量增高，且测得其绝缘电阻下降，则可判断其绝缘电阻下降是受潮引起的。否则应进一步查明原因。

（1）检查测量接线的正确性，QS1 电桥的准确性和是否存在外电场的干扰。

（2）排除电压互感器接线板和小套管的潮污和外绝缘表面的潮污因素。

（3）油的色谱分析中氢（H_2）的含量是否升高很多。

（4）绝缘电阻是否下降。

6-40　电容型电流互感器产品出厂后介质损耗因数变化的原因及预防措施是什么？

答：根据《规程》和 GB 50150—2016《电气装置安装工程　电气设备交接试验标准》规定，对 35kV 及以上电压等级的油浸式电流互感器应测量其介质损耗因数。但试验表明，测量结果往往不够稳定，有的产品甚至超标。据中国电力科学研究院 1991 年统计，在线产品在做预防性试验时发现，110kV 及以上互感器的介质损耗因数超标的就有 190 台，有的产品在投入运行前做验收试验时就发现，其介质损耗因数值比出厂试验值有所增加，甚至超标。究其主要原因是器身真空干燥不彻底，绝缘内层含水量高，或者是器身在出炉装配时，由于暴露时间过长或其他原因而使器身表面受潮。不管是主绝缘内屏的含水量偏高，还是干燥透的器身外部受潮，在经过一段时间后，都会使产品的介质损耗因数值有所变化（回升），因为电容型电流互感器是多主屏组成主绝缘，产品的介质损耗因数为各屏间介质损耗因数的平均值。对于 220kV 产品，一般取 10 个主屏，假如其中有 1～2 个屏间介质内的水分没有除净，或者器身外部受潮（通过对地屏介质损耗因数的测试可判定是否是外部受潮），出厂时对测量产品介质损耗因数值似乎影响不大，但存放一段时间后，其中的水分将会慢慢扩散到其他屏间的介质中去，产品的介质损耗因数值将比出厂的测量值有所增加，这就是所谓的介质损耗因数值"回升"现象。绝缘中局部区域（特别是内层）含水量过，是引起 tanδ 回升的主要原因。

为防止电容型电流互感器介质损耗因数回升，对运行部门应做到：

（1）加强运行维护，运行中一定要按使用说明书及时补油，发现渗漏或介质损耗因数变化时要及时采取措施，避免产品内部受潮或水分漫延。

（2）由于试验条件的差异，测量结果会有一定的分散性，当介质损耗因数变化较大，但未超标的产品，可视其局部放电、色谱分析结果等性能符合要求与否，决定可否投入运行。但要注意监视介质损耗因数值增长的速度，如增长很快，达到警戒值时，应及时退出运行检查修复。

（3）对于介质损耗因数超标的产品，可视其值大小决定重新处理方法和时间的长短。建议用低温（50～60℃）、高真空（残压在 15Pa 以下）、长时间（7～15d）的方法进行处理。如果处理效果不理想，只好返工重新包扎绝缘，直至产品合格。

6-41　如何根据各种试验结果综合判断高压电容型电流互感器不同的绝缘状况？

答：高压电容型电流互感器受潮后主屏 tanδ 无明显变化；末屏绝缘电阻降低，tanδ 增大；

油中含水量增加。据此判断互感器为轻度受潮。进潮量较少，时间不长，又称初期受潮。

高压电容型电流互感器受潮后潮气进入电容芯部，使主屏 $\tan\delta$ 增大；末屏绝缘电阻较低，$\tan\delta$ 较大；油中含水量增加。据此判断互感器为深度受潮。进潮量不一定很大，但受潮时间较长。

高压电容型电流互感器受潮后底部能放出水分；油耐压降低；末屏绝缘电阻较低，$\tan\delta$ 较大；主屏 $\tan\delta$ 将有较大增量。据此判断互感器为严重进水受潮。进水量较大，时间不太长。

第四节　电压互感器绝缘电阻试验

6-42　测量串级式电压互感器一次绕组的绝缘电阻的测试方法是什么？

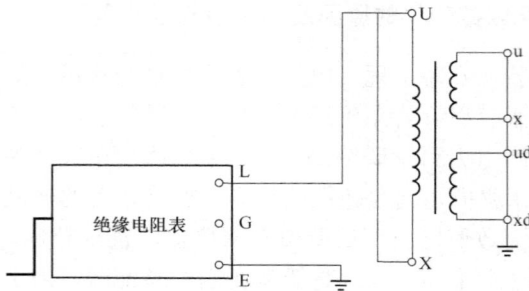

图 6-11　测量串级式电压互感器一次
绕组绝缘电阻的接线图

答： 接线如图 6-11 所示。

将电压互感器一次绕组末端（即"X"端）与地解开，并与"U"端短接。绝缘电阻表"L"端接电压互感器一次绕组首端（即"U"端），"E"端接地，二次绕组短路接地。接线经检查无误后，驱动绝缘电阻表至额定转速，将"L"端测试线搭上电压互感器一次绕组"U"端或"X"端，读取 60s 绝缘电阻值，并做好记录。完成测量后，应先断开接至电压互感器一次绕组的连接线，再将绝缘电阻表停止运转。对电压互感器一次绕组放电接地。

6-43　测量串级式电压互感器二次绕组的绝缘电阻的测试方法是什么？

答： 将电压互感器一次绕组短路接地，二次绕组分别短路，绝缘电阻表"L"端接测量绕组，"E"端接地，非测量绕组接地。检查接线无误后，驱动绝缘电阻表至额定转速，将绝缘电阻表"L"端连接线搭接测量绕组，读取 60s 绝缘电阻值，并做好记录。断开绝缘电阻表"L"端至测量绕组的连接线，再将绝缘电阻表停止运转，对所测二次绕组进行短接放电并接地。

电压互感器二次绕组有几组，每组都要分别进行测量，直至所有绕组测量完毕。

6-44　测量电容式电压互感器主电容 C_1 和分压电容 C_2 绝缘电阻的测试方法是什么？

答： 测量电容式电压互感器主电容 C_1 绝缘电阻的测试接线如图 6-12（a）所示。

将绝缘电阻表"L"端接"U"端，"E"端接"3"，二次绕组分别短路接地。接线检查无误后，驱动绝缘电阻表至额定转速，将"L"端测试线搭上"U"端，读取 60s 绝缘电阻值，并做好记录。完成测量后，应先断开接至"U"端的连接线，再将绝缘电阻表停止运转，并对测试部位短路放电。

测量电容式电压互感器分压电容 C_2 绝缘电阻的测试接线如图 6-12（b）所示。

将绝缘电阻表"L"端接"1"端，"E"端接"3"，二次绕组分别短路接地。接线检查无误后，驱动绝缘电阻表至额定转速，将"L"端测试线搭上"1"端，读取 60s 绝缘电阻值，并做好记录。完成测量后，应先断开接至"1"端的连接线，再将绝缘电阻表停止运转，并对测试部位短路放电。

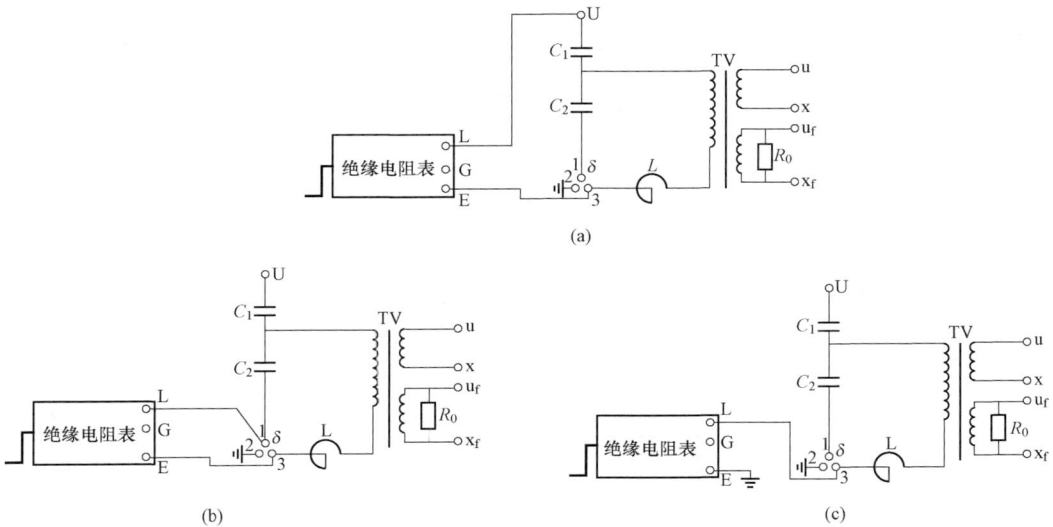

图 6-12　测量电容式电压互感器绝缘电阻的接线图

（a）测量主电容 C_1 的绝缘电阻；（b）测量分压电容 C_2 的绝缘电阻；（c）测量中间变压器的绝缘电阻

C_1—主电容；C_2—分压电容；L—电抗器；TV—中间变压器；R_0—阻尼电阻

6-45　测量电容式电压互感器中间变压器的绝缘电阻的测试方法是什么？

答：如图 6-12（c）所示。

将绝缘电阻表"L"端接"3"端，"E"端接地，二次绕组分别短路接地。接线检查无误后，驱动绝缘电阻表达额定转速，将"L"端测试线搭上"3"端，读取 60s 绝缘电阻值，并做好记录。完成测量后，应先断开接至"3"端的连接线，再将绝缘电阻表停止运转，并对测试部位短路放电。

第五节　电压互感器的介质损耗因数测试

6-46　测量电压互感器的介质损耗因数的试验目的是什么？

答：测量电压互感器的介质损耗因数，对判断其绝缘是否进水受潮和支架绝缘是否存在缺陷是一个比较有效的手段。由于其绝缘方式不同，可分为全绝缘和分级绝缘两种，故测量方法和接线也不同。

串级式电压互感器由于制造缺陷，易密封不良进水受潮，且其主绝缘和纵绝缘的设计裕度较小。进水受潮时其绝缘强度将明显下降，致使运行中常发生层间、匝间和主绝缘击穿事故。同时，固定铁芯用的绝缘支架由于材质不良，易分层开裂，内部形成气泡，在电压作用下，气泡发生局部放电，进而导致整个绝缘支架的闪络。因此，测量其介质损耗因数的目的，是为了反映其绝缘状况，防止互感器绝缘事故的发生。

6-47 对电磁式全绝缘电压互感器测试 tanδ 接线是什么？

答： 对一般电磁式全绝缘电压互感器，常用反接法测试。将一次绕组短路接西林电桥的 "C_x" 点、二次及二次辅助绕组短路直接接地。如图 6-13 所示。

用数字式自动介损测试仪（反接法）测试电磁式全绝缘电压互感器 tanδ 的接线，如图 6-14 所示。

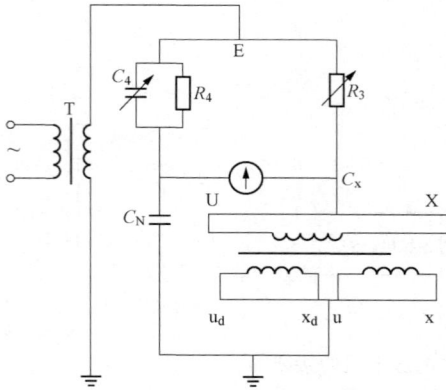

图 6-13　用 QS1 型西林电桥反接法测电磁式
全绝缘电压互感器 tanδ 的接线图

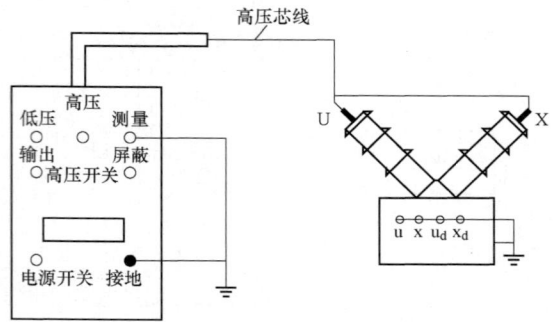

图 6-14　用数字式自动介损测试仪（反接法）
测电磁式全绝缘电压互感器 tanδ 的接线图

6-48 220kV 串级式电压互感器原理接线是什么？

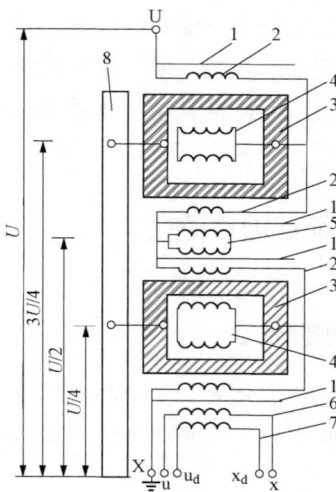

图 6-15　220kV 串级式电压互感器原理接线图

1—静电屏蔽层；2—一次绕组（高压）；3—铁芯；4—平衡绕组；
5—连耦绕组；6—二次绕组；7—二次辅助绕组；8—支架

答： 如图 6-15 所示。一次绕组分成 4 段，分别绕在上下两个铁芯上；两个铁芯被支撑在绝缘支架上，上下铁芯对地电位分别为 $3U/4$ 和 $U/4$，一次绕组最末一个静电屏（共有 4 个静电屏）与末端 "X" 相连接，"X" 点运行中直接接地。末电屏外是二次绕组 u_x 和二次辅助绕组 u_dx_d。"X" 点与 u_x 绕组运行中的电位差仅为 $100\left/\dfrac{1}{\sqrt{3}}\right.$ V，它们之间的电容量约占整体电容量的 80%。110kV 串级式电压互感器的绕组及结构布置与 220kV 的相类似，一次绕组共分 2 段，只有一个铁芯，铁芯对地电位为 1/2 的工作电压（即 $U/2$）。

6-49 测量串级式电压互感器 tanδ 的接线方法有哪些？

答：测量串级式电压互感器 tanδ 的接线方法：

（1）常规法：测量一次绕组对二次及剩余绕组的介质损耗因数。

（2）末端加压法：高压端 A 接地，末端"X"加压，二次及剩余绕组的一端接入电桥 C_x，正接线。末端加压法应用较广，它的优点是电压互感器"U"点接地，抗电场干扰能力较强，不足之处是存在二次端子板的影响，且不能测量绝缘支架的 tanδ 值。末端屏蔽法"X"点接屏蔽，能排除端子板的影响，能测出绝缘支架的 tanδ 值。

（3）自激法：由二次励磁，末端"X"接 QS1 电桥的"E"，正接线。自励法抗干扰能力差，一般较少采用。

（4）末端屏蔽法：由高压端 A 加压，"X"端和底座接地，二次及剩余绕组各一端（"X"，"X_D"）引入电桥 C_x，正接线测量，该方法也是测量支架介质损耗因数的步骤之一。末端屏蔽法测绝缘支架的 tanδ 值有间接法和直接法两种方法，由于支架的电容量很小（一般为 10～25pF），按直接法测量的灵敏度很低，在强电场干扰下往往不易测准，规程建议使用间接法。

用末端屏蔽法测量 110kV 串级式电压互感器的 tanδ 时，在试品底座法兰接地、电桥正接线、C_x 引线接试品"x"、"x_D"端条件下，其测得值主要反映处于铁芯下芯柱的 1/2 一次绕组端部对二次绕组端部之间的绝缘状况。

用末端屏蔽法测量 220kV 串级式电压互感器的 tanδ，在试品底座法兰对地绝缘，电桥正接线、C_x 引线接试品"x"、"x_D"及底座条件下，其测得值主要反映处于下铁芯下芯柱的 1/4 一次绕组端部对二次绕组端部之间的及下铁芯支架对壳之间的绝缘状况。

6-50 串级式电压互感器 tanδ 测量时，常规法要二、三次绕组短接，而自激法、末端屏蔽法、末端加压法却不许短接，为什么？

答：常规法测量时，如不将二、三次绕组短接，若此时一次绕组也不短接，会引入励磁电感和空载损耗影响测得的 tanδ 值出现偏大的误差。而自激法或末端屏蔽法主要测的是一次绕组及下铁芯对二、三次和对地的分布电容与 tanδ 值。如果将二、三次短路，则励磁电流大大增加，不仅有可能烧坏互感器，还使一次电压与二、三次电压间相角差增加，引起不可忽视的测量误差。另外从自激法的接线来讲，高压标准电容器自激法，用一个或两个低压绕组励磁，低压标准电容器法，两个绕组均已用上，因而不允许短路。

6-51 采用末端加压法测量串级式电压互感器 tanδ 的接线方法是什么？

答：用 QS1 型电桥末端加压法测量一次绕组对二次绕组及二次辅助绕组 tanδ 的接线如图 6-16 所示。QS1 型电桥采用常规正接线，端子"x"、"x_d"与"C_x"端连接，"X"端加 2～3kV 电压，"U"端接地，"u_d"、"u"端悬空，电压互感器底座接地。

用 QS1 型电桥末端加压法测量一次绕组对二次辅助绕组端部 tanδ 的接线，如图 6-17 所示。QS1 型电桥采用常规正接线，端子"x_d"与"C_x"端连接，"X"端加 2～3kV 电压，"U"、"x"端接地，"u_d"、"u"端悬空，电压互感器底座接地。

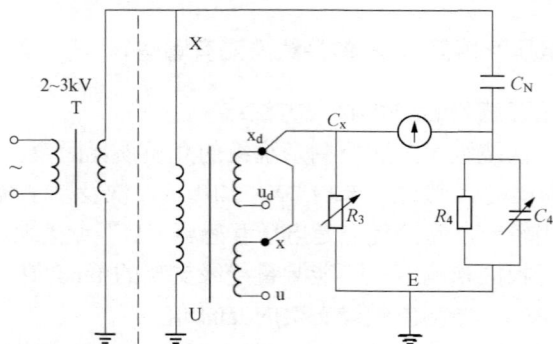

图 6-16　末端加压法测量一次绕组对二次绕组及二次辅助绕组 tanδ 的接线图

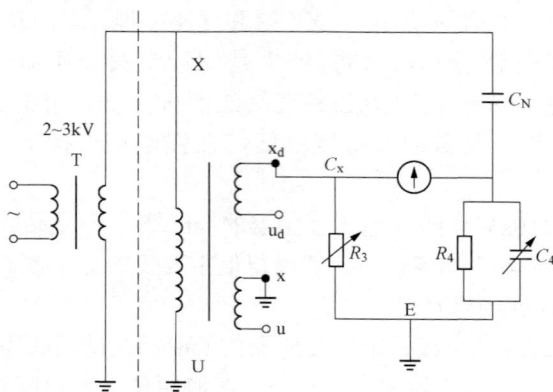

图 6-17　末端加压法测量一次绕组对二次辅助绕组端部 tanδ 的接线图

T—试验变压器；U、X—高压绕组端子；u、x—二次绕组端子；u_d、x_d—二次辅助绕组端子；C_x—西林电桥端子；

E—电桥接地端子；R_3—电桥可调电阻；R_4—电桥固定电阻；C_4—电桥可调电容；C_N—标准电容

　　用数字式自动介损测试仪测串级式电压互感器 tanδ 的测试接线，如图 6-18～图 6-20 所示。

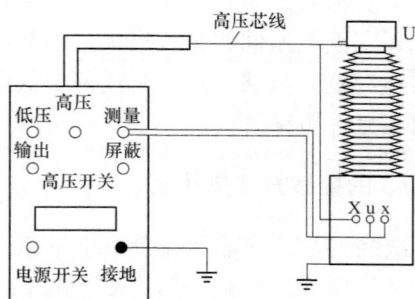

图 6-18　用数字式自动介损测试仪（正接法）
测一次绕组对二次绕组 tanδ 的接线图

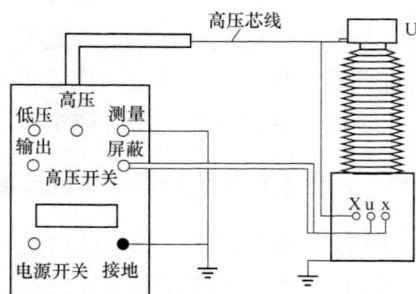

图 6-19　用数字式自动介损测试仪（反接法）
测一次绕组对地的 tanδ 接线图

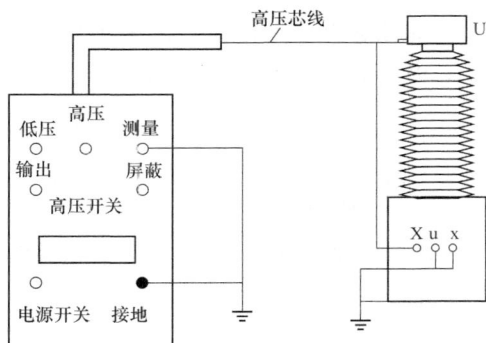

图 6-20 用数字式自动介损测试仪（反接法）测串级式电压互感器一次绕组对二次绕组及地的 tanδ 接线图

6-52 采用末端屏蔽法测量串级式电压互感器 tanδ 的接线方法是什么？

答： 末端屏蔽正接法测量，"A"端加压，"X"端接屏蔽，测量的绝缘部位为下铁芯柱一次绕组对二、三次绕组的端部绝缘，这个部位运行中电场强度很高，且容易受潮，因此，测量和监视这里的介质损耗因数比较有效。由于"X"端接屏蔽，完全消除了末端小套管及接线板受潮、脏污等对测量结果的影响。末端屏蔽法测量一次绕组对支架与二次绕组并联的 tanδ 的接线如图 6-21 所示，测出 C_1 及 tanδ_1。QS1 型电桥采用常规正接线，端子"x"、"x_d"与底座和"C_x"端相连接，"X"端接地，"U"端加电压（根据 C_N 绝缘水平），"u"、"u_d"端悬空，电压互感器底座绝缘。

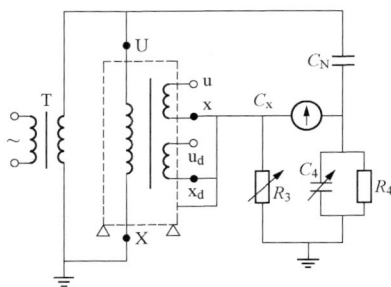

图 6-21 末端屏蔽法测量一次绕组对支架与二次绕组并联的 tanδ 的接线图

末端屏蔽法测量一次绕组对二次绕组 tanδ 的接线如图 6-22 所示，测出 C_2 及 tanδ_2。QS1 型电桥采用常规正接线，端子"x"、"x_d"与"C_x"端连接，"X"端接地，"U"端加 10kV 电压，"u"、"u_d"端悬空，电压互感器底座接地。

末端屏蔽法直接测量绝缘支架 tanδ 的接线如图 6-23 所示。QS1 型电桥采用常规正接线，电压互感器底座与"C_x"端连接，"X"、"x"、"x_d"端接地，"U"端加电压（根据 C_N 绝缘水平），"u"、"u_d"端悬空，电压互感器底座绝缘。

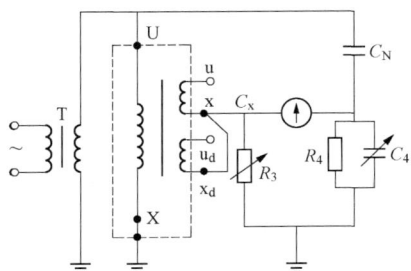

图 6-22 末端屏蔽法测量一次绕组对二次绕组 tanδ 的接线图

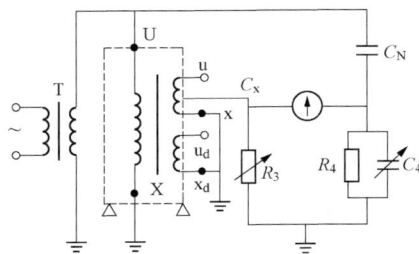

图 6-23 末端屏蔽法直接测量支架 tanδ 的接线图

6-53 画出使用西林电桥，采用末端屏蔽间接法测量 110、220kV 串级式电压互感器的支架 $\tan\delta$ 和电容量 C 的接线图，并写出计算 $\tan\delta$ 和 C 的公式。

答：接线如图 6-24（a）所示。测量的是电压互感器一次绕组对支架与二次绕组并联的等值电容和 $\tan\delta$，其中一次绕组对底座包括瓷套、绝缘油和四根绝缘支架（仅下铁芯对底座部分）等部分。这几部分中以支架的电容量最大，因此近似认为下铁芯对底座的电容和介质损耗因数为支架的电容量和介质损耗因数。设图 6-24 测得的值分别为 C_1、$\tan\delta_1$、C_2、$\tan\delta_2$，则支架（四根并联）的电容量为

$$C_Z = C_1 - C_2$$

支架（四根并联）的介质损耗因数为

$$\tan\delta_Z = \frac{C_1 \tan\delta_1 - C_2 \tan\delta_2}{C_1 - C_2}$$

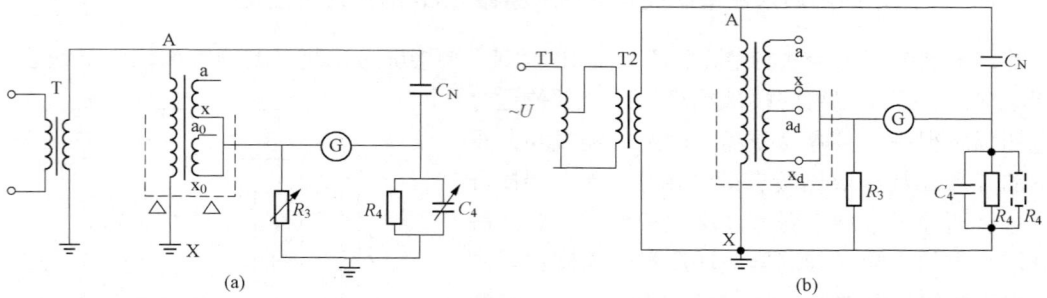

图 6-24 采用末端屏蔽间接法测量 110、220kV 串级式电压互感器的支架 $\tan\delta$ 和电容 C 的接线图

（a）测量下铁芯对二、三次绕组及支架的 $\tan\delta_1$、C_1；（b）测量下铁芯对二、三次绕组的 $\tan\delta_2$、C_2

6-54 电容式电压互感器原理接线图是什么？

答：电容式电压互感器由电容分压器、电磁单元（包括中间变压器和电抗器）和接线端子盒组成，其原理接线如图 6-25 所示。有一种电容式电压互感器是单元式结构，电容分压器和电磁单元分别为一个单元，可在现场组装。另有一种电容式电压互感器为整体式结构，电容分压器和电磁单元合装在一个瓷套内，无法使电磁单元同电容分压器两端断开。

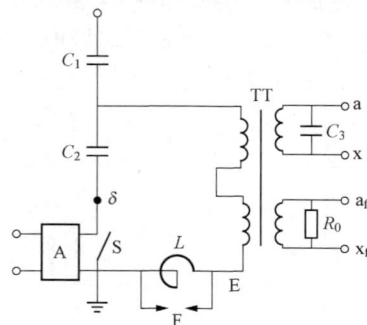

图 6-25 电容式电压互感器原理接线图

C_1—主电容；C_2—分压电容；L—谐振电抗器的电感；F—保护间隙；TT—中间变压器；R_0—阻尼电阻；

C_3—防振电容器电容；S—接地开关；A—载波耦合装置；E—中间变压器低压端；

ax—主二次绕组；$a_f x_f$—辅助二次绕组

6-55 电容式电压互感器与电磁式电压互感器比较，主要有哪些特点？

答：电容式电压互感器的特点有：

（1）通过电容分压器接入，对电力系统呈现容性。

（2）为提高准确度，接入补偿电抗，使互感器接近串联谐振。

（3）为消除和限制暂态过程中铁芯饱和而产生分次谐振，进而产生补偿电抗器和中间变压器过电压，须采取阻尼措施。电容式电压互感器在运行中有可能产生铁磁谐振过电压，所以在其电磁式中间电压互感器的二次绕组应接有阻尼电阻或阻尼器，且运行中阻尼电阻不允许开断。

6-56 怎样测量电容式电压互感器主电容 C_1 和分压电容 C_2 的介质损耗因数？

答：测量主电容 C_1 和 $\tan\delta_1$ 的接线如图 6-26 所示。试验时由 CVT 的中间变压器二次绕组励磁加压。E 点接地，分压电容 C_2 的"δ"点接高压电桥标准电容器的高压端，主电容 C_1 高压端接高压电桥的 C_x 端，按正接线法测量。由于"δ"绝缘水平所限，试验时电压不应超过 3kV，为此可在"δ"点与地间接入一静电电压表进行电压监视。此时由 C_2 与 C_N 串联构成标准支路，由于 C_N 的 $\tan\delta$ 近似于零，而电容量 C_2 远大于 C_N，故不影响电压监视及测量结果。

测量分压电容 C_2 和 $\tan\delta_2$ 接线如图 6-27 所示。由 CVT 中间变压器二次绕组励磁加压。E 点接地，分压电容 C_2 的"δ"点接高压电桥的 C_x 端，主电容 C_1 高压端与标准电容 C_N 高压端相接，按正接线法测量。试验电压 4～6.5kV 应在高压侧测量，此时 C_1 与 C_N 串联组成标准支路。为防止加压过程中，绕组过载，最好在回路中串入一个电流表进行电流监视。

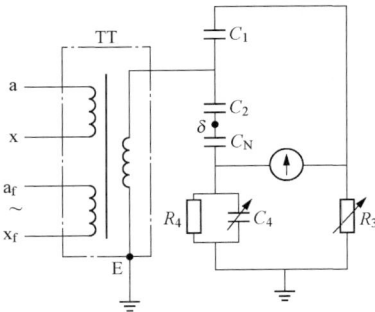

图 6-26　测量主电容 C_1 和 $\tan\delta_1$ 的接线图　　　图 6-27　测量分压电容 C_2 和 $\tan\delta_2$ 接线图

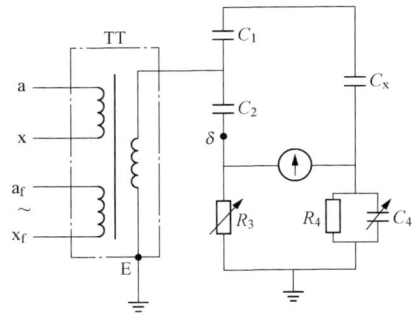

6-57 自激法测量电容式电压互感器主电容和分压电容的介质损耗因数及电容量时，为保证设备安全应监测哪些参量？

答：自激法测量电容式电压互感器的介质损耗因数和电容量时，由于采用中间电压互感器加压，受电压互感器二次绕组容量和电容末端绝缘的限制，为防止设备损坏，测量主电容 C_1 时，应检测"δ"点的电压，一般不超过 3kV；测量分压电容 C_2 时，监测励磁绕组电流，励磁电流不得超过制造厂规定限值，若制造厂未规定，一般控制在 10A 以内。

6-58 测量电容式电压互感器中间变压器的 C 和 $\tan\delta$ 的接线图是什么？

答：测量中间变压器的 C 和 $\tan\delta$ 用 QS1 电桥反接线法。将 C_2 末端 δ 与 C_1 首端相连，XT

悬空，中间变压器各二次绕组均短路接地按 QS1 电桥反接线测量。由于δ点绝缘水平限制，外加交流电压 2kV，试验接线与等值电路如图 6-28 所示。

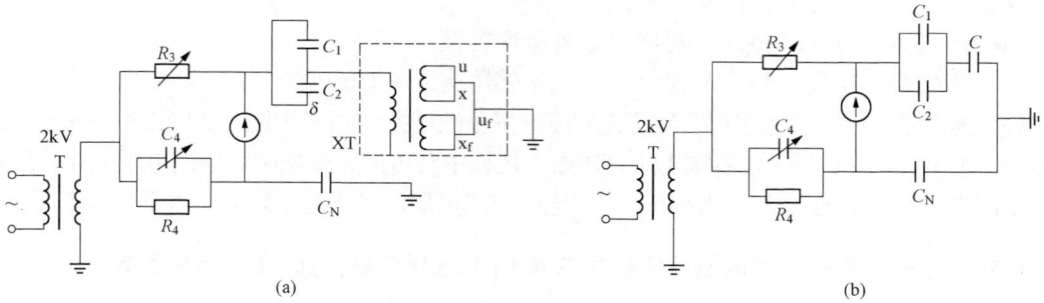

图 6-28　用 QS1 电桥反接线法测量中间变压器的 C 和 $\tan\delta$ 的试验接线与等值电路图

（a）试验接线；（b）等值电路

6-59　**用数字式自动介损测试仪（自激法）测电容式电压互感器 $\tan\delta$ 的接线图是什么？**

答： 数字式自动介损测试仪（自激法）测电容式电压互感器 $\tan\delta$ 时，仪器工作方式选用"电容式电压互感器"，其接线如图 6-29 和图 6-30 所示。

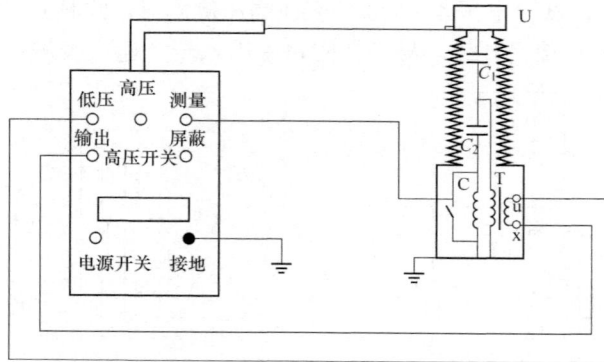

图 6-29　用数字式自动介损测试仪（自激法）测量 C_2 的接线图

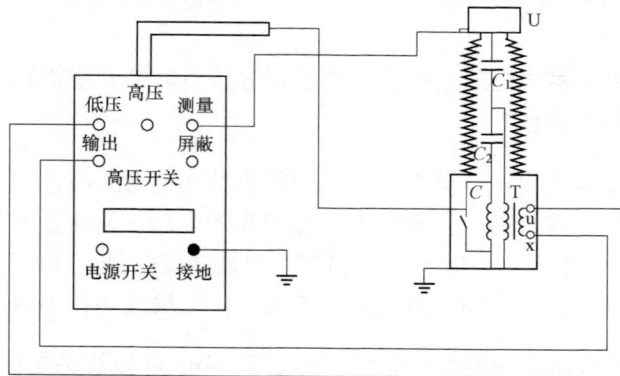

图 6-30　用数字式自动介损测试仪（自激法）测量 C_1 的接线图

6-60　测试电压互感器 tanδ 有哪些注意事项？

答：测试电压互感器 tanδ 的注意事项是：

（1）测试应在天气良好且试品及环境温度不低于+5℃，相对湿度不大于 80% 的条件下进行。

（2）测试前应先测量被试品绝缘电阻。

（3）必要时可对试品表面（如外瓷套、电容套管分压小瓷套、二次端子板等）进行清洁或干燥处理。

（4）无论采用何种接线方式，电桥本体、被试品油箱必须良好接地。

（5）在使用 QS1 电桥反接线时三根引线都处于高电位，必须将导线悬空。导线及标准电容器对周围接地体应保持足够的绝缘距离。标准电容器带高电压，应放在平坦的地面上，不应与有接地的物体的外壳相碰。为防止检流计损坏，应在检流计灵敏度最低时，接通或断开电源；在灵敏度最高时，调节 R_3 和 C_4，以避免数值的急剧变化。

（6）现场测量存在电场和磁场干扰影响时，应采取相应措施进行消除。

（7）试验电压的选择。电压互感器绕组额定电压为 10kV 及以上者，施加电压应为 10kV；绕组额定电压为 10kV 以下者，施加电压为绕组额定电压。

6-61　测试串级式电压互感器 tanδ 有哪些注意事项？

答：测试串级式电压互感器 tanδ 的注意事项是：

（1）测试绝缘支架 tanδ 时，注意底座绝缘垫必需良好，其绝缘电阻应大于 1000MΩ。否则会出现介质损耗角测试正误差。

（2）尽量减小高压引线对互感器的杂散电容。高压引线与瓷套的角度尽量大一些，一般高压引线与瓷套的角度应大于 90°。

（3）采用末端加压法和末端屏蔽法试验时，串级式电压互感器二次端子不能短接，"u"、"u_d" 端应悬空。

（4）由于电压互感器电容量较小，一般不宜用数字式自动介损测试仪测试。当使用数字式自动介损测试仪测量的数据与西林电桥测量数据差异较大时，以西林电桥测量数据为准。

6-62　测试电容式电压互感器 tanδ 有哪些注意事项？

答：测试电容式电压互感器 tanδ 的注意事项是：

（1）测量 C_1 及 tanδ_1 时，将静电电压表接到 "δ" 端，监测其电压不超过 3kV，以免损伤绝缘及保护装置。

（2）测量 C_2 及 tanδ_2 时，由于 C_2 较大，励磁回路电流较大，注意缓慢升压，并密切观察励磁电流的大小，以免励磁电流过大而引起电容式电压互感器损坏。

（3）用数字式自动介损测试仪测电容式电压互感器 tanδ 时，仪器工作方式应选用电容式电压互感器。

第六节　互感器交流耐压试验与局部放电测试试验

6-63 互感器进行交流耐压试验的目的是什么？对于不同类型的互感器试验方法有什么不同？

答：（1）为考核电流互感器和全绝缘电压互感器的主绝缘强度和检查其局部缺陷，电流互感器和全绝缘电压互感器必须进行绕组连同套管一起对外壳的交流耐压试验。电流互感器和全绝缘电压互感器外施工频耐压试验一般在交接、大修后或必要时进行。

（2）串级式电压互感器及分级绝缘的电压互感器，因高压绕组首末端对地电位和绝缘等级不同，不能进行外施工频耐压试验，只能用倍频感应耐压试验来考核其绝缘。电压互感器感应耐压试验的目的主要是考核电压互感器对工频过电压、暂时过电压、操作过电压的承受能力，检测外绝缘和层间及匝间绝缘状况，检测互感器电磁线圈质量不良（如漆皮脱落、绕线时打结）等纵绝缘缺陷。电压互感器感应耐压试验主要应用于分级绝缘电压互感器，由于分级绝缘电压互感器末端绝缘水平很低，一般为 3～5kV 左右，不能与首端承受同一耐压水平，而感应耐压试验时电压互感器末端接地，从二次侧施加频率高于工频的试验电压，一次侧感应出相应的试验电压，电压分布情况与运行时相同，且高于运行电压，达到了考核电压互感器纵绝缘的目的。

6-64 电流互感器及全绝缘电压互感器外施工频耐压试验接线是什么？

答：电流互感器及全绝缘电压互感器外施工频耐压试验接线，如图 6-31 所示。试验时，将一次绕组短接加压，二次绕组短路与外壳一起接地。

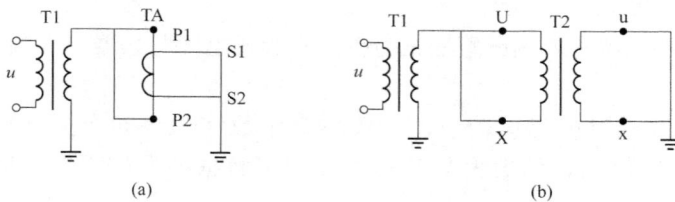

图 6-31　电流互感器和全绝缘电压互感器外施工频耐压试验原理接线图

（a）电流互感器外施工频耐压试验原理接线；（b）全绝缘电压互感器外施工频耐压试验原理接线

T1—试验变压器；TA—被试电流互感器；T2—被试电压互感器

6-65 分级绝缘电压互感器进行 3 倍频感应耐压试验的试验方法是什么？

答：分级绝缘电压互感器 3 倍频感应耐压试验原理接线如图 6-32 所示。试验时，电压互感器外壳、铁芯、二次绕组、辅助绕组及一次绕组尾端接地。一般 35kV 电压互感器可从二次绕组加压，110kV 及以上电压互感器可从辅助绕组施加电压，在辅助绕组加压所需的试验容量比从二次绕组加压时要小，同时电压互感器容量大时可利用二次绕组加补偿电感，也可将二次绕组和辅助绕组串起来加压效果会更好。

变压器、电磁式电压互感器感应耐压试验，按规定当试验频率超过 100Hz 后，试验持续时间应减小至按公式 $t = 60 \times \dfrac{100}{f}(s)$ 计算所得的时间（但不少于 15s）执行，这主要是考虑到绕组绝缘介质损耗增大，热击穿可能性增加。

电磁式电压互感器（包括电容式电压互感器的电磁单元）在遇到铁芯磁通密度较高的情况下，感应耐压试验电压应为出厂试验电压的 80%。若考虑设备的"容升效应"，施加的试验电压数值需要进行计算，具体算法请查询相关试验手册。一般 35kV 互感器"容升"约为 3%，110kV 互感器"容升"约为 5%，220kV 互感器"容升"约为 8%。

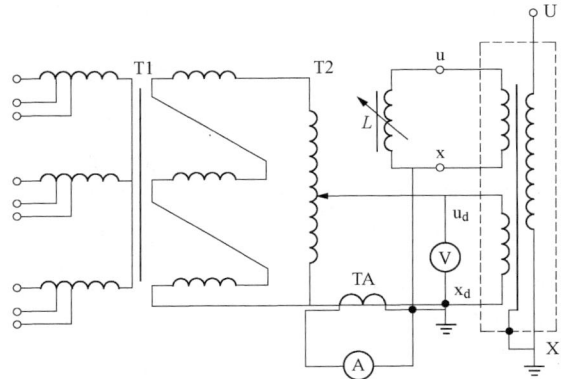

图 6-32　分级绝缘电压互感器三倍频感应
耐压试验原理接线图

6-66　分级绝缘电压互感器进行感应耐压试验有哪些注意事项？

答： 分级绝缘电压互感器进行感应耐压试验的注意事项是：

（1）油浸式电压互感器外壳、干式电压互感器铁芯须接地。试验设备外壳应可靠接地。被试电压互感器各绕组末端、座架、箱壳（若有）、铁芯均应接地。

（2）根据三相输入电压的大小，合理选择 3 倍频变压器输入端抽头。必要时，在 3 倍频变压器输出端使用示波器监视波形。

（3）使用变频发生器时，上限频率不应超过 300Hz，以免电压互感器铁芯过热。

（4）使用 3 倍频变压器时，因装置铁芯采用过励磁原理，使用时间最好不超过 1h。

（5）采用补偿电感时，补偿后试品必须呈容性，以免发生谐振。

（6）试验现场常采用电压互感器测量一次电压，其各线圈尾端须接地。

（7）感应耐压试验前后，应各进行一次额定电压时的空载电流测量，两次测得值相比不应有明显差别。

（8）对 66kV 及以上的油浸式电压互感器，感应耐压试验前后，应各进行一次绝缘油的色谱分析，两次测得值相比不应有明显差别。

（9）对电容式电压互感器的中间变压器进行感应耐压试验时，应将分压电容拆开。由于产品结构原因现场无条件拆开时，可不进行感应耐压试验。

6-67　检验感应耐压试验是否对被试电压互感器造成损伤的方法是什么？

答： 检验感应耐压试验是否对被试电压互感器造成损伤的方法是在耐压试验前后对被试电压互感器进行绝缘电阻、空载电流和空载损耗测量以及油浸式电压互感器绝缘油的色谱分析，耐压试验前后上述测量和分析结果应该无明显差异。例如，一台 220kV 电压互感器，虽然在出厂前承受住了感应耐压试验，但是在运行前发现每升油中乙炔达十几微升。吊芯检查发现，绕组绝缘上有放电痕迹。

6-68 现场开展互感器局部放电试验的目的是什么？具体有什么要求？

答： 局部放电量过高会危及电气设备的使用寿命，由局部放电而产生的电子、离子以及热效应会加速互感器绝缘的电老化，造成安全隐患，系统中不少互感器故障是由局部放电发展而形成的。互感器局部放电试验是判断其绝缘状况的一种有效方法。

考虑到现场条件限制，220kV 及以上电压等级局部放电试验较困难，故将此试验范围限制在 110kV 及以下电压等级，以抽样的形式减少工作量。有条件的宜逐台检测互感器的局部放电量。35kV 以下电压等级互感器更多应用于柜体，应作为购买的元件由柜体制造厂逐台检验。

依据《国家电网公司十八项反事故措施》及 GB 50150—2016《电气装置安装工程 电气设备交接试验标准》和 DL/T 596—1996《电力设备预防性试验规程》，对 35kV 及以上电压等级的新安装和大修后的互感器（液体浸渍和固体绝缘）要进行局部放电测量，对 35kV 及以下的互感器要定期测量局部放电量，以检查其绝缘状况，为检测环氧树脂浇注的干式变压器、电流电压互感器的主绝缘内是否存在气泡的缺陷，产品规定应进行局部放电测量，但目前基本不具备现场试验条件。因为互感器的局部放电量较小，一般在几皮库到几十皮库，而现场环境条件复杂，普遍存在多种干扰源，严重时的背景干扰水平达到 200～300pC，往往淹没真实的局部放电信号，无法判断设备的真实局部放电量，因此降低现场试验时的背景干扰水平成为普及现场测试的关键问题。

6-69 互感器局部放电测量时的干扰来源主要有哪几种形式？消除的方法是什么？

答： 互感器局部放电测量时的干扰来源包括电源网络的干扰，各类电磁场辐射的干扰，试验回路接触不良、各部位电晕及试验设备的内部放电，接地系统的干扰，金属物体悬浮放电的干扰。

在进行互感器的局部放电试验时，电源干扰主要来自两个方面，一是来自电源供电网络，也就是现场的检修电源，采用低压低通滤波器和屏蔽式隔离变压器滤除干扰；二是来自试验供电网络，即试验变压器及调压装置，可采用高压低通滤波器滤除干扰信号。

在现场进行试验，干扰不仅来自电源，还有空间干扰，即各类电磁场辐射在试验回路感应所产生的干扰，而此时滤波器等对于空间电磁场在试品、耦合电容器等部分的回路产生的干扰是无法抑制的，当这类干扰影响测量时，可采用平衡接线法和利用局放仪的功能抑制干扰，提高检测的灵敏度。当干扰源是来自电源方面时，平衡电路应该包括高压回路在内，即两台设备都应该用同一电源加高压，接地侧接到平衡输入单元，取得最佳的平衡效果。当干扰源是来自电磁波的耦合作用时，接地平衡电路的两台试品其中一台可以不加高压，其余电路不变，不加压的一台试品相当于一个天线作用，与试品耦合的同样的高频信号相平衡，减少了干扰信号，但这种方法对电源没有抑制作用。

6-70 画出电流互感器局部放电测量原理接线图。

答： 电流互感器局部放电测量原理接线如图 6-33 所示。

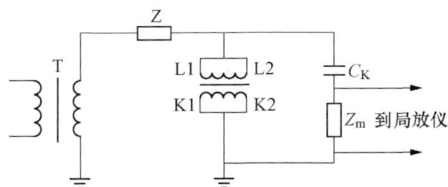

图 6-33　电流互感器局部放电测量原理接线

L1、L2——一次绕组端子；K1、K2——二次绕组端子；C_K——耦合电容器；Z——滤波器；Z_m——检测阻抗；T——试验变压器

6-71　简述测量互感器局部放电时试验电压的升降程序。

答：接通电源试验仪器输出电压应尽量为零，如果有一些电压，该试验电压也不应该大于 $\frac{1}{\sqrt{3}}$ 测量电压，升压至预加电压保持 10s 以上；然后不间断地降压到测量电压保持 1min 以上，再读取放电量；最后试验电压降到 $\frac{1}{\sqrt{3}}$ 测量电压以下，方能切除电源。

6-72　举例说明现场用并联补偿加压法进行 500kV 电容式电压互感器局部放电试验的方法。

答：某变电站 500kV 电容式电压互感器现场局部放电测量。试品型号为 WVL500-5H；每节电容量为 15 000pF；电容式电压互感器由 2 节耦合电容器及一个下节（包括 C_{13}、C_2 及电磁单元）组成。

依照 GB/T 4703—2007《电容式电压互感器》及 GB 50150—2016 《电气装置安装工程电气设备交接试验标准》对 500kV 电容式电压互感器局部放电试验可分节进行。局部放电加压程序如图 6-34 所示，图中 U_1=0.8×工频耐受电压；U_2=1.2U_m/$\sqrt{3}$。

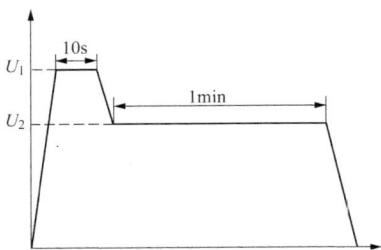

图 6-34　互感器局部放电试验加压程序图

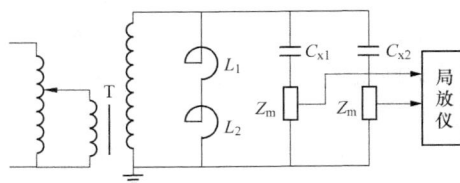

图 6-35　平衡回路测量法局部放电试验接线图

其中：预加电压 U_1=（0.8×1.3U_m/$\sqrt{2}$ ）/3=（0.8×1.3×550/$\sqrt{2}$ ）/3=190.67（kV）

测量电压 U_2=（1.2U_m/$\sqrt{2}$ ）/3=（1.1×550/$\sqrt{2}$ ）/3=127（kV）

当试验电压为 190kV 时试验变压器所需容量为

$$S=U_2\omega C=(190\times10^3)^2\times2\times314\times15\ 000\times10^{-12}=170（kVA）$$

为消除外界干扰，局部放电测量采用平衡回路测量法，则变压器所需容量高达 340kVA，为解决试验容量难题，只能采用并联补偿加压方式。即当电容器与电抗器并联时，流过电抗

器的电流 I_L 的相位与流电电容量的电流 I_C 相位相反，选择适当的电容及电感使 $X_L \approx X_C$，则试验变压器仅提供试验回路的阻性电流及补偿后剩余的部分容性或感性电流，这将大大降低对试验变压器的容量要求。

在试验中采用如图 6-35 所示的接线方式。图中 T 为 750kV 试验变压器；L_1、L_2 为并联补偿电抗器（$L_1=L_2=186H$）；C_{x1}、C_{x2} 为试品电容器（$C_{x1} \approx C_{x2} \approx 15\,000pF$）

当试验电压为 190kV 时，有

流过电抗器的电流　$I_L=U/(\omega L)=(190 \times 10^3)/(314 \times 186 \times 2)=1.626\,6$（A）

流过电容器的电流　$I_C=U\omega C=190 \times 10^3 \times 314 \times (2 \times 15\,000 \times 10^{-12})=1.789\,8$（A）

试验变压器高压侧电流　　　$I_总=I_C-I_L=163.2$（mA）

所需试验变压器容量　$S=UI=190 \times 10^3 \times 163.2 \times 10^{-3}=31$（kVA）

因此大大降低了对试验变压器的容量要求，加上杂散电容等因素，高压侧电流不超过 250mA，即所需试验变压器容量不超过 50kVA，试验变压器能够满足试验要求。

试验采用平衡抗干扰接线方式，如图 6-35 所示。分别从 C_{x1}、C_{x2} 取两路信号进入局放仪，通过对比两路信号，能有效地抑制空间干扰信号及回路电晕信号，仅增益放大试品局部放电信号，提高了试验的抗干扰能力。

第七节　各种互感器试验的综合分析判断

6-73　测试互感器的极性和变比的目的及方法是什么？

答：变压器和互感器一次、二次侧都是交流，所以并无绝对极性，但有相对极性。测试互感器的极性很重要，因为极性判断错误会导致接线错误，进而使计量仪表指示错误，更为严重的是使带有方向性的继电保护误动作。测量变比可以检查互感器一次、二次关系的正确性，给继电保护正确动作、保护定值计算提供依据。进行互感器的联结组别和极性试验时，检查出的联结组别或极性必须与铭牌标记及外壳上的端子符号相符。

例如：一台型号为 LCWB-110 的电流互感器，其铭牌数据如下：

一次额定电流为 2×300/5A，额定电压为 110kV。

二次标记：S1-S2，300/5；S1-S3，600/5。

在交接试验中，连同二次引线在"端子箱"处测量变比、极性，当测试到 4S1-4S2，变比 120；4S1-4S3，变比 60。其极性为"加"与铭牌值比较，不相符，而其余二次绕组都与铭牌值相符。经检查发现，电流互感器的二次端子与"端子箱"所连接的二次引线，连接错误，将二次引线重新连接在"端子箱"处，再次进行测量 4S1-4S2、4S1-4S3 变比、极性均与铭牌值相符。

测试互感器的极性和变比的方法有直流法、比较法和自动变比测试仪法。目前现场常用自动变比测试仪测量。

6-74　用一个刀闸 S、两节甲电池 E 和一块直流毫伏表 PV，做一台电压互感器的极性试验，画出接线图。

答：用直接法进行测试，接线如图 6-36 所示。

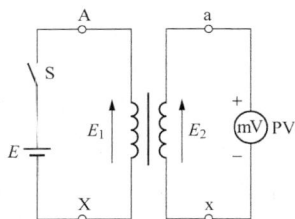

图 6-36　电压互感器的极性试验接线图

6-75　有一只单相电源开关 **QK**，一台单相调压器 **T1**，一台升流器 **T**，一只标准电流互感器 **TA0**，两只电流表（**0.5 级**），画出检查测量被试电流互感器 **TAX** 变比的接线图。

答：用比较法进行测试，接线如图 6-37 所示。

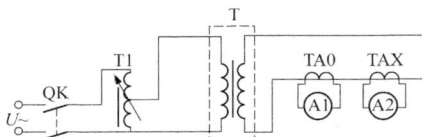

图 6-37　测量被试电流互感器 TAX 变比的接线图

QK—电源开关；T1—单相调压器；T—升流器；TA0—标准电流互感器；TAX—被试电流互感器

6-76　用自动变比测试仪测量互感器变比和极性的接线方法是什么？

答：用自动变比测试仪测量电流互感器变比、极性的接线如图 6-38 所示，将测试仪的高压端子（U、V）与电流互感器二次端子（S1、S3）连接，测试仪低压端子（u、v）与电流互感器一次端子（P1、P2）连接，将测试仪 V、v 端子短接（某些测试仪不需要），并且将被试电流互感器其他二次绕组短路。用自动变比测试仪测量电流互感器变比、极性的接线如图 6-39 所示。

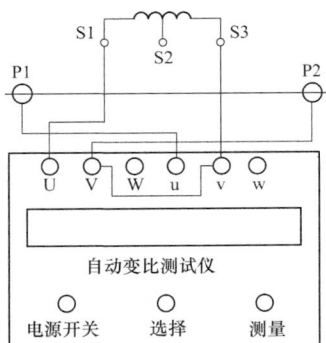

图 6-38　用自动变比测试仪测量
电流互感器变比、极性的接线图

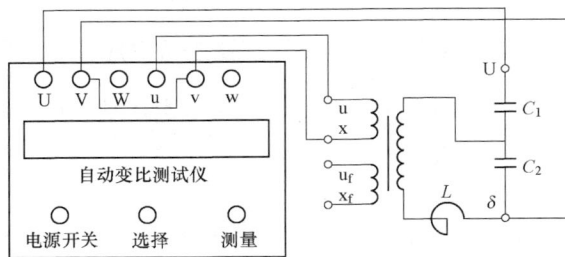

图 6-39　用自动变比测试仪测量电压互感器
变比、极性的接线图

6-77　误差试验前如何对电流互感器退磁？

答：TA 用直流法检查极性之后，或在交流电流下切断电源及二次绕组偶然开路的情况下，

191

其铁芯可能会产生剩磁，进而影响互感器的误差特性，因此在误差试验前，应对 TA 各个铁芯进行退磁。铁芯退磁可采用开路退磁法、闭路退磁法中的任何一种。

（1）开路退磁法。在 TA 二次（或一次）绕组开路情况下，给被退磁铁芯的一次绕组（或二次绕组）通以工频电流，使电流由零增至 10%额定电流，然后均匀缓慢地将电流降至零。重复这一过程 2～3 次，施加电流逐次递减，使 TA 退磁。若在 10%额定电流下，被开路绕组两端所感应的电压峰值超过匝间绝缘试验时所规定数值的 75%，则应在较小的电流值下进行退磁。一般宜在 TA 一次绕组通电流。对有多个二次绕组的 TA，应将不退磁的二次绕组短路。

（2）闭路退磁法。在二次绕组上接相当于 10～20 倍额定负载的电阻，在一次绕组通工频电流，电流由零增加到 1.2 倍额定电流，然后均匀缓慢地降至零，使 TA 退磁。对具有多个二次绕组的 TA 退磁时，其中一个二次绕组接大负载时，其余的二次绕组应短路。对 0.2 级以上的 TA 退磁以采用闭路退磁法为宜。

6-78 测试电流互感器二次 V-A 曲线有哪些注意事项？

答：测试电流互感器二次 V-A 曲线的注意事项有：
（1）试验前应将调压器归零。
（2）测量前，应对电流互感器铁芯进行退磁。
（3）升压至 V-A 曲线饱和点既可停止，若饱和电压大于 2kV，则升至 2kV 应截止，防止二次绕组绝缘承受高电压。
（4）调压器应连续调，不得反复调整。
（5）测试点不少于 5 个点，再试验设备允许的情况下应测试到接近饱和点。
（6）试验结果与出厂值比较，不应有明显变化。

6-79 如何利用单相电压互感器进行高压系统的核相试验？

答：在有直接电联系的系统（如环接）中，可外接单相电压互感器，直接在高压侧测定相位，此时在电压互感器的低压侧接入 0.5 级的交流电压表。在高压侧依次测量 Uu、Uv、Uw、Vu、Vv、Vw、Wu、Wv、Ww 间的电压，根据测量结果，电压接近或等于零者，为同相；若为线电压者，为异相，将测得值作图，即可判定高压侧对应端的相位。

6-80 使用单相电压互感器进行高压核相有哪些注意事项？

答：使用单相电压互感器进行高压核相的注意事项有：
（1）使用电压互感器进行高压核相，先应将低压侧所有接线接好，然后用绝缘工具将电压互感器接到高压线路或母线。
（2）工作时应戴绝缘手套和护目眼镜，站在绝缘垫上；应有专人监护，保证作业安全距离。
（3）对没有直接电联系的系统核相，应注意避免发生串联谐振，造成事故。

6-81 测量互感器一次、二次绕组的直流电阻的目的是什么？

答：测量互感器一次、二次绕组的直流电阻是为了检查电气设备回路的完整性，以便及时发现因制造、运输、安装或运行中由于振动和机械应力等原因所造成的导线断裂、接头开焊、接触不良、匝间短路等缺陷。但是通过对电容型绝缘结构的电流互感器进行一次绕组直流电阻测量及变比检查试验，不能发现绝缘末屏引线在内部发生的断线或不稳定接地缺陷。

6-82　电压互感器直流电阻测量结果分析有什么具体的要求？

答：电压互感器直流电阻测量值，与换算到同一温度下的出厂值比较，一次绕组直流电阻测量值，相差不宜大于 10%，二次绕组直流电阻测量值，相差不宜大于 15%。电流互感器：同型号、同规格、同批次电流互感器一次、二次绕组的直流电阻和平均值的差异不宜大于 10%。

6-83　电磁式电压互感器的励磁曲线测量有哪些具体要求？

答：GB 50150—2016《电气装置安装工程　电气设备交接试验标准》中对电磁式电压互感器的励磁曲线测量的要求如下：

（1）一般情况下，励磁曲线测量点为额定电压的 20%、50%、80%、100% 和 120%。

（2）对于中性点直接接地的电压互感器（N 端接地），电压等级 35kV 及以下电压等级的电压互感器最高测量点为 190%，66kV 及以上的电压互感器最高测量点为 150%。

第七章 避雷器试验

第一节 避雷器基础知识

7-1 避雷器设备在系统图中的文字符号是什么？有哪些类型？

答： 避雷器设备的文字符号是 F。有保护间隙、管式避雷器、阀式避雷器、金属氧化物避雷器。目前常用金属氧化物避雷器。

7-2 为什么说金属氧化物避雷器阀片有良好的非线性伏安特性？

答： 金属氧化物避雷器阀片由氧化锌晶粒和外层的晶界层组成，晶界层由氧化铋等金属氧化物组成。氧化锌晶粒的电阻率在 $1\sim10\Omega\cdot cm$，晶界层的电阻率大于 $10^{10}\Omega\cdot cm$，正常运行情况下施加在电阻片上的电压几乎全部加在了晶界层上从而呈现高阻状态，而一旦晶界层导通则电阻片通过氧化锌晶粒呈低阻状态。因此金属氧化物电阻片表现为极好的非线性伏安特性。

7-3 金属氧化物避雷器有哪些好的性能？

答： 金属氧化物避雷器的性能有：

（1）结构简化、体积小、耐污性能好。由于在没有击穿时有优异的绝缘性能，即在额定运行电压下泄漏电流很小，可以省去了串联火花间隙。

（2）保护性能优越。有很好的非线性伏安特性，系统出现过电压的时候可以迅速击穿，可以进一步降低被保护设备的绝缘水平；没有保护间隙，有良好的陡波特性，适合于伏秒特性平坦的 GIS 组合电器和气体绝缘变电站的保护。无间隙金属氧化物避雷器能够限制操作过电压的避雷器。ZnO 避雷器保护性能优于碳化硅阀式避雷器。如图 7-1 所示。

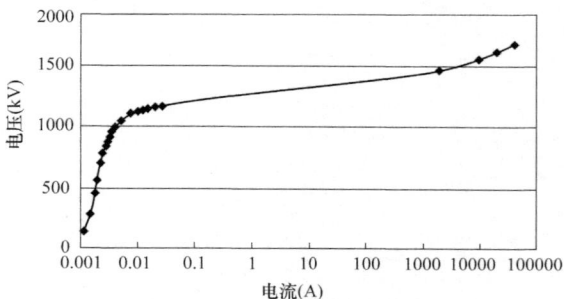

图 7-1　1000kV 避雷器伏安特性曲线

（3）过电压结束后，金属氧化物避雷器的阀片可以迅速恢复绝缘状态，熄灭电弧，无工频续流。无须吸收续流能量，动作负载轻、能重复动作实施保护。

（4）阀片导通的时候电阻很小、通流容量大，能制成重载避雷器。

7-4 阀式避雷器的作用和原理是什么？

答： 阀式避雷器是用来保护发电、变电设备的主要元件。在有较高幅值的雷电波侵入被保护装置时，避雷器中的间隙首先放电，限制了电气设备上的过电压幅值。在泄放雷电流的过程中，由于碳化硅阀片的非线性电阻值大大减小，又使避雷器上的残压限制在设备绝缘水平下。雷电波过后，放电间隙恢复，碳化硅阀片非线性电阻值又大大增加，自动地将工频电流切断，保护了电气设备。

7-5 ZnO 避雷器有什么特点？

答：ZnO 避雷器的阀片具有极为优异的非线性伏安特性，采用这种无间隙的避雷器后，其保护水平不受间隙放电特性的限制，使之仅取决于雷电和操作放电电压时的残压特性，而这个特性与常规碳化硅阀片相比，要好得多，这就相对提高了输变电设备的绝缘水平，从而有可能使工程造价降低。

7-6 避雷器选型问题的主要难点是什么？

答：避雷器选型问题的主要难点是确定暂时过电压的范围，既要保证在较高操作过电压及大气过电压下安全、可靠地动作，又要保证在暂时过电压下阀片不动作。

7-7 金属氧化物避雷器运行中劣化的征兆有哪些？

答：金属氧化物在运行中劣化主要是指电气特性和物理状态发生变化，这些变化使其伏安特性漂移、热稳定性破坏、非线性系数改变、电阻局部劣化等。一般情况下这些变化都可以从避雷器的如下几种电气参数的变化上反映出来：
（1）在运行电压下，泄漏电流阻性分量峰值的绝对值增大。
（2）在运行电压下，泄漏电流谐波分量明显增大。
（3）运行电压下的有功损耗绝对值增大。
（4）运行电压下的总泄漏电流的绝对值增大，但不一定明显。

7-8 金属氧化物避雷器典型事故有哪些？

答：金属氧化物避雷器典型事故有：
（1）避雷器受潮。
（2）电阻片负载能力不够。
（3）外绝缘耐污秽能力差。
（4）机械强度不够。

7-9 有 4 节 FZ-30J 阀型避雷器，如果要串联组合使用，必须满足的条件是什么？

答：条件是每节避雷器的电导电流为 400～600μA，非线性系数 α 相差值不大于 0.05，电导电流相差值不大于 30%。

7-10 自耦变压器必须在高压、中压两侧出线端都装一组避雷器？

答：由于高压、中压绕组的自耦联系，当任一侧落入一个波幅与该绕组绝缘水平相适应的雷电冲击波时，另一侧出现的过电压冲击波的波幅则可能超出该侧绝缘水平。为了避免这种现象的发生，必须在高压、中压两侧出线端都装一组避雷器。

7-11　什么是避雷器的绝缘配合系数？

答：电气设备内绝缘全波雷电冲击试验电压与避雷器标称放电电流下残压之比称为避雷器的绝缘配合系数，该系数越大，被保护设备越安全。

7-12　无间隙金属氧化物避雷器的试验项目有哪些？

答：无间隙金属氧化物避雷器的试验项目有：

（1）35kV 以上电压等级，采用 5kV 绝缘电阻表，绝缘电阻不应小于 2500MΩ；35kV 及以下电压等级，采用 2500V 绝缘电阻表，绝缘电阻不应小于 1000MΩ；1kV 及以下电压等级，采用 500V 绝缘电阻表，绝缘电阻不应小于 2MΩ；基座绝缘电阻不应低于 5MΩ。

（2）在交接、必要或 110kV 及以上运行 1~3 年、110kV 以下运行 3~5 年时，进行直流 1mA 电压 U_{1mA} 及 $0.75U_{1mA}$ 下的泄漏电流测量，测量时应记录环境温度和相对湿度，测量电流的导线应使用屏蔽线。要求 U_{1mA} 实测值与初始值（指交接试验或投产试验时的测量值）或制造厂规定值比较，变化不应大于±5%；$0.75U_{1mA}$（U_{1mA} 为交接时的值）下的泄漏电流不应大于 50μA，且不得低于 GB 11032—2010《交流无间隙金属氧化物避雷器》规定值。

（3）在交接或必要，以及新投运的 110kV 及以上（投运 3 个月内带电测量一次，以后每个雷雨季前、后各测量一次）避雷器，应进行运行电压下的交流泄漏电流测量，测量时应记录环境温度、相对湿度和运行电压，测量时应注意瓷套表面状况的影响及相间干扰的影响。

7-13　金属氧化物避雷器的现场试验项目有哪些？

答：金属氧化物避雷器的现场试验项目有：
（1）测量绝缘电阻。
（2）测量直流 1mA 下的电压 U_{1mA} 及 75%U_{1mA} 该电压下的泄漏电流。
（3）测量外施运行电压下的交流泄漏电流（有条件时可用带电测量工频泄漏电流的全电流和阻性电流分量代替）。
（4）运行中带电监测工频电导（或泄漏）电流的全电流和阻性分量。
（5）采用红外线测温仪对金属氧化物避雷器进行带电测量。
（6）测量工频参考电压（需要时进行）。
（7）检查密封情况（解体大修后）。
（8）放电记录器动作试验。
（9）测量基座绝缘电阻。

第二节　避雷器绝缘电阻测试

7-14　避雷器绝缘电阻测试的测试目的是什么？

答：避雷器绝缘电阻测试的测试目的是：

（1）当避雷器密封良好时，其绝缘电阻很高，受潮以后，则绝缘电阻下降很多，因此测量避雷器绝缘电阻对判断避雷器是否受潮是很有效的一种方法。对带并联电阻的阀型避雷器，还可检查并联电阻是否老化或通断及接触是否良好。如 FZ 型带并联电阻的普通阀式避雷器，并联电阻断脱后，绝缘电阻显著增大。

（2）对金属氧化物避雷器，测量其绝缘电阻可检查出是否存在内部受潮或瓷套裂纹等缺陷。对带放电计数器的避雷器应进行底座绝缘电阻测试，其目的是检查底座绝缘是否受潮或瓷套出现裂纹等，保证放电计数器在避雷器动作时能够正确计数。如某变电站一只 10kV 型号为 HY5WZ17/45 型氧化锌避雷器，在预防性试验中绝缘电阻为 100MΩ，历年数据在 10 000MΩ 以上，对其进行泄漏电流测试，75%U_{1mA} 下的泄漏电流为 200μA，判断该避雷器不合格，予以更换。

7-15　避雷器绝缘电阻测试的现场测试步骤及要求是什么？

答：测量金属氧化物避雷器绝缘电阻的仪器，1kV 以下电压用用 500V 绝缘电阻表，绝缘电阻不小于 2MΩ，对 35kV 及以下的用 2500V 绝缘电阻表；对 35kV 以上的用 5000V 绝缘电阻表，绝缘电阻不小于 2500MΩ、基座绝缘电阻不低于 5MΩ。绝缘电阻表上的接线端子"L"是接高压端的，"E"是接被试品的接地端的，"G"是接屏蔽端的。如被试品带有放电计数器，应将放电计数器前端作为接地端。如被试品表面泄漏电流较大，还需接上屏蔽环。

测试步骤是：

（1）将避雷器接地放电，放电时应用绝缘棒等工具进行，不得用手碰触放电导线。拆除或断开被试避雷器对外的一切连线。

（2）检查绝缘电阻表是否正常，若绝缘电阻表正常，将绝缘电阻表的接地端与被试品的地线连接，绝缘电阻表的高压端接上测试线，测试线的另一端悬空（不接试品），再次驱动绝缘电阻表，绝缘电阻表的指示应无明显差异，然后将绝缘电阻表停止转动。

（3）进行接线，经检查无误后，驱动绝缘电阻表达额定转速，将测试线搭上测试部位，读取 60s 绝缘电阻值，并做好记录。

（4）读取绝缘电阻后，应先断开接至被试品高压端的连接线，再将绝缘电阻表停止运转，以免绝缘电阻表反充电而损坏绝缘电阻表。

（5）对避雷器测试部位短接放电并接地。

（6）接有放电计数器的避雷器应测试避雷器的底座绝缘电阻。拆除放电计数器的上端引线，按上述步骤（3）～（5）所述的测试方法对避雷器的底座进行绝缘电阻测试。

7-16　避雷器绝缘电阻测试的注意事项是什么？

答：避雷器绝缘电阻测试的注意事项是：

（1）宜选用相同电压、相同型号的绝缘电阻表。

（2）测量时宜使用高压屏蔽线且屏蔽层 G 端子。若无高压屏蔽线，测试线不要与地线缠绕，应悬空。测试线不能用双股绝缘线和绞线，应用单股线分开单独连接，以免因绞线绝缘不良而引起误差。

（3）试验人员之间应分工明确，测量时应配合默契，测量过程中要大声读数。

（4）测量时应在天气良好的情况下进行，且空气相对湿度不高于 80%。若遇天气潮湿、绝缘子表面脏污，则需要进行"屏蔽"测量。

第三节　带间隙的氧化锌避雷器工频放电电压测试

7-17　带间隙的氧化锌避雷器工频放电电压测试测试目的是什么？

答：带间隙的氧化锌避雷器工频放电电压测试主要是检查避雷器的放电性能，检验它在内部过电压下有无动作的可能性。该项目只对有间隙避雷器要求，其工频放电电压应不低于普通阀式或磁吹避雷器的工频放电电压。

7-18　为什么避雷器工频放电电压会偏高或偏低？

答：避雷器工频放电电压偏高或偏低，除了限流电阻选择不当，升压速度不当和试验电源波形畸变等外部原因外，还有避雷器的内部原因。

（1）避雷器工频放电电压偏高的内部原因是：内部压紧弹簧压力不足，搬运时使火花间隙发生位移；黏合的 O 形环云母片受热膨胀分层，增大了火花间隙，固定电阻盘间隙的小瓷套破碎，间隙电极位移；制造厂出厂时工频放电电压接近上限。

（2）避雷器工频放电电压偏低的内部原因是：火花间隙组受潮，电极腐蚀生成氧化物，同时 O 形环云母片的绝缘电阻下降，使电压分布不均匀；避雷器经多次动作、放电，而电极灼伤产生毛刺；由于间隙组装不当，导致部分间隙短接；弹簧压力过大，使火花间隙放电距离缩短。

7-19　带间隙的氧化锌避雷器工频放电电压测试步骤是什么？

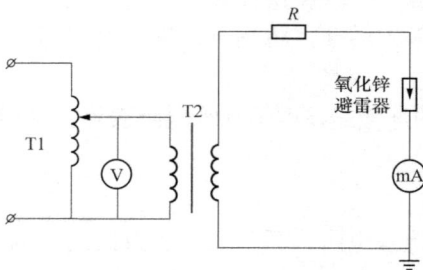

图 7-2　氧化锌避雷器工频放电
电压测试的原理接线图

答：测试接线如图 7-2 所示。将试验变压器的高压输出端临时接地，将高压测试线连接到被试避雷器的高压端，被试避雷器末端可靠接地，保持测试线对地有足够的安全距离。

带间隙的氧化锌避雷器工频放电电压测试步骤是：

（1）将避雷器接地放电，拆除或断开避雷器对外的一切连线。

（2）将避雷器表面擦拭干净，进行接线。检查接线正确无误后，拆除试验变压器的高压端临时接地线，开始试验。

（3）检查调压器在零位，接通电源，缓慢升压，记录避雷器间隙击穿时的电压读数。测试 3 次，取平均值作为测试数据。

（4）将调压器降到零，断开电源。

（5）对避雷器进行充分放电。

（6）拆除试验所接的引线，整理现场。

7-20　带间隙的氧化锌避雷器工频放电电压测试注意事项是什么？

答：带间隙的氧化锌避雷器工频放电电压测试注意事项是：

（1）试验应在完整避雷器上进行，升压必须从零开始，不可冲击合闸。试验前应用电容分压器进行变压器输出电压的校正。

（2）试验电压的波形应为正弦波，为消除高次谐波的影响，必要时调压器的电源取线电压或在试验变压器低压侧加滤波回路。

（3）应在被试避雷器下端串接电流表，用来判别间隙是否放电动作。

（4）两次放电要保持一定的时间间隔，以免由于两次放电的时间间隔太短，间隙内部没有充分去游离，而造成放电电压偏低或分散性较大。一般时间间隔不少于 1min。

（5）避雷器工频放电电压试验时，放电后应快速切除电源，切断电源时间不大于 0.5s，过流保护动作电流控制在 0.2～0.7A。

7-21　带间隙的氧化锌避雷器工频放电电压测试标准是什么？

答： 根据 GB 50150—2016《电气装置安装工程　电气设备交接试验标准》、DL/T 804—2014《交流电力系统金属氧化物避雷器使用导则》及 DL/T 393—2013《输变电设备状态检修试验规程》的规定：

带间隙的氧化锌避雷器工频放电电压应符合制造厂的规定，且不低于普通阀式或磁吹避雷器的工频放电电压，其典型推荐值见表 7-1。

表 7-1　　　　　　　　　　　　　　有串联间隙避雷器典型推荐值

系统标称电压 （有效值，kV）	避雷器额定电压 （有效值，kV）	电站用	配电用
		工频放电电压 （有效值，kV）	工频放电电压 （有效值，kV）
3	3.8	9	9
6	7.6	16	16
10	12.7	26	26
35	42	80	—

第四节　避雷器放电计数器试验

7-22　避雷器放电计数器试验目的是什么？

答： 由于密封不良，放电计数器在运行中可能进入潮气或水分，使内部元件锈蚀，导致计数器不能正确动作，因此需定期试验以判断计数器是否状态良好、能否正常动作，以便总结运行经验并有助于事故分析。带有泄漏电流表的计数器，其电流表用来测量避雷器在运行状况下的泄漏电流，是判断运行状况的重要依据，但现场运行经常会出现电流指示不正常的情况，所以泄漏电流表宜进行检验或比对试验，保证电流指示的准确性。

7-23　避雷器放电计数器试验的现场试验方法和步骤是什么？

答： 放电计数器的试验方法有直流法和标准冲击电流法两种，标准冲击电流法的试验步骤参考相关仪器的说明书。

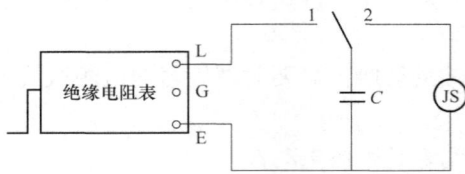

图 7-3　用直流法进行放电计数器试验的接线图

直流法试验接线如图 7-3 所示。试验步骤为用 2500V 绝缘电阻表对一只 4～6μF 的电容器充电，即由一人操作绝缘电阻表，另一人通过绝缘杆将"L"端引线接到电容器上对其充电，待充电结束后，将绝缘电阻表与电容器的引线拆开，通过绝缘杆将电容器的放电引线对计数器触及放电，观察计数器是否动作，重复 3～5 次。在运行条件下也可用此方法进行试验。放电计数器均应正常动作。

7-24　避雷器放电计数器试验的注意事项是什么？

答：避雷器放电计数器试验的注意事项是：

（1）应记录放电计数器试验前后的放电指示数值。

（2）检查放电计数器是否存在破损或内部积水现象。

（3）对放电计数器放电试验时，应防止电容器对绝缘电阻表反充电损坏绝缘电阻表。

（4）带有泄漏电流表的计数器，在试验时应检验泄漏电流表的准确性。

第五节　氧化锌避雷器 U_{1mA} 及 $0.75U_{1mA}$ 下，泄漏电流的测试

7-25　氧化锌避雷器 U_{1mA} 及 $0.75U_{1mA}$ 下，测试泄漏电流的目的是什么？

答：U_{1mA} 为无间隙金属氧化物避雷器通过 1mA 直流电流时，被试品两端的电压值。测量氧化锌避雷器的 U_{1mA}，主要是检查其阀片是否受潮、老化，确定其动作性能是否符合要求。直流 1mA 参考电压值一般等于或大于避雷器额定电压的峰值。

$0.75U_{1mA}$ 下的泄漏电流为试品两端施加电压 $0.75U_{1mA}$ 时，测量流过避雷器的泄漏电流。$0.75U_{1mA}$ 直流电压一般比最大工作相电压（峰值）要高一些，在此电压下主要检测长期允许工作电流是否符合规定。因为这一电流与氧化锌避雷器的寿命有直接关系，一般在同一温度下泄漏电流与寿命成反比。

7-26　氧化锌避雷器 U_{1mA} 及 $0.75U_{1mA}$ 下，泄漏电流的测试步骤是什么？

答：原理接线如图 7-4 所示。被试避雷器元件末端接地，试验电压施加在高压端。保持测试线对地足够的安全距离。测试步骤是：

（1）拆除或断开避雷器对外的一切连线，将避雷器接地放电。

（2）将避雷器表面擦拭干净，进行接线。检查测试接线正确后，拆除接地线，开始试验。

（3）确认电压输出在零位，接通电源，然后缓慢地升高电压到规定的试验电压值。当电流达到 1mA 时，读取并记录电压值 U_{1mA} 后，降压至零。

（4）计算 $0.75U_{1mA}$ 的值。

（5）测量 $0.75U_{1mA}$ 下的泄漏电流值。重新接通电源，将直流电压升至 $0.75U_{1mA}$，读取并记录泄漏电流值后，降压至零。

（6）待电压表指示基本为零时，断开试验电源，用带限流电阻的放电棒对避雷器充分放电，挂接地线。

（7）拆除试验所接的引线，整理现场。

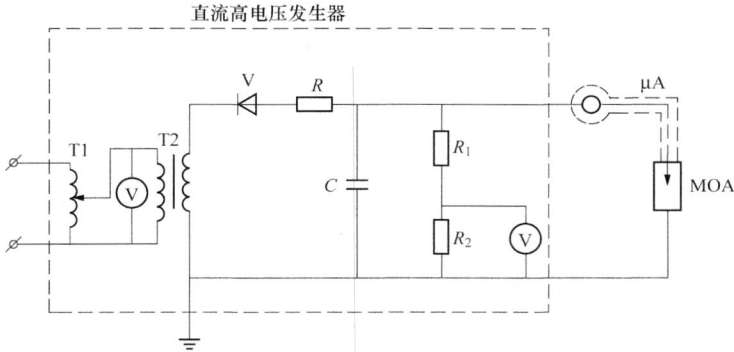

图 7-4　用直流法进行放电计数器试验的接线图

7-27　氧化锌避雷器 U_{1mA} 及 $0.75U_{1mA}$ 下，泄漏电流测试有哪些注意事项？

答：氧化锌避雷器直流 1mA 电压（U_{1mA}）及 $0.75U_{1mA}$ 下的泄漏电流测试的注意事项有：

（1）直流 U_{1mA} 测试前，应先测试绝缘电阻，其值应正常。

（2）为了防止外绝缘的闪络和易于发现绝缘受潮等缺陷，避雷器直流 U_{1mA} 测试通常采用负极性直流电压。

（3）因泄漏电流大于 200μA 以后，随电压的升高，电流将急剧增大，故应放慢升压速度，当电流达到 1mA 时，准确地读取相应的 U_{1mA} 电压值。

（4）防止表面泄漏电流的影响。测量前应将瓷套表面擦拭干净。测量电流的导线应使用屏蔽线。金属氧化物避雷器总泄漏电流主要由流过阀片的电容电流、阻性电流和流过绝缘体的电导电流三部分组成。由于无间隙金属氧化物避雷器表面的泄漏原因，在试验时应尽可能地将避雷器瓷套表面擦拭干净。如果由于受潮或脏污等原因使 U_{1mA} 电压数据异常，应在靠近避雷器加压端的瓷套表面装一个屏蔽环。测量泄漏电流的导线应使用屏蔽线，测试线与避雷器的夹角应尽量大。

例如一台 220kV 型号为 HY10Z-200/520 的氧化锌避雷器，停电试验中数据出现异常，U_{1mA} 的值为 210kV，$0.75U_{1mA}$ 下的泄漏电流为 60μA。由于该避雷器临近正在运行的带电设备，电场干扰较大，试验人员首先核查试验方法是否正确并设法排除电场干扰的影响。检查发现，高压试验线采用的不是屏蔽线。将测试线改为屏蔽线，将屏蔽线的屏蔽层接入高压微安电压表的输入端。再次试验，U_{1mA} 电压为 292kV，$0.75U_{1mA}$ 下的电流为 32μA，与交接电气设备试验数据基本相同。可见，本次试验出现异常是由于电场干扰引起试验回路出现干扰电流造成的。

（5）直流高压的测量应在高压侧进行，测量系统应经过校验，测量误差不应大于 2%。

（6）试验回路的接地应在被试品处接地。

（7）氧化锌避雷器直流电压的数值不应低于 GB 11032—2010《交流无间隙金属氧化物避雷器》中规定数值，且 U_{1mA} 实测值与初始值或制造厂规定值比较，变化不应超过 ±5%；

$0.75U_{1mA}$ 下的泄漏电流一般应不大于 $50\mu A$，且与初始值相比较不应有明显变化。

（8）测量时应记录环境温度，阀片的温度系数一般为 0.05%～0.17%，即温度每升高 10℃，直流 1mA 电压 U_{1mA} 约降低 1%，所以必要的时候应进行温度换算，以免出现误判断。由于相对湿度也会对测量结果产生影响，为便于分析，测量时还应记录相对湿度。

（9）根据 GB 11032—2010《交流无间隙金属氧化物避雷器》规定，直流电压脉动部分应不超过±1.5%。

（10）三节以上结构避雷器可按三节结构设备进行试验，单节结构避雷器应拆除高压引线进行试验。

（11）不拆高压引线试验时，测量限流电阻 R 的阻值根据实际情况进行调整。不拆高压引线试验时，下节避雷器泄漏电流值由低压端电流表直接读取，其他位置避雷器泄漏电流值需经高压端、低压端两块电流表进行差值计算取得。

（12）串补平台上各限压器距离较近，且限压器与其他设备（如电容器组）距离较近，接线时应充分考虑绝缘措施，防止加压线或限压器高压端对邻近设备放电。

（13）试验结束断开电源后，应对被试避雷器或限压器邻近设备及加压线进行充分放电。

7-28 为什么做避雷器泄漏（电导）电流试验时要准确测量直流高压，而做电力电缆、少油断路器泄漏电流试验时却不要求十分准确测量直流高压？

答：阀型避雷器（FZ 型）的并联电阻是非线性电阻。当加在其上的直流高压有很小变化时，其泄漏（电导）电流变化很大（一般电压变化 3%，电流变化 12%）。如不准确测量直流电压，往往会引起很大测量误差。其试验标准又规定了严格的泄漏（电导）电流范围，且非线性系数又是按不同电压下电导电流计算的，所以必须准确测量直流高电压和泄漏（电导）电流。当电压少许变化时，少油断路器、电力电缆的直流泄漏电流，基本按线性关系变化或不变，所以可以在低压电压表换算出高压直流电压下试验，而不十分准确测量高压直流电压也能满足试验要求。

7-29 为什么避雷器在做泄漏电流试验（半波整流）时需要并联一个电容器，而电缆和变压器则不需要？

答：在做避雷器的泄漏电流试验时，常采用半波整流方式，其脉动因数很大。避雷器是非线性元件，由于直流电压有微小的波动，则会引起电导电流很大的变化，造成较大的误差，所以要并联一个滤波电容器以减小脉动因数。

电缆和变压器本身对地电容较大，能起到滤波作用，因此不必另外并联滤波电容器。

7-30 不拆引线测量避雷器的 U_{1mA} 及 $0.75U_{1mA}$ 下，泄漏电流的试验原理和接线方法是什么？

答：接线如图 7-5 所示，当不拆高压引线时，避雷器与变压器或 CVT（电容式电压互感器）相连，若在避雷器端部施加电压，则此电压将会传递到变压器中性点上，而变压器中性点可能耐受不住这样高的电压。

由于避雷器的阀片是非线性电阻，正、反向加压通过的电流一致，因此，可通过反向加压进行测量，即将避雷器首端通过毫安表接地，在上节避雷器末端施加直流电压。这样，避雷器端部为低电位，CVT 及变压器均不受影响。

需要注意，天气潮湿时，应尽量采用屏蔽接线。试验时，除了对被试品采用适当屏蔽措施外，还应注意高压引线和测量线的走向。

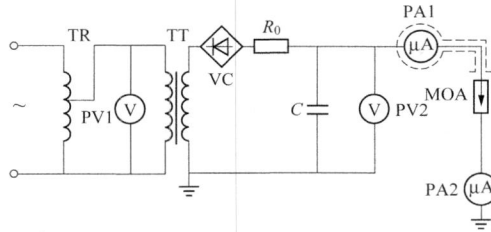

图 7-5　不拆引线测量避雷器的 U_{1mA} 及 $0.75U_{1mA}$ 下漏电流的试验接线图

第六节　无间隙金属氧化物避雷器（MOA）运行电压下，交流泄漏电流的测试

7-31　无间隙金属氧化物避雷器（MOA）运行电压下，测试交流泄漏电流的目的是什么？

答：在运行电压下测量 MOA 交流泄漏电流可以在一定程度上反映 MOA 运行的状态。在正常运行情况下，流过避雷器的电流主要为容性电流，阻性电流只占很小一部分，约为 10%～20%。无间隙金属氧化物避雷器在工作电压下，总电流可达几十到数百微安。当阀片老化、避雷器受潮、内部绝缘部件受损以及表面严重污秽时，容性电流变化不多，而阻性电流大大增加，所以测量避雷器运行电压下的交流泄漏电流及其阻性电流和容性电流是现场监测避雷器运行状态的主要方法，特别是阻性电流对发现氧化锌避雷器受潮有重要意义。

7-32　什么是避雷器的持续运行电压？

答：允许持久地施加在交流无间隙金属氧化物避雷器端子间的工频电压有效值称为该避雷器的持续运行电压。

7-33　举例说明测量金属氧化物避雷器（MOA）在运行电压下，交流泄漏电流对发现缺陷的意义如何？

答：测试表明，在运行电压下测量全电流、阻性电流可以在一定程度上反映 MOA 运行的状态。

运行统计表明，MOA 事故主要是受潮引起的，而老化引起的损坏则极少。据西安电瓷厂对 1991 年 5 月前产品运行中遭损坏的 9 例 MOA 的事故分析统计，其中 78% 是因密封不良侵入潮气引起的；另外 22% 则是因装配前干燥不彻底导致阀片受潮。另外，在运行电压下测量 MOA 的全电流具有原理简单、投资少、设备比较稳定、受外界干扰小等特点。所以应当继续积累经验。例如：某组 Y10W-102/250（2 节）型避雷器交接试验时发现异常，其数据见表 7-2。

表 7-2 避雷器交接试验数据表

编　号	工频参考电压	最高持续运行电压			
	U（kV）	U（kV）	I_X（mA）	I_{R1p}（mA）	φ
U 相上节	53.7	41.2	0.931	0.130	84.3
U 相下节	54.7	40.5	0.524	0.064	84.9
V 相上节	53.2	40.0	0.917	0.120	84.7
V 相下节	51.4	41.2	0.957	0.159	83.2

注　U 为施加避雷两端的工频电压；I_X 为流过避雷器的总电流；I_{R1p} 为流过避雷器总电流中的阻性电流基波峰值；φ 为避雷器两端的电压与流过避雷器的总电流之间的夹角。

表 7-3 中，U 相下节最高持续运行电压下的总电流 I_X 较小（与其他避雷器单元比较）为 0.524mA，阻性电流基波值 I_{R1p} 很小为 0.064mA。由此分析 U 相下节氧化锌避雷器内的电阻片与 U 相上节和 V 相上、下节的电阻片的电容不同、电阻片的直径不同，即 U 相下节电阻片的电容小、电阻片的直径小。如果 U 相下节与上节组成一相投入运行的话，就会出现电压分布不均匀，上节承受电压低，下节承受电压很高；从所测量的数据看，下节电阻片的电容比上节的要小约 2 倍，这样上节只承受相电压的 1/3，而下节要承受相电压的 2/3，若长期运行，下节的电阻片会迅速老化，易发生爆炸事故，因此建议 U 相下节要用与上节同样的电阻片组成的氧化锌避雷器，确保以后安全运行。

基于上述，在运行电压下测量全电流的变化对发现受潮具有重要意义。

7-34　对 ZnO 避雷器运行电压下，全电流和阻性电流测量能够发现哪些缺陷？

答：全电流的变化可以反映 MOA 的严重受潮、内部元件接触不良、阀片严重老化；而阻性电流的变化对阀片初期老化的反应较为灵敏。

7-35　无间隙金属氧化物避雷器（MOA）运行电压下，交流泄漏电流的测试方法有哪些？

答：测试方法有带电测试和停电测试两大类，停电测试有电容补偿法和阻性电流测试仪法两种。

7-36　无间隙金属氧化物避雷器（MOA）运行电压下，阻性电流测试有哪些方法？有哪些注意事项？

答：阻性电流测试是通过采集避雷器电压和全电流信号，经过数字信号处理后得到基波或各次谐波电流和电压的幅值及相角，将基波电流投影到基波电压上就可以得出阻性电流基波。检测方法分为三次谐波法、电容电流补偿法、基波法、波形分析法等。

无间隙金属氧化物避雷器（MOA）运行电压下的阻性电流的测试注意事项是：

（1）带电测试应在良好天气下进行。

（2）接取电压互感器二次电压应由专人接线，应防止造成电压互感器二次短路或接地短路。

（3）带电测试时严禁将电流测试线举过避雷器底座法兰，不得将手、工具材料举过避雷器底座法兰。应尽量使用绝缘杆进行搭接。

（4）测试完毕后应先将电流测试线及电压互感器二次电压接线脱开。

（5）测量运行电压下的全电流、阻性电流或功率损耗，测量值与初始值比较，有明显变化时应加强监测。当阻性电流增加 1 倍时，应停电检查。

（6）对系统标称电压 110kV 及以上避雷器还应考虑邻相电场的影响。对一字形排列的三相 110～500kV 金属氧化物避雷器，由于相间杂散电容耦合的影响，会对这种测量方法产生误差，为此应将避雷器各自的前后测试数据单独进行比较。当避雷器的泄漏电流 I_X 有明显变化时，还应注意底座绝缘或外套表面状况的影响。

（7）当测试时的环境温度高于或低于测试初始值的环境温度时，应将所测的阻性电流值进行温度换算后，才能与初始值比较。温度换算系数，按温度每升高 10°C，电流增大 3%～5%进行换算。

第七节　避雷器工频参考电流下的工频参考电压测试

7-37　什么是避雷器工频参考电流下的工频参考电压？

答：工频参考电压是无间隙金属氧化物避雷器的一个重要参数，它表明阀片的伏安特性曲线饱和点的位置。对避雷器（或避雷器元件）施加工频电压，当通过试品的阻性电流等于工频参考电流（由制造厂确定，以阻性电流分量的峰值表示，通常约为 1～20mA）时，测出试品上的工频电压峰值，工频参考电压等于该工频电压最大峰值除以 $\sqrt{2}$，这一数值应不低于避雷器的额定电压值。交流无间隙金属氧化物避雷器的额定电压是指施加到避雷器端子间的最大允许工频电压有效值，它表明避雷器能在按规定确定的暂时过电压下正确地工作，但它不等于电网的额定电压。

7-38　举例说明避雷器工频参考电流下的工频参考电压测试目的是什么？

答：目的是检验动作特性和保护特性。避雷器运行一定时期后，工频参考电压的变化能直接反映避雷器的老化、变质程度。该项目只对无间隙避雷器要求。

由于在带电运行条件下受相邻相间电容耦合的影响，金属氧化物避雷器的阻性电流分量不易测准，当发现阻性电流有可疑迹象时，需应测量工频参考电压，它能进一步判断该避雷器是否适于继续使用。

7-39　氧化物避雷器的工频参考电压的基本测量原理是什么？

答：在参考电流（指 1～20mA 峰值阻性电流）下测得的工频电压峰值称为工频参考电压。基本测量原理是，测量时要在避雷器上施加工频电压，当其电流中的阻性分量峰值达到规定的额定值时，施加的工频电压最大峰值除以 $\sqrt{2}$ 即为工频参考电压。但在工频电压作用下，避雷器中主要流过的是电容性电流，所以测量的关键是把容性电流过滤或补偿掉，然后才能真正测量到阻性电流的峰值。

7-40　避雷器工频参考电流下的工频参考电压测试的测试方法有哪些种类？

答：测试方法有示波器法和阻性电流测试仪法两种。

7-41 避雷器工频参考电流下的工频参考电压测试有哪些注意事项？

答：避雷器工频参考电流下的工频参考电压测试的测试注意事项是：

（1）由于试验电压对避雷器而言相对较高（超过额定电压），故在达到工频参考电流时应缩短加压时间，施加工频电压的时间应严格控制在 10s 以内。

（2）测量工频参考电压时，应以工频参考电流为基础，即当避雷器电流达到生产厂家规定的参考电流时，读取试验电压值作为避雷器的参考电压，而不应将试验电压升到参考电压后看避雷器是否超过规定的参考电流值。

（3）工频参考电流下的工频参考电压必须大于避雷器的额定电压。一般情况下，工频参考电压峰值与避雷器 1mA 下的直流参考电压相等。110kV 及以上的避雷器，参考电压降低超过 10%时，应查明原因，若是老化造成的，宜退出运行。

（4）可以结合现场试验条件，对避雷器分节进行试验。

（5）试验结束后应对试品充分放电方可接触，避免金属氧化锌避雷器的残存电荷伤人。

（6）在升压过程中，如发现阻性电流测试仪检测电流值上下跳动，调压器往上升方向调节，电流甚至有下降趋势，应立即停止升压，降压、停电后查明原因，确定是否存在局部放电现象。若被试品冒烟、闪络、燃烧或发出击穿响声（或断续放电声），应立即停止升压，降压、停电后查明原因，这些现象如查明是绝缘部分出现的，则认为被试品试验不合格。如确定被试品的表面闪络是由于空气湿度或表面脏污等所致，应将被试品清洁干燥处理后，再进行试验。

第八章 接地装置试验

第一节 架空线路杆塔接地电阻测试

8-1 什么是接地装置的接地电阻？

答：电流经过接地体流入大地后，流散电流所通过的截面随着远离接地体而迅速增大，因此同半球形面积对应的土壤电阻随着远离接地体而迅速减小，至离开接地体 20m 时，半球形面积已达 2500m², 土壤电阻已小到可忽略不计，即无电压降了。此时把接地体周围土壤电阻的总和称为接地体的流散电阻，流散电阻与接地线电阻的和即为接地装置的接地电阻。

8-2 接地装置在检修作业前的检查和试验项目有哪些？

答：接地装置在检修作业前的检查和试验项目有：
（1）接地线是否折断、损伤或严重腐蚀。
（2）接地支线与接地干线的连接是否牢固。
（3）接地点土壤是否因外力影响而有松动。
（4）接地线、接地体及其连线处是否完好无损。
（5）检查全部连接点的螺栓是否有松动，并应加以紧固。
（6）挖开接地引下线周围的地面，检查地下 0.5m 左右地线受腐蚀的程度，腐蚀严重时应更换。
（7）检查接地线的连接卡及跨接线等的接触是否完好。
（8）人工接地体周围地面上，不应堆放及倾倒有强烈腐蚀性的物质。

8-3 架空线路杆塔接地电阻测试的目的是什么？

答：架空线路杆塔接地是保护线路绝缘，降低雷击杆塔的电压幅值，确保雷电流泄入大地的有效措施。测量架空线路杆塔的接地电阻可以评价杆塔接地的状态，决定是否采取措施以保证线路的安全运行。

8-4 架空线路杆塔接地电阻测试的方法是什么？

答：测量接地电阻的方法主要有电位降法及电流-电压表三极法，其中电流-电压表三极法中又分为直线法和夹角法，如图 8-1 所示。大型接地装置接地电阻的测试中主要采用电流-电压表三极法中的夹角法及电位降法，如果条件所限无法呈夹角放置时，应注意使电流线和电位线保持尽量远的距离，以减小互感耦合对测试结果的影响。电位降法主要适用于区域水平段较分明的情况。

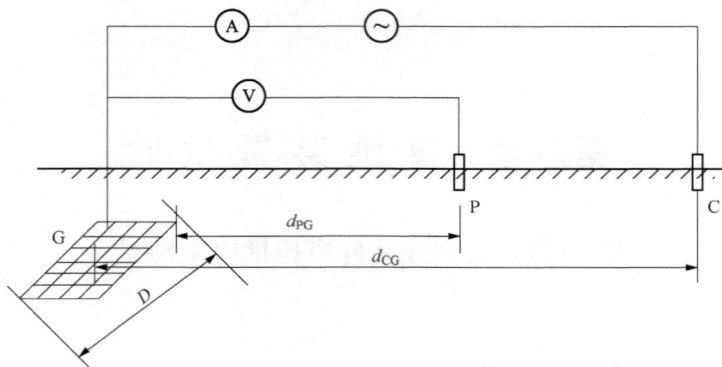

图 8-1　电流-电压表三极法接线示意图

G—被试接地装置；C—电流极；P—电位极；D—被试接地装置最大对角线长度；d_{CG}—电流极与被试接地装置边缘的距离；d_{PG}—电位极与被试接地装置边缘的距离

8-5　架空线路杆塔三极法测量接地电阻测试有哪些注意事项？

答：架空线路杆塔三极法测量接地电阻测试的注意事项是：

（1）测量应选择在晴天、干燥天气下进行。

（2）拆除被测杆塔所有接地引下线，把杆塔塔身与接地装置的电气连接全部断开。

（3）应避免把电压极和电流极布置在接地装置的射线上面，且不宜与接地装置的放射延长线平行或同方向布线。电位极应紧密而不松动地插入土壤，且不少于 20cm。

（4）电流极的电阻值应尽量小，以保证整个电流回路阻抗足够小，设备输出的试验电流足够大；电流极和电压极的辅助接地电阻不应超过测量仪表规定范围，否则会使测量误差增大。可以通过将测量电极更深地插入土壤并与土壤接触良好、增加电流极导体的根数、给电流极泼水等方式降低电流极的辅助接地电阻。

（5）在工业区或居民区，地下可能具有部分或完整埋地的金属物体，如铁轨、水管或其他工业金属管道，如果测量电极布置不当，地下金属物体可能会影响测量结果。电极应布置在与金属物体垂直的方向上，并且要求最近的测量电极与地线管道之间的距离不小于电极之间的距离。测试回路应尽量避开河流、湖泊；尽量远离地下金属管路和运行中的输电线路，避免与之长段并行，与之交叉时垂直跨越。

（6）当发现接地电阻的实测值与以往的测试结果相比有明显的增大或减小时，应改变电极的布置方向或增大电极的距离，重新进行测试。

（7）测量时应注意保持接地电阻测试仪各接线端子、电极和接地装置等电气连接接触良好。尽量缩短接地极端子 G 与接地装置之间的引线。

（8）测试接地装置接地电阻的电流极应布置得尽量远，通常电流极与被试接地装置边缘的距离 d_{CG} 应为被试接地装置最大对角线长度 D 的 4～5 倍；对超大型的接地装置的测试，可利用架空线路做电流线和电位测试线；当远距离放线有困难时，在土壤电阻率均匀地区，建议使用夹角法进行测量，测量时 d_{CG} 可取 $2D$，在土壤电阻率不均匀地区可取 $3D$。

（9）无论哪种测试方法，都要求电流线和电位线之间保持尽量远的距离，以尽量减小电流线与电位线之间互感的影响。

（10）可采用人工接地极或利用高压输电线路的铁塔作为电流极，但应注意避雷线分流的影响。

（11）当使用电流-电压三极法中的直线法时，电位极 P 应在被测接地装置 G 与电流极 C 连线方向移动三次，每次移动的距离为 d_{CG} 的 5%左右，当三次测试的结果误差在 5%以内即可。

第二节　接地网接地电阻测试

8-6　接地网接地电阻测试的目的是什么？

答： 发电厂、变电站的主接地网在保证电力设备的安全工作和人身安全方面起着决定性的作用。接地电阻值是接地网的重要技术指标。由于接地电阻的设计值与实际值有时相差甚远，为了对接地网的接地电阻有一个真实、准确地把握，必须对接地网的接地电阻进行测量。这对于正确估计变电站的安全性，确保电力系统的安全运行具有十分重要的意义。

8-7　接地网接地电阻测试的方法是什么？

答： 目前测试接地电阻的仪器根据测试方法和现场测试情况的不同大致分为接地电阻表法、工频大电流法、异频法三种。根据测试对象和方法的不同，应采用不同方法。

（1）小型变电站接地网接地电阻的测试可选用 ZC-8 型接地绝缘电阻表。

（2）对于大、中型变电站和电厂采用工频大电流法或异频法。

在实际测量中有远离法和补偿法两种常用的方法可以满足测量要求。

（1）远离法。通过增大接地网与电流极、电压极的距离来达到满足上式的目的。对于大型接地网，满足远离法要求的电流极到变电站之间的距离将很大，所要求的间距很难在实际测量中达到。通过人工敷设电流和电压线的方法不可能实现，只有借助于已有的架空线路才可以满足要求，但是目前可借用的线路牵扯到停电，因而实施较为困难。

（2）补偿法。如果将电流极和电压极放置在合适的位置，这时测量得到的接地电阻即为接地网的真实接地电阻。通过分析知道，确定电流极后，存在一个可得出待测接地极真实接地阻抗的电压极位置，这里将对应真实接地电阻的电压极位置称为补偿点。为了能将地网等效为半球形，通过大量试验验证，电流线的长度选取为被测试地网最长对角线的 3 倍以上，可以满足工程测量的要求。

（3）远离补偿法。此法综合了上述两种方法，地网中心、电压极、电流呈一条直线。此法可以减少土壤电阻率不均匀带来的误差，其测量误差在工程上是可以接受的。

现场通常采用的测量方法为 0.618 法和夹角补偿法：

（1）夹角补偿法。此种方法要避开地中管道、输电线路和河流，采用 GPS 定位距离和角度。

（2）0.618 法（直线法）。若电流极不至于无穷远处，则电压极必须放在电流极与接地体两者中间，距接地网 0.618 处，即可测得接地网的真实接地电阻值，此方法即为 0.618 法。但是电压线和电流线是沿一个方向放线，电流线与电压线之间存在互感，会影响电压的测量值，因此在条件许可的情况下尽量采用夹角补偿法，如果要使用 0.618 法，应使电流线与电压线之间的最小距离在 3m 以上。

8-8 用接地电阻表法测量接地网接地电阻的接线方法及步骤是什么？

答：接地电阻表具有携带方便、使用简单等特点。但由于其电源容量小，不能提供较大的测量电流，当干扰电压较高而被测接地电阻又较小时（＜1Ω），则测量结果可能存在较大的误差，因此主要用于测量面积较小的地网或接地极。测量一般采用直线的敷设放线方式，根据地网大小确定电流线的长度，一般在 20m 以上，通过三极法进行测量。

图 8-2 是 ZC-8 型接地电阻表的测量接线，该表的使用方法和原理类似于双臂电桥，使用时接地电阻表：C 端子接电流极 C 引线，P 端子接电压极 P 引线，E 端子接被测接地体 G。当接地电阻表离被测接地体较远时，为排除引线电阻的影响，同双臂电桥测量一样，将 E 端子短接片打开，用两根线 C2、P2 分别接被测接地体。

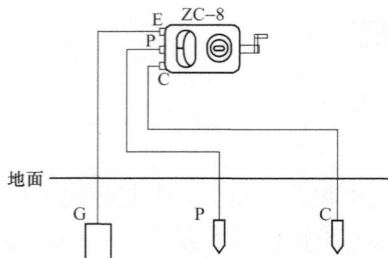

图 8-2 接地电阻表的测量接线图

8-9 接地电阻表法测试接地网接地电阻的步骤是什么？

答：接地电阻表法测试接地网接地电阻的步骤是：

（1）根据接地网的形式和大小确定电流线的敷设长度，并在接地网四周确定一个放线方向。

（2）用皮尺测量定位电流极和电压极的位置，插入接地钎子，深度不小于 30cm。

（3）按图 8-2 进行接线，用专用导线（电压线、电流线、接地极引线）的两端与接地电阻表的相应端子和作为电流极、电压极的接地钎子分别良好连接，将接地电阻表放于水平位置。

（4）测量开始应先将倍率开关置于最大倍数位置，慢慢转动发电机手柄，同时调节倍率及"指示刻度盘"，当检流计的指针位于中心线附近时，然后逐渐加快手柄的转速，使其达到 120r/min 以上，调节"指示刻度盘"使检流计指针指于中心线。用"指示刻度盘"的读数乘以倍率开关的倍数，即为所测的接地电阻值。

8-10 接地网接地电阻测试有哪些注意事项？

答：接地网接地电阻测试的注意事项是：

（1）测量应选择在晴天、干燥环境下进行。

（2）采用电极直线布置测量时，电流线与电压线应尽可能分开，不应缠绕交错。

（3）在变电站进行现场测试时，由于引线较长，应多人进行，转移地点时，不得摔扔引线。

（4）测量时如发现检流计灵敏度过高，可将测量电极（电压极、电流极）插入地中的深度浅一些；当检流计灵敏度过低时，可用水湿润测量电极周围的土壤或选择湿润土壤处安装测量电极。

（5）测量时接地电阻表若无指示，可能是电流线断；若指示很大，可能是电压线断或接地体与接地线未连接；若接地电阻表指示摆动严重，可能是电流线、电压线与电极或接地电阻表端子接触不良，也可能是电极与土壤接触不良造成的。

8-11　进行接地网接地电阻测试时，影响测试结果的因素是什么？

答：在进行接地网接地电阻的测量过程中，有可能对测试设备或测试结果造成影响的因素如下：

（1）工频干扰的影响。工频干扰主要是由于电力系统的不平衡电流 I_0（零序电流分量）在被测接地网上的工频压降造成的，有时干扰电压可高达 5～10V，可见干扰电压 U_0 的影响是不容忽视的。可采用上面介绍过的倒相法和变频法来消除工频干扰电压引起的测量误差。

（2）互感的影响。采用直线法布置电流线和电压线会导致互感的影响，电压线和电流线如果在很长范围内平行，其互感电势造成的误差较大，因此要尽可能增大两平行线间的距离。

（3）电压极、电流极定位不准。由于电压极、电流极定位不准，给接地网的准确测量和计算带来较大误差。现在普遍采用 GPS 全球定位系统及现场地下施工管线和输电线路走向来确定电压极、电流极的位置，提高了测量的准确度。

（4）仪器、仪表及其他方面的影响。比如周围土壤中不同成分的土壤或者岩石分布位置不同都会造成对测试结果的影响。

8-12　接地电阻测量为什么不应在雨后不久就进行？

答：因为接地体的接地电阻值随地中水分增加而减少，如果在刚下过雨不久就去测量接地电阻，得到的数值必然偏小，为避免这种假象，不应在雨后不久就测接地电阻，尤其不能在大雨或久雨之后立即进行这项测试。

8-13　影响地网腐蚀的因素主要有哪些？

答：影响地网腐蚀的因素主要有：
（1）土壤的理化性质。包括土壤电阻率、土壤中含水量、含氧量、含盐量、土壤酸度等。
（2）接地体的铺设方式。
（3）接地极的形状。
（4）周围是否存在基建残留物。
（5）电场的影响造成电腐蚀。

8-14　测量接地电阻时应注意什么？

答：测量接地电阻时应注意以下几点：
（1）一般地，测量时被测的接地装置应与避雷线断开。
（2）电流极、电压极应布置在与线路或地下金属管道垂直的方向上。
（3）应避免在雨后立即测量接地电阻。测量接地电阻时，最好在降雨量小的春季或气温较低的冬季，此时土壤含水量最小、温度最低、电阻率最大。
（4）采用交流电流表、电压表法时，电极的布置宜用三角形布置法，电压表应使用高内阻电压表。
（5）被测接地体 E、电压极 P 及电流极 C 之间的距离应符合测量方法的要求。
（6）所用连接线截面：电流线大于 2.5mm²，电压线不小于 1.5mm²，电流回路应适合所测电流数值；与被测接地体 E 相连的导线电阻不应大于 R_x 的 2%～3%。试验引线应与接地体绝缘。

（7）仪器的电压极引线与电流极引线间应保持 1m 以上距离，以免使自身发生干扰。

（8）应反复测量 3～4 次，取其平均值。

（9）使用手摇式接地电阻表进行测量时发现干扰，可改变接地电阻表转动速度。

（10）测量中当仪表的灵敏度过高时，可将电极的位置提高，使其插入土中浅些。当仪表灵敏度不够时，可给电压极和电流极插入点注入水而使其湿润，以降低辅助接地棒的电阻。

（11）测量电流应尽可能大于 20A，保证测量准确性。

（12）在带电设备上测量接地电阻时，应特别注意：解开和恢复接地引线时，必须戴绝缘手套。

（13）严禁接触与地断开的接地引线。

（14）雷雨天气或发现变电站升压站有接地故障时严禁测量接地网接地电阻。

第九章　套管、绝缘子试验

第一节　套管、绝缘子的绝缘电阻试验

9-1　高压套管电气性能方面应满足哪些要求？

答： 高压套管在电气性能方面通常要满足：

（1）长期工作电压下不发生有害的局部放电。

（2）1min 工频耐压试验下不发生滑闪放电。

（3）常温常压下进行 1min 工频耐压试验或冲击试验电压下不击穿。

（4）防污性能良好。

9-2　绝缘子的检修和试验项目有哪些？

答： 绝缘子的检修项目包括绝缘子及金属附件外观检查、绝缘件外绝缘检查及探伤。

绝缘子的试验项目和周期遵循：

（1）零值绝缘子检测，每 1～5 年进行一次。

（2）悬式绝缘子和针式支柱绝缘子的绝缘电阻测量，每 1～5 年进行一次。

（3）单元件支持绝缘子、悬式绝缘子和针式支柱绝缘子的交流耐压试验，每 1～5 年进行一次，随主设备试验或更换绝缘子时的交流耐压试验。

（4）绝缘子表面污秽的等值盐密测试，每 1 年进行一次。

9-3　测试套管绝缘电阻试验的目的是什么？

答： 测试套管绝缘电阻能有效地发现其绝缘整体受潮、脏污、贯穿性缺陷，以及绝缘击穿和严重过热老化等缺陷。测试套管主绝缘电阻时，采用 2500V 及以上的绝缘电阻表。

9-4　套管绝缘电阻试验的测试接线及测试步骤是什么？

答：（1）测试接线。

1）纯瓷套管：将套管的一次侧（导电杆）接入绝缘电阻表的"L"端，法兰（接地端）接入绝缘电阻表的"E"端。

2）电容套管主绝缘：将套管的一次侧（导电杆）接入绝缘电阻表的"L"端，末屏接入绝缘电阻表的"E"端。

3）电容套管末屏绝缘：将套管的末屏接入绝缘电阻表的"L"端，外壳及地接入绝缘电阻表的"E"端。

（2）测试步骤。

1）将套管接地放电，放电时应用绝缘棒等工具进行，不得用手碰触放电导线。拆除或断

213

开套管对外的一切连接线。

2）检查绝缘电阻表是否正常。若绝缘电阻表正常，将绝缘电阻表的接地端与被试品的地线连接，绝缘电阻表的高压端接上测试线，测试线的另一端悬空（不接试品），再次驱动绝缘电阻表，绝缘电阻表的指示应无明显差异。然后将绝缘电阻表停止转动。

3）进行接线，经检查无误后，驱动绝缘电阻表达额定转速，将"L"端测试线搭上套管高压测试部位，读取 60s 绝缘电阻值，并做好记录。

4）读取绝缘电阻后，应先断开接至被试套管高压端的连接线，再将绝缘电阻表停止运转，以免绝缘电阻表反充电而损坏绝缘电阻表。

5）对套管测试部位短接放电并接地。

9-5　套管绝缘电阻试验有哪些注意事项？

答：套管绝缘电阻试验的测试注意事项是：

（1）历次试验应选用相同电压、相同型号的绝缘电阻表。

（2）测量时宜使用高压屏蔽线且屏蔽层接地。若无高压屏蔽线，测试线不要与地线缠绕，应尽量悬空。测试线不能用双股绝缘线和绞线，应用单股线分开单独连接，以免因绞线绝缘不良而引起误差。

（3）试验人员之间应分工明确，测量时应配合默契，测量过程中要大声读数。

（4）测量时应在天气良好的情况下进行，且空气相对湿度不高于 80%。若遇天气潮湿、套管表面脏污，则需要进行"屏蔽"测量。

（5）禁止在有雷电时或邻近高压设备时使用绝缘电阻表，以免发生危险。

（6）测试电容套管末屏绝缘的绝缘电阻后，切记做好末屏接地，以防末屏在运行中放电。

（7）20℃套管主绝缘的绝缘电阻值不应低于 10 000MΩ，末屏对地的绝缘电阻不应低于 1000MΩ。

9-6　绝缘子绝缘电阻试验的目的是什么？

答：测量绝缘子绝缘电阻是检查绝缘子绝缘状态最简便和最基本的方法，它能有效地发现绝缘子贯穿性裂纹或有裂纹（龟裂）以及湿气、灰尘及脏污入侵后造成的绝缘不良。

9-7　绝缘子绝缘电阻试验有哪些注意事项？

答：绝缘子绝缘电阻试验的测试注意事项是：

（1）宜选用相同电压、相同型号的绝缘电阻表。

（2）测量时宜使用高压屏蔽线且屏蔽层接地。若无高压屏蔽线，测试线不要与地线缠绕，应尽量悬空。测试线不能用双股绝缘线和绞线，应用单股线分开单独连接，以免因绞线绝缘不良而引起误差。

（3）试验人员之间应分工明确，测量时应配合默契，测量过程中要大声读数。

（4）测量时应在天气良好的情况下进行，且空气相对湿度不高于 80%。若遇天气潮湿、绝缘子表面脏污，则需要进行"屏蔽"测量。

（5）多元件支柱绝缘子的每一元件和每片悬式绝缘子的绝缘电阻不应低于 300MΩ，330kV 及以上每片悬式绝缘子不应低于 500MΩ。

第二节　套管介质损耗因数和电容量测试

9-8　套管介质损耗因数和电容量测试的目的是什么？

答：测试套管介质损耗因数和电容量是判断套管是否受潮的一个重要试验项目。根据套管介质损耗因数和电容量的变化可以较灵敏地反映出套管绝缘劣化、受潮、电容层短路、漏油和其他局部缺陷。

9-9　套管介质损耗因数和电容量测试接线是什么？

答：套管介质损耗因数和电容量测试接线分套管带末屏和不带末屏两种情况：

（1）测量不带末屏的套管时，对单独套管，采用正接线方式。将套管垂直放置在支架上，中部法兰用高电阻的绝缘垫对地绝缘。将电桥高压线接至套管导电杆，测量线"C_x"接至法兰，如图 9-1 所示。

已安装于电力设备上的高压套管，采用反接线方式。将套管的一次引线拆除，测量线"C_x"接至套管导电杆，套管法兰与设备金属外壳直接连接并接地，如图 9-2 所示。断路器套管进行测试时，应将断路器断开。

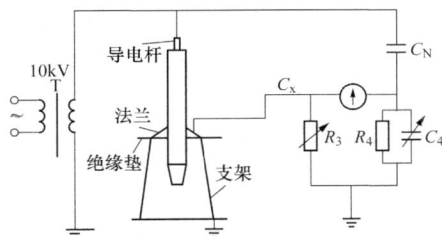

图 9-1　测量不带末屏套管 $\tan\delta$ 的正接线图

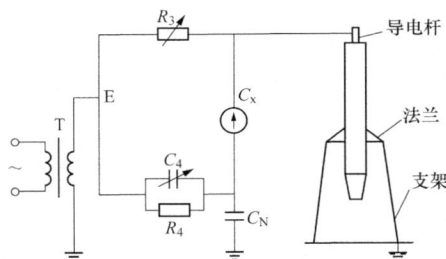

图 9-2　测量不带末屏套管 $\tan\delta$ 的反接线图

（2）测量带末屏的套管 $\tan\delta$ 值采用正接线方式，接线如图 9-3 所示。将套管中部法兰直接接地，将高压线接至套管导电杆，测量线"C_x"接至末屏小套管。

测量套管末屏的 $\tan\delta$ 值采用反接线方式，接线如图 9-4 所示。将套管中部法兰直接接地，测量线"C_x"接至末屏小套管，导电杆接电桥屏蔽。

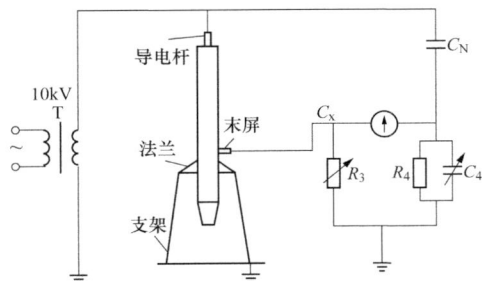

图 9-3　测试带末屏套管主绝缘 $\tan\delta$ 的正接线图

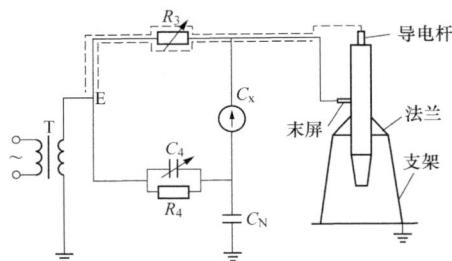

图 9-4　测试末屏套管 $\tan\delta$ 的反接线图

9-10　套管介质损耗因数和电容量测试有哪些注意事项？

答： 套管介质损耗因数和电容量测试注意事项是：

（1）测试应在良好的天气，湿度小于 80%，套管本身及环境温度不低于 5℃的条件下进行。

（2）测试前，应先测试被试品的绝缘电阻，其值应正常。

（3）在拆除套管一次引线时要采用正确方法，选用合适的工具进行，严防工具打滑损坏套管瓷套。拆除套管末屏接地时，注意防止末屏小套管漏油或小套管内接线转动、松脱。试验完毕应可靠恢复末屏接地，防止运行中末屏放电。

（4）油套管试验前要观察其油位是否正常，不得在套管无油的状态下进行试验。

（5）测量独立的电容型套管介质损耗因数时，由于其电容小，当套管位置放置不同时，因高压电极和测量电极对周围的物体存在杂散阻抗，会对套管的实测结果有很大影响，不同的放置位置测试结果不同。因此，在测量高压电容型套管的介质损耗因数时，要求垂直放置在接地的套管架上，不应把套管水平放置或吊起任意角度进行测量。

（6）测量时，应使高压引线与试品夹角接近或大于 90℃。因为套管的电容量一般不大，在测量介质损耗因数时高压引线与试品的杂散电容对测量的影响较大，尤其是瓷套表面存在脏污并受潮时，所以应尽量减小高压引线与试品间的杂散电容。

（7）在测量变压器套管时，为了安全以及减少线圈电感的影响，所有变压器线圈都应短路，并且非被试套管上的线圈应当接地。各相套管单独试验，非试验相套管的末屏必须可靠接地。

（8）当相对湿度较大时，正接线测量 $\tan\delta$ 结果偏小，甚至可能出现负值；反接线测量 $\tan\delta$ 结果往往偏大。不宜采用加屏蔽环，来防止表面泄漏电流的影响。有条件时可采用电吹风吹干瓷套表面或待阳光暴晒后进行测量。

（9）在进行多油断路器套管试验时，如发现或怀疑套管介质损耗因数异常，可将油箱落下、拆除灭弧室进一步分解试验，以确定是否为套管故障。

（10）在设备部分停电的环境下进行测试时，应采取抗干扰的措施，以便获得准确数值。

9-11　为什么套管注油后要静置一段时间才能测量其 $\tan\delta$？

答： 刚检修注油后的套管，无论是采取真空注油还是非真空注油，总会或多或少地残留少量气泡在油中。这些气泡在试验电压下往往发生局部放电，因而使实测的 $\tan\delta$ 增大。为保证测量的准确度，对于非真空注油及真空注油的套管，一般都采取注油后静置一段时间且多次排气后再进行测量的方法，从而纠正偏大的误差。

9-12　套管介质损耗因数和电容量测试结果分析时需要注意哪些问题？

答： 套管介质损耗因数和电容量测试结果分析时需要注意的问题是：

（1）当电容型套管末屏对地绝缘电阻小于 1000MΩ时，应测量末屏对地 $\tan\delta$，其值不大于 2%。

（2）在测量套管的介质损耗因数时，可同时测得其电容值。电容型套管的电容值与出厂值或上一次测量值的差别超出±5%时，应查明原因。

（3）由于油纸电容型套管的介质损耗因数取决于油与纸的综合性能。良好绝缘套管在现场测量温度范围内，其介质损耗因数基本不变或略有变化，且略呈下降趋势。因此油纸电容型套管的 tanδ 一般不进行温度换算。

（4）当 tanδ 与出厂值或上一次测量值比较有明显变化或接近上述限值时，应综合分析 tanδ 与温度、电压的关系，必要时进行额定电压下的测量。当 tanδ 随温度升高明显变化，或试验电压由 10kV 升到 $U_m/\sqrt{3}$，tanδ 增量超过 $\pm0.3\%$ 时不应继续运行。

（5）与历史数据相比 tanδ 变化量超过 $\pm0.3\%$ 时，建议取油进行分析。

（6）若套管的电容量比历史数据增大，一般存在两种缺陷：①设备密封不良，进水受潮；②电容型少油套管内部游离放电，烧坏部分绝缘层，导致电极间的短路。

（7）若套管的电容量比历史数据减小，此时主要是漏油造成设备内部进入部分空气。

9-13 为什么测量 110kV 及以上高压电容型套管的介质损耗因数时，套管的放置位置不同，往往测量结果有较大的差别？

答： 测量高压电容型套管的介质损耗因数时，由于其电容小，当放置不同时，因高压电极和测量电极对周围未完全接地的构架、物体、墙壁和地面的杂散阻抗的影响，会对套管的实测结果有很大影响。不同的放置位置，这些影响又各不相同，所以往往出现分散性很大的测量结果。因此，测量高压电容型套管的介质损耗因数时，要求垂直放置在妥善接地的套管架上进行，而不应该把套管水平放置或用绝缘索吊起来在任意角度进行测量。

9-14 为什么油纸电容型套管的 **tanδ** 一般不进行温度换算？有时又要求测量 **tanδ** 随温度的变化？

答： 油纸电容型套管的主绝缘为油纸绝缘，其 tanδ 与温度的关系取决于油与纸的综合性能。良好绝缘套管在现场测量温度范围内，其 tanδ 基本不变或略有变化，且略呈下降趋势。因此，一般不进行温度换算。

对受潮的套管，其 tanδ 随温度的变化而有明显的变化，绝缘受潮的套管的 tanδ 随温度升高而显著增大。

基于上述，当 tanδ 的测量值与出厂值或上次测试值比较有明显增长或接近于要求值时，应综合分析 tanδ 与温度、电压的关系，当 tanδ 随温度增加明显增大或试验电压从 10kV 升到 $\dfrac{U_m}{\sqrt{3}}$，tanδ 增量超过 $\pm0.3\%$ 时，不应继续运行。

鉴于近年来电力部门频繁发生套管试验合格而在运行中爆炸的事故以及电容型套管 tanδ 的要求值提高到 0.8%～1.0%，现场认为再用准确度较低的西林电桥（绝对误差为$|\Delta\tan\delta|\leqslant0.3\%$）进行测量值得商榷，建议采用准确度高的测量仪器，其测量误差应达到$|\Delta\tan\delta|\leqslant0.1\%$，以准确测量小介质损耗因数。

9-15 为什么要测量电容型套管末屏对地绝缘电阻和介质损耗因数？要求值是多少？

答： 主要原因如下：

（1）易发现绝缘受潮。66kV 及以上电压等级的套管均为电容型结构。其主绝缘是由若干电容链串联组成的，在电容芯外部充有绝缘油。当套管由于密封不良等原因受潮时，水分往往通过外层绝缘，逐渐浸入电容芯，也就是说，受潮是先从外层绝缘开始的，这时测量外层绝缘即末屏对地的绝缘电阻和 tanδ，显然能灵敏地发现绝缘是否受潮。

（2）通过对比发现受潮。通过对比主绝缘（导杆对末屏）及外层绝缘（末屏对地）的绝缘电阻和 $\tan\delta$，有利于发现绝缘是否受潮。

例如，某支 220kV 套管，投运前发现储油柜漏油，添加 50kg 合格绝缘油后才见到油位。其测试结果见表 9-1。

表 9-1　　　　　　　　　　　　　　220kV 套管测试结果

测试部位	$\tan\delta$（%）	绝缘电阻（MΩ）
主绝缘	0.33	50 000
末屏对地	6.3	60

若只看主绝缘的测试结果，则绝缘无异常。但是与末屏对地测试结果比较可知，由于外层绝缘已严重受潮，所以主绝缘也会受潮，只是没有达到严重的程度而已。

DL/T 596—1996《电力设备预防性试验规程》规定电容型套管末屏对地绝缘电阻应不小于 1000MΩ。当该绝缘电阻小于 1000MΩ 时，应测量末屏对地的介质损耗因数，其值不大于 2%。

第三节　绝缘子、套管的交流耐压试验

9-16　绝缘子和套管的交流耐压试验的目的是什么？

答：绝缘子和套管的交流耐压试验是鉴定其绝缘强度最直接有效的方法，它对于判断绝缘子、套管能否投入运行具有决定性的意义，也是保证绝缘子、套管绝缘水平，避免发生绝缘事故的重要手段。交流耐压试验符合设备实际运行情况，因此能有效地发现绝缘缺陷。

9-17　绝缘子和套管交流耐压试验原理接线是什么？

答：绝缘子和套管交流耐压试验原理接线，如图 9-5 所示。

（1）套管主绝缘耐压时，将套管的一次侧接入交流耐压装置的高压部分，法兰及末屏接地。末屏对地耐压时，将套管末屏接入耐压装置的高压部分，法兰接地，末屏对地耐压严格按产品说明书要求进行。运行中设备的套管耐压一般随设备整体进行耐压，按组合设备最低试验电压进行。

（2）单元件绝缘子耐压时，将交流耐压装置的高压端接入绝缘子的金具或法兰一端，另一端接地。多元件绝缘子耐压时，在绝缘子分层胶合处缠绕铜线并接入高压，并将其两端分别接地，其接线如图 9-6 所示。

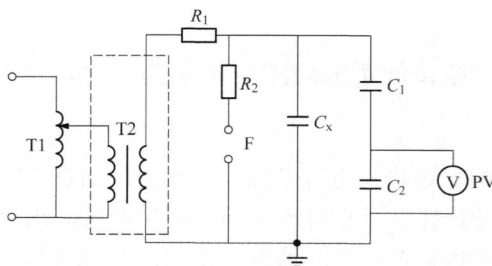

图 9-5　绝缘子和套管交流耐压试验原理接线图

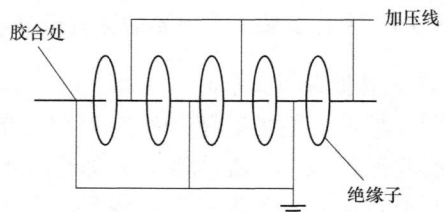

图 9-6　多元件绝缘子交流耐压接线图

9-18 绝缘子和套管交流耐压试验步骤是什么？

答：绝缘子和套管交流耐压试验步骤是：

（1）对被试品接地放电并拆除引线。

（2）用干净、柔软的干布擦去被试品外绝缘表面的脏污，必要时用适当的清洁剂洗净。

（3）测试绝缘电阻，绝缘电阻应为正常值。

（4）合理布置试验设备，并将试验设备外壳和被试品外壳可靠接地。进行接线，并检查试验接线正确无误、调压器在零位，试验回路中过电流和过电压保护应整定正确、可靠。

（5）将球间隙的放电电压整定在1.2倍额定试验电压所对应的放电距离。

（6）将高压引线接上试品，接通电源，开始升压进行试验。升压速度在75%试验电压以前，可以是任意的，自75%电压开始应均匀升压，约为每秒2%试验电压的速率升压。升至试验电压，开始计时并读取试验电压。时间到后，迅速均匀降压到零（或1/3试验电压以下），然后切断电源，放电、挂接地线。试验中如无破坏性放电发生，则认为通过耐压试验。

（7）测试绝缘电阻，其值应正常（一般绝缘电阻下降不大于30%）。

9-19 绝缘子和套管交流耐压试验有哪些注意事项？

答：绝缘子和套管交流耐压试验的注意事项是：

（1）其他绝缘试验合格后才能进行耐压试验。

（2）充油套管经运输或注油后，交流耐压试验前还应将试品按规定静置足够的时间，以排除内部可能残存的空气。

（3）被试品按试验电压要求与带电或其他设备保持足够安全距离。

（4）升压过程中应密切监视高压回路、试验设备、测试仪表，监听被试品有何异响。

（5）有时耐压试验进行了数十秒，中途因故失去电源使试验中断，在查明原因恢复电源后，应重新进行全时间的持续耐压试验，不可仅进行"补足时间"的试验。

（6）35kV及以下纯瓷穿墙套管可随母线绝缘子一起交流耐压。

9-20 绝缘子和套管交流耐压试验结果如何分析？

答：绝缘子和套管交流耐压试验结果应做如下分析：

（1）试验中若无破坏性放电发生，则认为通过耐压试验。

（2）被试品为有机绝缘材料时，试验后应立即触摸表面，如出现普遍或局部发热，则认为绝缘不良，应处理后，再进行耐压试验。

（3）对35kV穿墙套管及母线支持绝缘子进行交流耐压试验时，有时在瓷套表面发生较强烈的局部放电现象，只要不发生线端对地的闪络或击穿，可认为耐压合格。

（4）试验中如发现电压表指针摆动很大，电流表指示急剧增加，调压器往上升方向调节，电流上升、电压基本不变甚至有下降趋势，被试品冒烟、出气、焦臭、闪络、燃烧或发出击穿响声等，应立即停止升压，在高压侧挂上地线后，查明原因。这些现象如查明是绝缘部分出现的，则认为被试品交流耐压试验不合格。如确定被试品的表面闪络是由于空气湿度或表面脏污等所致，应将被试品清洁干燥处理后，再做耐压试验。交流耐压试验在纯瓷套管和绝缘子中，几乎没有积累效应，所以可以多次反复试验。

第十章　GIS 常规电气试验

第一节　GIS 基础知识

10-1　什么是 GIS？

答：GIS（Gas Insulated Switchgear）是将 SF_6 断路器和其他高压电器元件［断路器、隔离开关、接地开关、电流互感器、电压互感器、避雷器、母线（包括主母线和分支母线）和终端构成］，按照所需要的电气主接线安装在充有一定压力的 SF_6 气体金属壳体内所组成的一套变电站设备，可称为气体绝缘开关设备或全封闭组合电器。

10-2　GIS 主要特点是什么？

答：GIS 在结构性能上有下列特点：

（1）GIS 为组合电器且充气体，体积小，占地面积少。由于采用 气体作为绝缘介质，导电体与金属地电位壳体之间的绝缘距离大大缩小，电压等级越高，占地面积比例越小。与常规设备相比，110kV GIS 占地面积是常规设备占地面积的 50%不到，而 220kV GIS 占地面积是常规设备占地面积的 40%左右。

（2）GIS 的内部绝缘在运行中不受环境影响。导电部分在箱壳的内部，并充以 SF_6 气体，与空气不接触，因此，不受气候和空气中的盐雾、水分等影响。其可靠性和安全性比常规电器好得多。SF_6 气体及其混合气体绝缘性能稳定，无氧化问题，可以延长断路器的检修周期。

（3）运行安全可靠。GIS 工艺严格，加工精密，绝缘件的要求高，且绝缘介质使用 SF_6 气体，同时因其灭弧性能好，使断路器的开断能力高，触头不易烧损，故检修周期长。SF_6 气体不燃烧，故防火性能好。加上断路采用 SF_6 气体灭弧，对于开断时的过电压相对于真空断路器低，所以在较高的电压系统中应相比较广泛。SF_6 气体是不燃不爆的惰性气体，所以 GIS 属防爆设备，适合在城市中心地区和其他防爆场合安装使用。

（4）GIS 对通信装置不会造成干扰。GIS 的导电部分均为金属外壳所屏蔽，金属外壳直接接地，其产生的电磁场、电场干扰等都被金属外壳屏蔽，对外界不产生干扰，人员触及设备导电部分的问题不存在，安全性高。同时在运行中，由于 GIS 内部的设备有相当严格的工艺要求，所以运行的可靠性也高。

（5）施工工期短。GIS 设备的电器元件组装方便，大部分组件在厂家组装后运抵现场，因此现场只需少量安装、调整以后进行拼装试验，与常规设备相比，现场 GIS 设备的安装工作量要减少 80%左右；安装完成投入运行后，检修的工作量也非常少，所以大大提高了劳动生产率。

（6）只要产品的制造和安装调试质量得到保证，在使用过程中除了断路器需定期维修外，其他元件几乎无须检修，因为维修工作量和年运行费用大为降低。

（7）GIS 设备结构比较复杂，要求设计制造安装调试水平高。GIS 价格也比较贵，变电站建设一次性投资大。但选用 GIS 后，变电站的土建费用和年运行费用很低，因而从总体效益讲，选用 GIS 有很大的优越性。

10-3　GIS 在安装及检修试验时的安全要求是什么？

答： 由于 SF_6 气体比重大，因而容易沉积在低凹处（如电缆沟内）。在电弧高温作用下，SF_6 气体可能会分解产生某些有毒物质，所以工作人员要采取相应措施以保证安全。

（1）每天开工前应打开排气扇通风排气（指户内 GIS 安装），排气扇应装在最低处。

（2）工作人员进入 SF_6 气体易泄漏和积聚的危险地区工作前，应先用定性检测仪测量空气中 SF_6 气体的含量，确认没有危险后才能进入。

（3）进入母线筒体内工作之前，应先将盖子打开，并用风扇对内部吹 0.5h 左右，使内部 SF_6 气体得以充分散发。

（4）在检修过程中，当设备内气体已经回收并打开盖板后，除了要用鼓风机清除掉 SF_6 气体外，还应检查内部是否有结晶的低氟化物（如白色的结晶体）。发现有这种有毒物质后，应用工具将其清除并收集后妥善处置。

10-4　GIS 母线筒在结构上有哪几种类型？

答： GIS 的母线筒结构有下列三种类型：

（1）全三相共体式结构。三相母线、三相断路器和其他电器元件都采用共箱体式。三相共箱式结构的体积和占地面积小，消耗钢材少，加工工作量小，但其技术要求高。额定电压越高，制造难度越大。

（2）不完全三相共体式结构。母线采用三相共箱式，而断路器和其他电器元件采用分箱式。

（3）全分箱式结构。包括母线在内的所有电器元件都采用分箱式筒体。

10-5　对金属筒体的材质和结构有什么要求？

答： 对 GIS 筒体首先要考虑涡流发热问题，最好采用非磁性材料。如采用碳素钢材料，则必须设有不锈钢焊缝以切断涡流回路。制造加工时，一般用钢管或钢板卷制而成。对于不规则的筒体，例如隔离开关、接地开关等筒体，则多采用铝合金铸件。

筒体的结构强度，必须经受规定的压力试验考核，一般要求能通过 3～5 倍额定工作压力的水压试验。筒体内壁必须耐受 SF_6 气体分解物，特别是低氟化物的腐蚀，并应能耐受电弧高温的作用。筒体内壁一般涂三聚氰胺树脂清漆。

10-6　什么叫气隔？GIS 为什么要设计成很多气隔？

答： GIS 内部相同压力或不同压力的各电器元件的气室间设置的使气体互不相通的密封间隔成为气隔。

设置气隔有以下好处：

（1）可以将不同 SF_6 气体压力的各电器元件分隔开，由于断路器气室内 SF_6 气体压力的选定要满足灭弧和绝缘两方面的要求，而其他电器元件内 SF_6 气体压力只需考虑绝缘性能方面的要求，两种气室气压不同，所以不能连为一体。

（2）断路器气室内的 SF_6 气体在电弧高温作用下可能分解成多种有腐蚀性和毒性物质，在结构上不连通就不会影响其他气室的电器元件。

（3）断路器的检修概率比较高，气室分开后要检修断路器时就不会影响到其他电器元件的气室，因而可缩小检修范围。

（4）可以减少检修时 SF_6 气体的回收和充放气工作量。

（5）有利于安装和扩建工作。

10-7　盆式绝缘子有哪两种？盆式绝缘子起什么作用？

答：一种为密封式绝缘子（隔离绝缘子，外观颜色为大红），另一种为通透式绝缘子（外观颜色为湖绿）。目前盆式绝缘子采用环氧树脂及其他添加料，并在高真空下浇铸而成，内部应无气泡和裂纹，成品要经局部放电试验鉴定。在 GIS 中，盆式绝缘子是个很重要的绝缘材料。其作用为：

（1）固定母线及母线的接插式触头，使母线穿越盆式绝缘子才能由一个气室引到另一个气室，要求有足够的机械强度。

（2）起母线对地或相间的绝缘作用，要求有可靠的绝缘水平。

（3）起密封作用，要求有足够的气密性和承压能力。

10-8　对盆式绝缘子的绝缘性能具体有哪些要求？

答：由于盆式绝缘子时由环氧树脂和其他添加料浇注而成的，除了要满足相应的冲击和工频耐压水平，还必须着重考虑长期运行电压下的局部放电问题。制造厂必须把盆式绝缘子的局部放电测量作为一个主要试验项目，每个绝缘子都必须经过试验检查。用户在产品组装后不可能对每个盆式绝缘子测量局部放电量，但对备品可按厂方技术要求进行试验检查。

10-9　GIS 外壳接地问题有什么特殊要求？

答：GIS 系密集型布置结构方式，对其接地问题要求很高，一般要采取下列措施：

（1）接地网应采用铜质材料，以保证接地装置的可靠和稳定。而且所有接地引出端都必须采用铜排，以减小总的接地电阻。

（2）由于 GIS 各气室外壳之间的对接面均设有盆式绝缘子或者橡胶密封垫，两个筒体之间均需另设跨接铜排，且其界面需按主接地网截面考虑。

（3）在正常运行，特别是在电力系统发生短路接地故障时，外壳上会产生较高的感应电势。为此要求所有金属筒体之间要求铜排连接，并应有多点与主接地网相连接，以使感应电势不危及人身和设备（特别是控制保护回路设备）的安全。

一套 GIS 外壳需要几个点与主接地网连接，要由制造厂根据订货单位所提供的接地网技术参数来确定。

10-10　GIS 常规试验项目有哪些？

答：GIS 常规试验项目有主回路电阻的试验、主回路的耐压试验、SF_6 气体检漏检查、测

量 SF_6 气体水分、气体密度继电器动作压力值校验、其他元件（断路器、隔离开关、接地开关、避雷器、互感器等）的试验。

10-11　GIS 设备现场交接试验的试验项目有哪些？

答：GIS 设备现场交接试验的试验项目有：

（1）外观检查。

（2）主回路电阻的测量，宜采用直流压降法，测试电流不小于 100A。

（3）元件试验，按 GB 50150—2016《电气装置安装工程　电气设备交接试验标准》有关规定进行。

（4）气体验收及气体密度装置和压力表校验，包括 SF_6 气体或 SF_6 混合气体中微量水分的测量。

（5）主回路的绝缘试验，包括短时交流耐压试验和绝缘电阻试验。

（6）辅助和控制设备试验，包括一致性验证、功能试验、人力操作的操动力矩检查、分合闸脱扣器的低电压特性、分合闸线圈直流电阻、绝缘试验（绝缘电阻测试、持续 1min 的 2kV 工频耐压试验）。

（7）机械特性和机械操作及连锁试验，连锁试验包括不同元件之间设置的各种连锁与闭锁试验。

（8）气体密封试验（按 GB/T 8905—2012《六氟化硫电气设备中气体管理和检测导则》进行，且每个气室的年漏气率不大于 5%）、探伤试验，以及根据需要进行电磁兼容性（EMC）的现场测量。

10-12　GIS 在分解检修后应进行试验项目有哪些？

答：GIS 在分解检修后应进行试验项目有：

（1）绝缘电阻测量。

（2）主回路耐压试验。

（3）元件试验：元件包括断路器、隔离开关、互感器、避雷器等，应按各自标准进行。

（4）主回路电阻测量。

（5）密封试验。

（6）连锁试验。

（7）SF_6 气体湿度测量。

（8）局部放电试验（必要时）。

10-13　GIS 解体检修后会产生哪些有毒废物？如何处理？

答：GIS 解体检修后会产生的有毒废物包括：

（1）真空吸尘器的过滤器及清洗袋、防毒面具的过滤器、全部抹布及纸。

（2）断路器或故障气室内的吸附剂、气体回收装置中使用过的吸附剂等，严重污染的防护服也视为有毒废物。

处理方法：所有上述物品不能在现场加热或焚烧，必须用 20% 浓度的氢氧化钠溶液浸泡 12h 以上，然后装入钢制容器内深埋。

10-14　GIS 故障后发生气体外逸时有哪些安全技术措施？

答： GIS 故障后发生气体外逸时，全体人员应立即迅速撤离现场，并立即投入全部通风设备，同时用相关 SF_6 气体监测设备同步进行检测。在 SF_6 气体监测设备显示 SF_6 气体浓度较高时，任何人员进入室内都必须穿防护衣、戴手套及防毒面具。浓度正常后进入室内虽可不用上述措施，但清扫设备时仍须采用上述安全措施。

10-15　GIS 一个气隔安装工作结束后，为什么必须立即抽真空处理？

答： GIS 设备在并装过程中，气隔中的部件将暴露在大气中，因而可能吸附水分等杂质（包括附着在金属部件表面的杂质）。因此，一方面要尽可能地缩短暴露在空气中的时间，另一方面要在一个气隔并装结束后立即抽真空处理，真空度要达到 67Pa 以下。及时进行抽真空处理的脱水效果最佳。

10-16　GIS 并装时，相邻气隔内已充有额定压力的 SF_6 气体时，间隔能否抽真空到 67Pa？

答： GIS 中的盆式绝缘子承压能力应按一侧充有额定 SF_6 气体压力而另一侧真空度为 67Pa 的条件来决定的。制造厂认为，在短时间内上述状况是允许的，但应尽量避免长时间处于这种极端状态。因为盆式绝缘子两侧压力差很大时，容易引起 SF_6 气体泄漏。

第二节　GIS 主回路电阻测试

10-17　GIS 主回路电阻测试的目的是什么？

答： GIS 主回路电阻测试的目的是检查 GIS 主回路中的导电回路连接和触头接触情况，以保证设备安全运行。

10-18　GIS 断路器导电回路电阻如何进行测试？

答： GIS 断路器导电回路电阻的测试一般是通过断路器两侧的接地开关来完成的。若 GIS 接地开关导电杆与外壳绝缘，引到金属外壳的外部以后再接地，测试时可打开接地开关的活动接地片，合上接地开关，进行测试；若接地开关导电杆与外壳不能绝缘分隔，可先测试导体与外壳的并联电阻 R_0 和外壳的直流电阻 R_1，然后换算得到被测回路的电阻 R，即

$$R = \frac{R_0 R_1}{R_1 - R_0}$$

10-19　GIS 主回路电阻测试的方法是什么？

答： 测试的方法包括直流电压降法和回路电阻测试仪（微欧电阻仪）法，目前现场常用回路电阻测试仪（微欧电阻仪）法。

回路电阻测试仪（微欧电阻仪）测量 GIS 主回路电阻比较方便、准确，其测试接线如图 10-1 所示。测量仪器采用开关电路，由交流电源整流后作为直流电源通过开关转换为高频电流，再经变压器降压和隔离最后整流为低压直流作为测试电源。在试验接线时，试验仪器的

电压线（即图中电压极 V+、V− 的引出线）应接在电流接线端内侧。

试验步骤为：

（1）用 GIS 内部隔离开关将被测部位进行隔离，用接地开关将 GIS 被测部位接地放电。

（2）将所要进行测试的 GIS 断路器及隔离开关电动合闸。可利用进出线套管注入电流进行测量，根据被测 GIS 的结构，在母线较长并且有多路出线的情况下，应尽可能分段测量。

（3）按图 10-1 进行接线。

（4）接通仪器电源，调整测试电流应不小于 100A，电流稳定后读出回路电阻值。

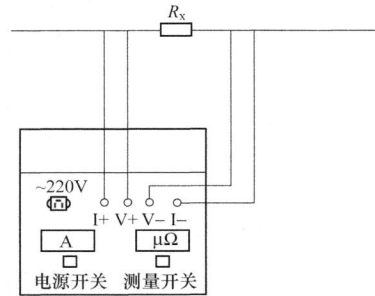

图 10-1　回路电阻测试（微欧电阻仪）测量 GIS 主回路电阻的接线图

（5）测试结束后，将 GIS 断路器、隔离开关、接地开关、接地连接片或软连接恢复。

10-20　请举例分析 GIS 主回路电阻测试的方法是什么？

答： 某变电站 GIS 主接线如图 10-2 所示。在预防性试验时，测试 GIS 主回路电阻情况为：如测试 A、F 之间的电阻，其数值包括了两个断路器、四个隔离开关的接触电阻及整个母线的电阻值，很难判断断路器接触上的问题。故测试时打开接地开关 C、B 两点的连接片，从 C、B 两点通电可以很方便地判断 1 号断路器的接触情况。同样，由 E、D 两点通电也可以很方便地判断 2 号断路器的接触情况。

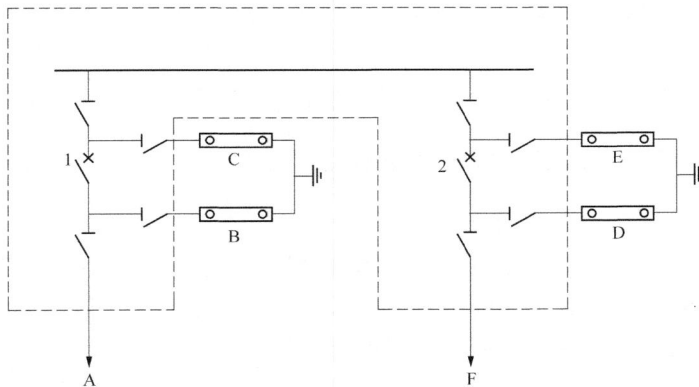

图 10-2　某变电站 GIS 主接线图

10-21　GIS 主回路电阻测试注意事项是什么？

答：（1）测量时应注意避免引线和接触方式的影响，应注意电压线要接在被测回路电阻两端，电流线应接在电压线的外侧，接触应紧密良好。测试电流应不小于 100A。

（2）如测试结果 GIS 主回路电阻增大或超过标准值，可将 GIS 中的断路器及隔离开关进行数次电动分、合闸后再进行测试。若测试值仍很大，则应分段测试（根据情况可利用 GIS 的活动接地片、隔离开关、断路器等的分合状态进行分段测试），以确定接触不良的部位，并通知安装或检修人员进行处理。

（3）在测量回路中若有 TA 串入，应将 TA 二次进行短路，防止保护误动。

（4）测试时，电流测量回路绝对不能开路，开关不能分闸。

第三节　GIS 现场交流耐压试验

10-22　GIS 现场交流耐压试验的目的是什么？

答： 因 GIS 的充气外壳是接地的金属壳体，整体体积较大，内部的带电体及壳体的间隙较小，一般运输到现场的组装充气，受现场条件的限制，比如环境温度、湿度和空气的洁净度、安装工器具的精度、安装工艺水平等都很难有效控制，对 GIS 安装造成了一定影响。因内部有杂质或运输中内部零件移位，将改变电场分布。另外，GIS 的内部空间极为有限，工作场强很高，且绝缘裕度相对较小。GIS 投运初期，绝缘击穿大多是由金属颗粒、悬浮导体、表面毛刺或颗粒等缺陷造成的，如图 10-3 所示。

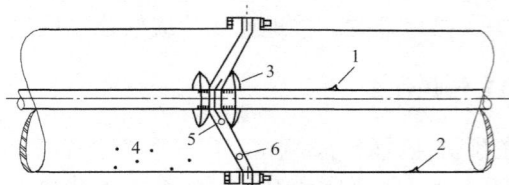

图 10-3　GIS 内部缺陷示意图

1—导体上的毛刺或颗粒；2—壳体上的毛刺或颗粒；

3—悬浮屏蔽（接触不良）；4—自由移动的金属颗粒；

5—盆式绝缘子上的颗粒；6—盆式绝缘子内部缺陷

交流耐压试验对检查是否存在杂质（如自由导电微粒）比较敏感。GIS 现场交流耐压试验的主要目的是通过耐压试验检验被试设备的运输和安装是否正确，检查被试设备内部是否有异物，检验被试设备内部洁净度和绝缘是否达到规定要求。现场进行对地耐压试验和对断口间耐压试验能及时发现内部隐患和缺陷，可起到预防故障的作用。

10-23　GIS 现场交流耐压试验方法和接线是什么？

答： 由于 GIS 中带电导体对筒壳的间距小，对地电容较大，若用常规工频试验变压器做耐压试验，试验设备笨重，不便搬运，给现场试验带来困难，一般现场较少采用。串联谐振装置利用额定电压较低的试验变压器可以得到较高的输出电压，用小容量试验变压器可以对大容量试品进行交流耐压试验。目前较为常用变频式串联谐振的方法。

GB 50150—2016《电气装置安装工程　电气设备交接试验标准》规定也可以直接利用 SF_6 封闭式组合电器自身的电磁式电压互感器或电力变压器，由低压侧施加试验电源，在高压侧感应出所需的试验电压。该办法不需高压试验设备，也不用高压引线的连接和拆除。采用这种方法要考虑试验过程中磁路饱和、被试品击穿等引起的过电流问题。

变频式串联谐振 GIS 交流耐压试验原理接线如图 10-4 所示。试验电压

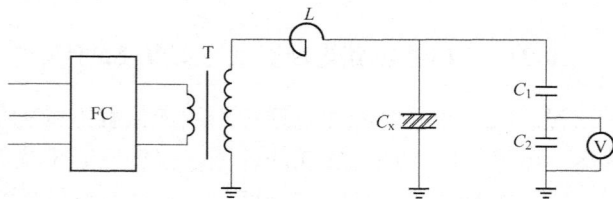

图 10-4　变频式串联谐振 GIS 交流耐压试验原理接线图

FC—变频电源；T—励磁变压器；L—串联电抗器；C_x—被试 GIS 对地、相间及分压器等效电容；C_1、C_2—电容分压器高、低压臂

可接到被试相的合适点上，可以利用隔离开关或三通接上检测套管。

10-24　GIS 现场进行变频式串联谐振交流耐压试验步骤是什么？

答：GIS 现场进行变频式串联谐振交流耐压试验步骤是：

（1）被试设备应调试合格，其他绝缘、特性试验合格后，检验 SF_6 气体在额定压力，试验回路中的 TA 二次应短路接地，试验回路中的避雷器和保护火花间隙应与被试 GIS 间隔断开。试验前检查高压电缆和架空线、电压互感器、避雷器、电力变压器高压引出线是否与 GIS 断开，方可进行耐压试验。对于部分电磁式电压互感器，如采用变频电源，电磁式电压互感器经频率计算不会引起磁饱和，也可以和主回路一起耐压。

（2）接线并检查。试验时，如利用隔离开关或三通接上检测套管，此时要回收隔离开关或三通气室的 SF_6 气体，卸掉隔离开关或三通的端盖，然后安装试验用套管及连接金具、均压部件等，最后该气室抽真空后充入 SF_6 气体。如 GIS 为共筒式，应认真检查检测套管连通相别。

若 GIS 整体电容量较大，耐压试验也可以分段进行。根据试验方案，检查 GIS 隔离开关、断路器和接地开关的位置是否符合试验方案中的方式，非试验隔室断路器、隔离开关应在断开位置，接地开关应在合闸位置，GIS 的扩建部分进行耐压时，相邻设备原有部分应断电并接地，否则应对突然击穿给原有部分设备带来的不良影响，应采取特殊措施。每一相都应进行试验，非试验相和外壳一起接地。如怀疑断路器和隔离开关的断口在运输、安装过程中受到损坏或经过解体，应做断口间耐压试验。

试验时，根据现场实际情况，合理布置试验设备，尽量使试验设备接线紧凑并安放稳固，接地线应使用专用接地线。按图 10-4 进行试验接线，并检查试验接线，试验变压器的一端接地并与 GIS 的外壳相连。检查试验设备的接地、分压器的分压比和挡位是否正确。

（3）GIS 交流耐压试验前的老练试验。GIS 交流耐压试验前应进行老练试验，老练试验通过逐次增加电压达到以下两个目的：

1）将设备中可能存在的活动微粒迁移到低电场区域。

2）通过放电烧掉细小的微粒或电极上的毛刺、附着的尘埃等。

老练试验的基本原则是既要达到设备净化的目的，又要尽量减少净化过程中微粒触发的击穿，还要减少对被试设备的损害，即减少设备承受较高电压作用的时间。所以逐级升压时，在低压下可保持较长时间，在高电压下不允许长时间耐压。老练试验过程中发生击穿放电也按耐压试验的判据来判别。

老练试验施加的电压和时间可与制造厂、用户协商，根据具体情况绘出"试验电压—试验时间"关系图，以下举例说明：

1）1.1 倍设备额定相对地电压 10min，然后下降至零，最后上升到现场交流耐压额定值 1min。

2）1.0 倍设备额定相对地电压 5min，然后升到 1.73 倍设备额定相对地电压 3min，最后上升到现场交流耐压额定值 1min。

加压前通知试验现场及 GIS 室监护人试验开始，确认正常后，取下高压接地线，合上电源刀闸，然后合上变频电源控制开关和工作电源开关，电路稳定后合上变频器主回路开关，设定保护电压为试验电压大小的 $1.1 \sim 1.15$ 倍。

升压时，必须按规定的升压速度从零开始均匀地升压，先旋转电压调节旋钮，把输出功率比调节到 2%或一个较小的电压，通过旋转频率调节旋钮改变试验回路频率的大小，观察励磁电压和试验电压的数值。当励磁电压为最小、同时试验电压为最大时，这个时候的频率就是试验回路的谐振频率。当试验回路达到谐振频率时开始升压，电压达到老练试验电压后，开始计时并读取试验电压，试验时间到后，继续升压至下一个老练点。老练过程结束后，确认设备状态正常即可进行耐压试验。

按规定的升压速度将电压从零开始均匀地升压至耐压试验电压值（$U_s=0.8U_{出厂}$），读取试验电压，并开始计时 1min。试验结束后，将电压降压到零位，切断变频电源主回路开关，断开变频器电源和试验电源。试验中如无破坏性放电发生，则认为通过耐压试验。

试验中 GIS 室监护人应密切注意 GIS 装置的带电状态和仪表指示变化过程，当试验过程中试品发生击穿、闪络或加压过程中出现异常现象时，及时通知操作人员立即降下电压，并切断试验电源，用接地棒对试品充分放电后，进行检查、处理后再进行试验。

试验完毕，必须对高压部位充分放电并接地，然后拆改接线，进行其他相或其他间隔试验，其试验步骤同上。

试验结束后，用绝缘电阻表测量绝缘电阻。测试完毕，将被试相短路接地，充分放电，恢复接线。

10-25　GIS 现场进行变频式串联谐振交流耐压试验有哪些注意事项？

答：GIS 现场进行变频式串联谐振交流耐压试验注意事项是：

（1）试验电源的容量必须满足试验要求。

（2）为减小电晕损失，提高串联谐振系统 Q 值，高压引线应采用扩径金属软管。

（3）GIS 如有观察窗，绝缘试验时需用接地金属箔将观察窗易接近的一侧盖起来。

（4）试验时，应在较低电压下调谐谐振频率，然后才可以升压进行耐压试验。

（5）如电压互感器与 GIS 一起进行耐压试验，检查电压互感器一次、二次绕组尾端应接地，其二次绕组不应短接。

（6）试验天气的状况对品质因数 Q 值影响很大，试验应在较干燥的天气情况下进行。

（7）试验回路中的电流互感器二次侧应短路接地。

10-26　GIS 交流耐压试验时应特别注意什么？

答：（1）规定的试验电压应施加在每一相导体和金属外壳之间，每次只能一相加压，其他相导体和接地金属外壳相连接。

（2）当试验电源容量有限时，可将 GIS 用其内部的断路器或隔离开关分断成几个部分分别进行试验，同时不试验的部分应接地，并保证断路器断口，断口电容器或隔离开关断口上承受的电压不超过允许值。

（3）GIS 内部的避雷器在进行耐压试验时应与被试回路断开，GIS 内部的电压互感器、电流互感器的耐压试验应参照相应的试验标准执行。

10-27　为什么不能用工频试验变压器对 GIS 中的电磁式电压互感器进行交流耐压试验？最好采用哪种方法对电压互感器进行交流耐压试验？

答：工频试验变压器使用的是工频电源，试验频率为 50Hz，如果用来直接对电压互感器进行交流耐压试验，会在电压互感器铁芯中造成磁饱和，产生电流迅速增大，而电压增大很少的情况，损坏电压互感器。

对电压互感器进行交流耐压试验时，试验频率一定要高于电压互感器的工作频率，最好的方法是采用变频试验电源使用较高的电源频率在电压互感器 一次侧加压，进行交流耐压试验。

10-28　GIS 现场进行变频式串联谐振交流耐压试验的结果如何分析？

答：试验判据：若 GIS 的每一部件均已按选定的试验程序耐受规定的试验电压而无击穿放电，则认为整个 GIS 通过试验。

现场耐压试验发生击穿，则应确定放电类型。如进行耐压试验的 GIS 进出线和间隔较多，仅靠人耳的监听来判断确切部位比较困难，最好采用放电定位仪器，将探头安装在被试部分的外壳上，根据监听放电的情况，降压断电后移动放电定位仪器探头，重新升压，直到确定放电部位，判断放电类型。

（1）非自恢复放电。固体绝缘沿面击穿放电，则应打开封闭间隔，仔细检查绝缘表面的损伤情况，做必要的处理后，再进行规定电压的耐压试验。

（2）自恢复放电。由于脏污和表面缺陷，引起气体击穿放电，放电后脏污和缺陷可能烧掉，耐压试验可以通过。

现场耐压试验发生击穿，确定放电类型后，在分析的基础上进行重新试验，试验加压方法和厂方研究商定。

10-29　在 GIS 进行交流耐压试验时，如果发生击穿放电应该如何处理？

答：应根据放电能量和放电引起的声、光、电、化学等各种效应及耐压试验过程中进行的其他故障诊断技术所提供的资料，进行综合判断，遇有放电情况，可采取下述步骤：

（1）进行重复试验。如果该设备或气隔还能经受规定的试验电压，则该放电是自恢复放电，认为耐压试验通过。

（2）如重复试验再次失败，应将设备解体，打开放电气隔，仔细检查绝缘情况，修复后，再一次进行耐压试验。

10-30　GIS 气室在抽真空状态下为什么严禁对导流回路施加电压进行实验？

答：气室抽真空状态下介质强度极低，即使施加十几伏电压来测量回路电阻也是不允许的。几十伏电压就可能造成盆式绝缘子表面放电而留下隐患。

在安装过程中，分阶段测量回路电组的做法很容易误将测试电压施加到处于抽真空状态的气室中去。因此，在测试前应仔细检查分析，能经隔离开关断开的就应事先断开，否则只有等抽真空结束后再进行试验，或试验结束后再抽真空。

第十一章　油中溶解气体分析

第一节　绝缘油的电气试验

11-1　为什么要严格控制运行年久的变压器的绝缘油质量?

答：一些变压器油中添加了抗氧化剂、抗静电剂等物质，在运行中，这些添加剂会逐渐消耗。另外，变压器油和氧气发生氧化反应使油质发生劣化或带电度上升。因此应注意运行时间长的变压器的油质变化。

11-2　绝缘油的击穿电压是什么? 其击穿的机理是什么?

答：绝缘油的击穿电压是衡量它在电气设备内部能耐受电压的能力而不被破坏的尺度，是检验变压器油性能好坏的主要手段之一。它实际上是测量绝缘油的瞬时击穿电压值。

纯净的绝缘油中总会有一些自由电子在外界的高能射线作用下游离出来，或在局部强电场作用下从阴极冷射出来。这些电子在电场作用下，产生撞击游离，最终会导致绝缘油击穿。由于这种击穿完全由电的作用造成，故称为"电击穿"。工程上用的绝缘油总是不很纯净，含有各种各样的杂质。不纯净的绝缘油的击穿是由于杂质形成的"小桥"贯穿电极之间，而"小桥"的电导较大，使泄漏电流增大，发热严重，游离过程增强，最后导致"小桥"通道游离击穿。这一过程是与热过程紧密联系着，故称为"热击穿"。

干燥清洁的油品具有相当高的击穿电压值，一般国产油的击穿电压值都在 40kV 以上，有的可达 60kV 以上，但当油中含有游离水、溶解水分或固形物时，由于这些杂质都具有比油本身大的电导率和介电常数，它们在电场（电压）作用下会构成导电桥路，而降低油的击穿电压值。此试验可以判断油中是否存在有水分、杂质和导电微粒，但它不能判断油品是否存在有酸性物质或油泥。

对于新变压器油，此性能指标的好坏反映了油中是否存在有污染杂质。当然，实际应用时，在将油注入设备之前，都必须经过适当的设备处理至符合要求后，才能注入电气设备中，这是为了充分保证电气设备在投运时的安全性。

11-3　影响绝缘油击穿电压的因素有哪些?

答：影响绝缘油击穿电压的因素有：

（1）水分。水分是影响击穿电压最灵敏的物质。因为水是一种极性分子，在电场力作用下，很容易被拉长，并沿着电场方向排列，从而在两极间形成导电"小桥"，使击穿电压剧降。另外，击穿电压的大小，不仅取决于含水量，还取决于水在油中所处的状态，通常乳化水，对击穿电压影响最大，溶解水次之。

（2）油中含有微量的气泡，也会使击穿电压明显下降。因为油中存在气泡，则在较低电压下气泡便可游离，并在电场力作用下，在电极间形成导电"小桥"，使油被击穿，降低了油的击穿电压。

（3）温度对击穿电压的影响，是视油中杂质和水分的有无不同。不含杂质，并经干燥无水分的油，一般温度对击穿电压影响不大。但当温度升高到一定温度时，油分子本身因裂解而产生电离，且随着温度升高，油品的黏度显著减小，电离产生的电子和离子，由于阻力变小而运行速度加快，导致油品被击穿，击穿电压显著下降。

如果油中含有杂质和水分时，则在同一温度下，其击穿电压较无杂质、水分的油的击穿电压要低。温度较低时，油中水多呈悬浮状，其击穿电压值较小，随着温度的升高，乳状水逐渐变为溶解状，油品的击穿电压随之上升。但如果温度升高到一定程度时，油中水分发生蒸发，在油中造成气泡的数目便会增加，而且由于温度升高，黏度降低，使水分、杂质和气泡在油中容易形成导电"小桥"，使油的击穿电压又很快地下降。尤其是油中杂质和水分都存在时，这种导电"小桥"更易形成，击穿电压下降更明显。

（4）当油中含有游离碳，又有水分时，油的击穿电压随碳微粒量的增加而下降。

（5）油老化后生成的酸等产物，是使水保持乳化状态的不利因素，因而会使油的击穿电压下降；而干燥不含水分的油，酸等老化产物对击穿电压影响不明显，但确能使介质损耗因数急剧增加，这是测定油的击穿电压，不如测定介质损耗因数，更能判断油的老化程度的原因所在。

11-4　测定绝缘油击穿电压有哪些注意事项？

答：测定绝缘油击穿电压的注意事项有：

（1）电极的结构型式影响。根据试验方法规定来选用何种电极。三种电极测定的结果是不同的。球形电极测定结果为最高；半球形电极为其次；平板电极为最低。

（2）电极间距离为 2.5mm±0.1mm，要用块规校准。电极距离过小容易击穿，测定结果偏低。反之，测定结果偏高。

（3）试样要有代表性，油中有水分及其他杂质时则对击穿电压有明显影响。所以试样一定要摇荡均匀后注入油杯。

（4）试验数据分散性大，其原因是引起击穿过程的影响因素比较多。因此，试验方法中规定取 6 次平均值作为试验结果。

（5）试验中发现击穿电压值随着击穿放电次数增加而增高。这是由于油中混入不同性质的杂质而引起的。若油中混入的主要是纤维杂质和水分，在击穿过程中水分被蒸发，所以试验数据越来越高。但也有降低的，要考虑周围环境湿度是否超过规定等。

11-5　测定绝缘油击穿电压在设备安全运行方面有何意义？

答：绝缘油的击穿电压是评定其能否适应电场电压强度的程度，而不会导致电气设备损坏的重要电气性能之一。故击穿电压是新绝缘油的一项重要质量控制指标。

绝缘油是充油电气设备的主要绝缘部分，油的击穿电压是保证设备安全运行的重要条件。如油中含有杂质和吸收空气中的水分而受潮，或油品老化变质，均会使油的击穿电压下降，影响设备的良好绝缘，甚至击穿设备，造成事故。所以在运行油质量标准中，按不同设备的电压等级，对油的击穿电压都分别有具体的指标要求，并定期或不定期取样，进行击穿电压测定，以便于发现问题，及时处理。这对防止事故，保证安全，具有一定的意义。

11-6　对运行中分接开关油室内绝缘油的击穿电压有何要求？

答：运行中分接开关油室内绝缘油的击穿电压应不低于 35kV。当击穿电压低于 30kV 时，应停止自动电压控制器的使用。当击穿电压低于 25kV 时，应停止分接变换操作，并及时处理。

11-7　为什么白天击穿电压试验合格的绝缘油，隔夜后击穿电压值就不合格了？

答：影响绝缘油电气强度的因素很多，如油吸收水分、污染和温度变化等。如只将油放了一个晚上，绝缘强度便降低了，其主要原因是油中吸收了水分。绝缘油极容易吸收水分，尤其是晚上气温下降时，空气中相对湿度升高，空气中的水分更容易浸入而溶解于油中，当油中含有微量水分时，绝缘油的绝缘强度便明显下降，击穿电压值也就明显下降。

11-8　电力变压器油流带电有哪些影响因素？

答：电力变压器油流带电的主要影响因素有：

（1）油流速度与温度的影响。通常认为在 2～4 倍的额定流速下，带电倾向较为明显。研究表明，油的流速在 0.29m/s 以下时，就不会发生放电现象。但为了安全要留有一定的裕度。

（2）油流状态的影响。在实际的变压器中，绕组下部的进油口附近区域属于湍流状态，因此该区域油流带电程度严重。

（3）励磁对油流带电的影响。变压器油的泄漏电流随励磁电压升高而增大。

（4）油泵对油流带电的影响。油泵突然启动时，会使油很快增加到一个较高的起始带电度，油内会产生一个较高的带电量。这是因为经过长时间的静止，油中的自由电子被绝缘材料纤维素表面的正极性的羟基、醛基、羧基等吸附，油中正电荷离子和电子保持静态双层分布，对外呈现电中性。当突然启动油泵时，油流突然运动，造成电荷分离，电子仍然吸附在绝缘材料表面，油中正离子随油流运动，形成聚集，造成油中突然形成一个较高的带电量。故最好有步骤的启动油泵，以尽量避免对油形成冲击。

（5）油中水分的影响。随着油中微量水分的减少，油中的带电倾向将增加。油中微量水分的值小于 15mg/L 时，油中的电荷密度剧增。

（6）固体纸绝缘材料表面状态的影响。各种材料带电量大小顺序是：棉布带＞皱纹纸＞压制板＞牛皮纸。例如棉布的表面粗糙度大约为牛皮纸的 10 倍，其带电量也约为牛皮纸的10 倍。

（7）油的电导率的影响，当油的电导率增大的时候，油流带电程度先增大再减小，油流带电程度达到峰值的时候，电导率的区间一般是 $2\times10^{-8}\sim5\times10^{-8}$S/cm。

（8）介质损耗因数的影响。总的趋势是 $\tan\delta$ 增大时，带电倾向增加。

（9）其他。油的加工精制工艺、老化、杂质、变压器的结构、运行状况等有关。

11-9　油流带电的抑制方法是什么？

答：油流带电的抑制方法是：

（1）降低流速。控制流速在 0.5m/s 以下。

（2）换油。

（3）油中添加多氮原子的化合物，如BTA同系物，比如加入苯并三氮唑10～13μg/g，基本可以消除绝缘油的带电倾向。

（4）改进变压器设计。

第二节 绝缘油的介质损耗因数试验

11-10 绝缘油的介质损耗因数是什么？

答： 绝缘油在交流电流产生的交变电场的作用下，理论上介质内部只会通过微弱的电容电流，它与施加电压的相位提前90°角，只影响电气设备的功率因数，不产生功率损失。但实际上，油内可能有内部电荷不平衡，或由于电场作用而产生的极性分子，它们会起导体作用，从而导致电阻性的传导电流（或称泄漏电流）。此电流与施加电压同相位，因此是有功电流，可引起功率损失，称为绝缘油的"介质损耗"，传导电流与电容电流的比值，即 $\tan\delta$ 称为"介质损耗因数"。介质损耗因数越大，油的功率损耗越高。即油的损失功率与介质损耗因数呈正比。也就是说，油的绝缘特性的优劣，由介质损耗因数决定。故绝缘油的功率损耗通常不用损失功率表示，而用介质损耗因数表示。

11-11 影响绝缘油介质损耗因数的因素有哪些？

答： 影响绝缘油介质损耗因数的因素有：

（1）与施加的电压与频率有关。一般在电压较低的情况下，进行 $\tan\delta$ 测量时，电压对 $\tan\delta$ 没有明显的影响。但当试验电压提高时，因介质在高电压作用下产生了偶极转移，而引起电能的损失，则介质损耗因数值会有明显的增加。故介质损耗因数随电压的升高而增加，因此在测定时，应按规定加到额定电压2kV。

介质损耗因数与施加电压的频率也有关，因为介质损耗因数的变化是频率的函数，故一般规定测量介质损耗因数时，采用50Hz的交流电压，这样规定也符合电气设备的实际使用情况。

（2）温度对介质损耗因数的测量结果影响较大。如测量时温度相差几度，则平行试验的结果就不相符合。因为介质的电导是随温度变化而改变的。所以当温度升高时，介质的电导随之增大，漏泄电流也会增大，故介质损耗因数也增大。所以油介质损耗因数的测量要在90℃进行。

（3）水分和湿度的影响。因为水分的极性较强，受电场作用很容易发生极化，而增大油的电导电流，使油的介质损耗因数明显增大。同时与测量时的湿度也有关，通常湿度增大，会使油样溶解水增加（油吸潮引起的），而增大介质损耗因数。因此应在规定的相对湿度下进行测定。

对于纯净的油来说，当油中含水量较低（如30～40mg/L）时。对油的 $\tan\delta$ 值的影响不大，只有当油中含水量较高时，才有十分显著的影响。当油的含水量大于60mg/L时，其介质损耗因数急剧增加。

在实际生产和运行中，常遇到下列情况：油经真空、过滤、净化处理后，油的含水量很小，而油的介质损耗因数值较高。这是因为油的介质损耗因数不仅与含水量有关，而且与许多因素有关。对于溶胶粒子，其直径在 $10^{-9}\sim10^{-7}$m 之间，能通过滤纸，所以经过二级真空滤油机处理其介质损耗因数仍降不下来。遇到这种情况，通常采用硅胶或 801 吸附剂进行处理可收到良好效果。

（4）油中浸入溶胶杂质。研究表明，变压器在出厂前残油或固体绝缘材料中存在着溶胶杂质；在安装过程中或固体绝缘材料中存在着溶胶杂质；在安装过程中可能再一次浸入溶胶杂质；在运行中还可能产生溶胶杂质。溶胶杂质会造成 $\tan\delta$ 值增大。油中存在溶胶粒子后，由电泳现象〔带电的溶胶离子在外电场作用下有做定向移动的现象〕引起的电导系数，可能超过介质正常电导的几倍或几十倍，因此，$\tan\delta$ 值增大。

胶粒的沉降平衡，使分散体系在各水平面上浓度不等，越往容器底层浓度越大，可用来解释变压器油上层介质损耗因数小，下层介质损耗因数大的现象。

变压器油中溶解的溶胶离子可透过滤纸，即使用真空滤油机和压力式滤油机也降不下来。

油的黏度偏低使电泳电导增加引起介质损耗因数增大。有的厂生产的油虽然黏度、闪点等在合格范围内，但比较来说是偏低的。因此在同一污染情况下更易受到污染，这是因为黏度低很容易将接触到的固体材料中的尘埃迁移出来，使介质损耗因数增大。

（5）生物细菌感染。微生物细菌感染主要是在安装和大修中苍蝇、蚊虫和细菌类生物的侵入所造成。微小虫类、细菌类、霉菌类生物等，它们大多数生活在油的下部沉积层中。由于污染所致，在油中含有水、空气、碳化物、有机物、各种矿物质及微细量元素，因而构成了菌类生物生长、代谢、繁殖的基础条件。变压器运行时的温度适合这些微生物的生长，故温度对油中微生物的生长及油的性能影响很大，试验发现冬季的 $\tan\delta$ 值较稳定。微生物及代谢物均为极性物质（表面带电荷），它们的繁殖、代谢导致油介质损耗因数增加。由于微生物在油中的不均匀分布，从而使油介质损耗因数在不同的取样部位呈现不规则变化。

环境条件对油中微生物的增长有直接的关系，而油中微生物的数量又决定了油的电气性能。由于微生物都含有丰富的蛋白质，其本身就有胶体性质，因此，微生物对油的污染实际是一种微生物胶体的污染，而微生物胶体都带有电荷，影响油的电导增大，所以电导损耗也增大。

（6）热油循环使油的带电趋势增加引起介质损耗因数增大。大型变压器安装结束之后，要进行热油循环干燥，一般情况下，制造厂供应的是新油，其带电趋势小，但当油注入变压器以后，有些仍具有新油的低带电趋势，有些带电趋势则增大了。而经过热油循环之后，加热将使所有油的带电趋势均有不同程度的增加，而油的带电趋势与其介质损耗因数有着密切关系，油的介质损耗因数随其带电趋势增加而增大。因此，热油循环后油带电趋势的增加，也是引起油的介质损耗因数增大的原因之一。

（7）铜、铝和铁金属元素含量较高。由于油浸变压器为金属组合体，油中难免含有某些金属元素。有人根据其试验结果提出，铜、铝和铁等金属元素含量较高是油介质损耗因数增大的主要原因。这是因为这些金属元素对变压器油的氧化起催化作用，使油产生酸性氧化物和油泥。酸性氧化物腐蚀金属，又使油中金属含量增加，加速油的氧化，导致其介质损耗因数增大。

（8）补充油的介质损耗因数高。补充油的介质损耗因数应不大于原设备内油的介质损耗因数，否则会使原设备中油的介质损耗因数增大。这是因为两种油混合后会导致油中迅速析出油泥，使油的绝缘电阻下降，而介质损耗因数提高。

11-12 测定绝缘油介质损耗因数有哪些注意事项？

答： 测定绝缘油介质损耗因数的注意事项有：

（1）测量仪器放置地点应无强大电磁场干扰和机械振动。

（2）油杯要干燥和洁净，装入试油时不能有气泡和杂质。各芯线与屏蔽间的绝缘要良好。

（3）对试样施加电压至一定值时，在升压过程中不应有放电现象。

（4）电极杯有污染发生时，用清洁溶剂严格清洗并烘干。试验前先测量空杯的介质损耗因数，保证空杯的介质损耗因数在 10^{-4} 以下。

（5）试油在转移的过程中要保持洁净，严禁带入任何杂质、水分等。

（6）试油仅在测量时才能被施加以电压，并尽快完成测量。

（7）在升压操作前，仔细检查线路的连接情况以及起始电压是否在零位。

（8）油浴升温时工作人员不得离开。

（9）恒温装置中的油位不得过高，以免受热膨胀溢出。

（10）试验前对介损仪的接地线进行检查。

11-13 测定绝缘油介质损耗因数在生产运行上有何意义？

答： 测定介质损耗因数对生产运行的意义是：

（1）绝缘油的介质损耗因数能明显的指示出油的精制程度和净化程度，一般正常精制、净化的油，其介质损耗因数很小，且当温度升高时，介质损耗因数值升高不大，升温与降温曲线基本重合。但当油精制的程度不够，或净化的不彻底时，油的介质损耗因数较大，且温度升高时增大的很快。所以介质损耗因数是新绝缘油的一项重要电气性能的质量指标之一。

（2）绝缘油在运行中的老化程度，可从其介质损耗因数值的变化中反映出来。当油已经老化，油中溶解的老化产物较多时，其介质损耗因数将会明显的增大。

（3）绝缘油的介质损耗因数值，对判断变压器绝缘特性的好坏，有着重要的意义。如绝缘油的介质损耗因数增大，会引起变压器整体绝缘特性的恶化。介质损失使绝缘内部产生热量，介质损失越大，则在绝缘内部产生的热量越多。反过来又促使介质损失更为增加。如此继续下去，就会在绝缘缺陷处形成击穿，影响设备安全运行。

第三节　绝缘油体积电阻率试验

11-14 绝缘油的体积电阻率是什么？

答： 在恒定电压的作用下，介质传导电流的能力称为电导率，电导率的倒数则称为介质的电阻率。也就是说，绝缘油的电导率是表示在一定电压下，油在两电极间传导电流的能力。如电导率越大，则传导电流的能力就越强。

绝缘油的体积电阻率，是表示两电极间，绝缘油单位体积内电阻率的大小，通常以 ρ_v 表示（单位 $\Omega \cdot cm$），值为

$$\rho_v = \frac{\pi d^2}{4h} \times R$$

式中：ρ_v 为绝缘油油体积电阻率，$\Omega\cdot cm$；R 为两极间电阻，Ω；d 为电极直径，cm；h 为电极间距离，cm。

电阻率大的油，其绝缘性能就好。随着温度的升高，油的黏度减小，油中的一些导电的质点迁移速度加快，使电阻率下降。

11-15 影响绝缘油体积电阻率的因素有哪些？

答：影响绝缘油体积电阻率的因素有：

（1）温度的影响。绝缘油体积电阻率一般随温度的改变而变化，温度升高，体积电阻率下降，反之，则增大。因此在测定时必须将温度恒定在规定值，以免影响测定结果。

（2）与电场强度有关。同一试油因电场强度不同，所测得的体积电阻率也不同。为了使测得的结果具有可比性，应在规定的电场强度下进行测定。

（3）与施加电压的时间有关，即施加电压的时间不同，则测得的结果不同。一般在室温下进行测量时，施加电压的时间要长一些（如不少于 5min），而在高温下测量时，加压时间可缩短一些（如 1min）。总之，应按规定的时间进行加压。

11-16 测定绝缘油体积电阻率应注意哪些事项？

答：测定绝缘油体积电阻率应注意事项有：

（1）根据 DL/T 421—2009《电力用油体积电阻率测定法》，电极表面要精密加工抛光，不得有条纹。支撑电极的绝缘材料应采用具有较好机械强度、高体积电阻率和低介质损耗因数，并具体耐热、不吸油、不吸水和良好的化学稳定性，如聚四氟乙烯、石英或高频陶瓷。洁净电极杯空杯绝缘电阻率大于 $3\times10^{12}\Omega$。若不符合要求应重新清洗或抛光。

（2）整个试验过程中温度要恒定在 90℃±0.5℃，否则测试结果不准。

（3）注油前油样应预先混合均匀，注入油杯的油不可有气泡，也不可有游离水和颗粒杂质落入电极，否则将影响测试结果。

11-17 测定绝缘油体积电阻率在生产运行上有何意义？

答：通常，测定击穿电压和介质损耗因数来鉴别绝缘油绝缘性能的优劣。但油的击穿电压和介质损耗因数，在很大程度上是取决于外界水分和其他杂质的污染，是可以通过净化手段除去的。故近年来对于 220kV 及上的用油设备，把测定绝缘油的体积电阻率，也作为鉴定油质的绝缘性能的重要指标之一，综合评定绝缘油的电气性能。

（1）变压器油的体积电阻率，对判断变压器绝缘特性的好坏，有着重要的意义。纯净的新油，其绝缘电阻率是很高的，注入变压器后，则变压器绝缘特性不受影响；反之，如果变压器油的体积电阻率较低，则变压器的绝缘特性将受到影响，油的电阻率越低，影响越大。

（2）油品的体积电阻率在某种程度上能反映出油的老化和受污染的程度。当油品受潮或混有其他杂质，将降低油品的绝缘电阻。老化油由于产生一系列氧化物，其绝缘电阻会受到不同程度的影响，油老化越深，则影响程度越大。

（3）一般来说，绝缘油的体积电阻率高，其油品的介质损耗因数就很小，击穿电压就高。否则反之。

（4）绝缘油的体积电阻率对油的离子传导损耗反应最为灵敏，不论是酸性和中性氧化物，都能引起电阻率的显著变化，所以通过对油的体积电率测定，能可靠、有效地监督油质。

（5）绝缘油体积电阻率的测定比击穿电压精确，比介质损耗因数简单。故越来越多的国家将体积电阻率作为评定绝缘油质量的指标。

第四节　油中溶解气体分析及变压器故障诊断

11-18　什么是变压器油色谱分析法？

答：油色谱分析法是从预防性维修制度形成以来，电力运行部门通过对运行中的变压器或其他用油设备定期分析其溶解于油中的气体组分、含量及产气速率，总结出的能够及早发现变压器内部的潜伏性故障、判断其是否会危及安全运行的方法。该方法将变压器油取回实验室中用气相色谱仪进行分析，不受现场复杂的电磁场干扰，可以发现用油设备中一些用介质损耗因数试验和局部放电法所不能发现的局部性过热等缺陷。

11-19　根据变压器油的色谱分析数据，诊断变压器内部故障的原理是什么？

答：电力变压器绝缘多系油纸组合绝缘，内部潜伏性故障产生的烃类气体来源于油纸绝缘的热裂解，热裂解的产气量、产气速度以及生成烃类气体的不饱和度，取决于故障点的能量密度。故障性质不同，能量密度亦不同，裂解产生的烃类气体也不同，电晕放电主要产生氢，电弧放电主要产生乙炔，高温过热主要产生乙烯。

故障点的能量不同，上述各种气体产生的速率也不同。这是由于在油纸等碳氢化合物的化学结构中因原子间的化学键不同，各种键的键能也不同。含有不同化学键结构的碳氢化合物有程度不同的热稳定性，因而得出绝缘油随着故障点的温度升高而裂解生成烃类的顺序是烷烃、烯烃和炔烃。同时，又由于油裂解生成的每一烃类气体都有一个相应最大产气率的特定温度范围，从而导出了绝缘油在变压器的各不相同的故障性质下产生不同组分、不同含量的烃类气体的简单判据。

11-20　为什么要特别关注油中乙炔的含量？

答：乙炔是变压器油高温裂解的产物之一。其他还有一价键的甲烷、乙烷，还有二价键的乙烯、丙烯等。乙炔是三价键的烃，温度需要高达 800℃以上才能生成。这表示充油设备的内部故障温度很高，多数是有电弧放电了，所以要特别重视。

11-21　造成油色谱误判断的非故障原因有哪些？

答：造成油色谱误判断的非故障原因见表 11-1。

表 11-1　　　　　　　　　　　　油色谱误判断的非故障原因

	非故障原因	对油中气体组分变化的影响	误判的可能
属于设备结构上的原因	（1）有载调压灭弧室油向本体渗漏	使本体油的乙炔增加	放电故障
	（2）使用有不稳定的绝缘材料，造成早期热分解	产生 CO 与 H_2 等，增加它们在油中的浓度	固体绝缘发热或受潮
	（3）使用有活性的金属材料，促进油的分解	增加 H_2 的含量	油中有水分

続表

非故障原因		对油中气体组分变化的影响	误判的可能
属于安装、运行维护上的原因	（1）设备安装前，充 CO_2 安装注油时，未排尽余气	增加油中 CO_2 含量	固体绝缘发热
	（2）充氮保护时，使用不合格氮气	氮气含 H_2、CO 等杂气	发热受潮
	（3）油与绝缘中有空气泡	由于气泡性放电产生 H_2 和 C_2H_2	放电故障
	（4）检修中带油补焊	增加乙炔含量	放电故障
	（5）油处理中，油加热器不合格，使油过热分解	增加乙炔含量	放电故障
	（6）充有含可燃烃类气体油，或原有过故障，油未脱气或脱气不完全	可燃性气体含量升高	发热、放电

11-22 变压器油中不同的气体组分分别对应哪些类型的故障？

答：利用油中溶解气体分析进行设备内部故障判断的原理是基于绝缘材料的产气特点。不同的故障，由于故障点的能量、温度不同以及涉及的绝缘材料不同，其产气情况也不同（即不同的故障具有不同的特征气体）。详见表 11-2。

表 11-2　　　　　　　　　　故障类型及其特种气体组分

故障类型	主要特征气体	次要特征气体
油过热	CH_4、C_2H_4	H_2、C_2H_6
油和纸过热	CH_4、C_2H_4、CO	H_2、C_2H_6、CO_2
油纸绝缘中局部放电	H_2、CH_4、CO	C_2H_4、C_2H_6、C_2H_2
油中火花放电	H_2、C_2H_2	
油中电弧	H_2、C_2H_2、C_2H_4	CH_4、C_2H_6
油和纸中电弧	H_2、C_2H_2、C_2H_4、CO	CH_4、C_2H_6、CO_2

注　1. 油过热：至少分为两种情况，即中低温过热（低于700℃）和高温（高于700℃）以上过热。如温度较低（低于300℃），烃类气体组分中 CH_4、C_2H_6 含量较多，C_2H_4 较 C_2H_6 少甚至没有；随着温度增高，C_2H_4 含量增加明显。

2. 油和纸过热：固体绝缘材料过热会产生大量的 CO、CO_2，过热部位达到一定温度，纤维素逐渐碳化并使过热部位油温升高，才使 CH_4、C_2H_6 和 C_2H_4 等气体增加。因此，涉及固体绝缘材料的低温过热在初期烃类气体组分的增加并不明显。

3. 油纸绝缘中局部放电：主要产生 H_2、CH_4。当涉及固体绝缘时产生 CO，并与油中原有 CO、CO_2 含量有关，以没有或极少产生 C_2H_4 为主要特征。

4. 油中火花放电：一般是间歇性的，以 C_2H_2 含量的增长相对其他组分较快，而总烃不高为明显特征。

5. 电弧放电：高能量放电，产生大量的 H_2 和 C_2H_2 以及相当数量的 CH_4 和 C_2H_4。涉及固体绝缘时，CO 显著增加，纸和油可能被炭化。

11-23 为什么要计算充油设备中的气体增长速率？其计算方法是什么？

答：仅根据分析结果的绝对值是很难对故障的严重程度做出正确判断的。因为故障常常以低能量的潜伏性故障开始，若不及时采取相应的措施，可能会发展成较严重的高能量故障。因此，必须考虑故障的发展趋势，也就是故障点的产气速率。产气速率与故障消耗的能量大小、故障部位和故障点的温度等情况有直接关系的。因此，计算故障产气速率，既可以进一步明确设备内部有无故障，又可以对故障的严重性做出初步估计。

DL/T 722—2014《变压器油中溶解气体分析和判断导则》和 GB/T 7252—2001《变压器油中溶解气体分析和判断导则》推荐下列两种方式来表示产气速率（未考虑气体损失）。

（1）绝对产气速率。即每运行日产生某种气体的平均值，计算公式为

$$\gamma_a = \frac{C_{i2} - C_{i1}}{\Delta t} \times \frac{m}{\rho}$$

式中：γ_a 为绝对产气速率，mL/d；C_{i2} 为第二次取样测得油中组分 i 气体浓度，μL/L；C_{i1} 为第一次取样测得油中组分 i 气体浓度，μL/L；Δt 为二次取样时间间隔中的实际运行时间，d；m 为设备总油量，t；ρ 为油的密度，t/m^3。

变压器和电抗器绝对产气速率注意值见表 11-3。

表 11-3   运行中设备油中溶解气体绝对产气速率注意值   单位：mL/d

气 体 组 分	密 封 式	开 放 式
氢气	10	5
乙炔	0.2	0.1
总烃	12	6
一氧化碳	100	50
二氧化碳	200	100

注 1. 对 $C_2H_2 < 0.1$μL/L 且总烃小于新设备投运要求时，总烃的绝对产气速率可不作分析（判断）。

2. 新设备投运初期，一氧化碳和二氧化碳的产气速率可能会超过表中的注意值。

3. 当检测周期已缩短时，表中注意值仅供参考，周期较短时，不适用。

4. 当产气速率达到注意值时，应缩短检测周期，进行追踪分析。

（2）相对产气速率。即每运行月（或折算到月）某种气体含量增加原有值的百分数的平均值。计算公式为

$$\gamma_r = \frac{C_{i2} - C_{i1}}{C_{i1}} \times \frac{1}{\Delta t} \times 100\%$$

式中：γ_r 为相对产气速率，%/月；C_{i2} 为第二次取样测得油中组分 i 气体含量，μL/L；C_{i1} 为第一次取样测得油中组分 i 气体含量，μL/L；Δt 为二次取样时间间隔内的实际运行时间，月。

相对产气速率也可以用来判断设备内部状况。总烃的相对产气速率大于 10%/月时应引起注意。相对产气速率对于新投运的设备、变压器经脱气处理、油中气体含量很低的设备及少油设备不适用。

11-24 何为改良三比值法？它在判断故障类型时有哪些不足之处？

答： 改良三比值法是根据充油设备内油、绝缘纸在故障下裂解产生气体组分含量的相对浓度与温度的依赖关系，从 5 种特征气体中选用两种溶解度和扩散系数相近的气体组分组成三对比值，以不同的编码表示；根据表 11-4 的编码规则和表 11-5 的故障类型判断方法作为诊断故障性质的依据。这种方法消除了油的体积效应影响，是判断充油电气设备故障类型的主

要方法，并可以得出对故障状态较为可靠的诊断。

表 11-4 三 比 值 法 编 码 规 则

气体比值范围	比值范围编码		
	$\dfrac{C_2H_2}{C_2H_4}$	$\dfrac{CH_4}{H_2}$	$\dfrac{C_2H_4}{C_2H_6}$
<0.1	0	1	0
［0.1，1)	1	0	0
［1，3)	1	2	1
≥3	2	2	2

表 11-5 故 障 类 型 判 断 方 法

编 码 组 合			故 障 类 型 判 断	故 障 实 例（参考）
C_2H_2/C_2H_4	CH_4/H_2	C_2H_4/C_2H_6		
0	0	0	低温过热（低于 150℃）	纸包绝缘导线过热，注意 CO 和 CO_2 的增量和 CO_2/CO 值
	2	0	低温过热（150～300℃）	分接开关接触不良；引线连接不良；导线接头焊接不良，股间短路引起过热；铁芯多点接地，矽钢片间局部短路等
	2	1	中温过热（300～700℃）	
	0，1，2	2	高温过热（高于 700℃）	
	1	0	局部放电	高湿、气隙、毛刺、漆瘤、杂质等引起的低能量密度的放电
2	0，1	0，1，2	低能放电	不同电位之间的火花放电，引线与穿缆套管（或引线屏蔽管）之间的环流
	2	0，1，2	低能放电兼过热	
1	0，1	0，1，2	电弧放电	绕组匝间、层间放电，相间闪络；分接引线间油隙闪络、选择开关拉弧；引线对箱壳或其他接地体放电
	2	0，1，2	电弧放电兼过热	

通过大量的实践，发现三比值法存在以下不足：

（1）由于充油电气设备内部故障非常复杂，由典型事故统计分析得到的三比值法推荐的编码组合，在实际应用中常常出现不包括表 11-5 范围内编码组合对应的故障。例如，编码组合 202 或 201 在表中为低能放电故障，但对于有载调压变压器，应考虑切换开关油室的油可能向变压器的本体油箱渗漏的情况，此时要用比值 C_2H_2/H_2 配合诊断；对编码组合 010，通常是 H_2 组分含量较高，但引起 H_2 高的原因甚多，一般难以做出正确无误的判断。

（2）只有油中气体各组分含量足够高或超过注意值，并且经综合分析确定变压器内部存在故障后，才能进一步用三比值法判断其故障性质。如果不论变压器是否存在故障，一律使用三比值法，就有可能对正常的变压器造成误判断。

（3）在实际应用中，当有多种故障联合作用时，可能在表中找不到相对应的比值组合；同时，在三比值编码边界模糊的比值区间内的故障，往往易误判。

（4）三比值法不适用于气体继电器里收集到的气体分析诊断故障类型。

（5）当故障涉及固体绝缘的正常老化过程与故障情况下的劣化分解时，将引起 CO 和 CO_2 含量明显增长，表 11-5 无此编码组合。此时要利用比值 CO_2/CO 配合诊断。

（6）由于故障分类存在模糊性，一种故障状态可能引起多种故障特征，而一种故障特征也可在不同程度上反映多种故障状态；因此三比值法不能全面反映故障状况。同时，对油中各种气体组分含量正常的变压器，其比值没有意义。

总之，由于故障分类本身存在模糊性，每一组编码与故障类型之间也具有模糊性，三比值还未能包括和反映变压器内部故障的所有形态，所以它还在不断发展和积累经验，并继续进行改良，其发展方向之一是通过把比值法与故障类型的关系变为模糊关系矩阵来判断，以便更全面地反映故障信息。

11-25　变压器油色谱数据异常时应如何处理？

答：变压器油色谱数据异常时的处理措施是：

（1）对于新投入运行或者重新注油的变压器，短期内气体增长迅速但未超过注意值，也可以判定内部有异常。

（2）对 330kV 及以上的电抗器，当出现痕量（<1μL/L）乙炔时也应引起注意；若气体分析虽已出现异常，但判断不至于危及铁芯和绕组安全时，可在超过注意值较大的情况下运行。

（3）影响电流互感器和电容式套管油中氢气含量的因素较多，有的氢气含量虽然低于注意值，但有增长趋势，也应引起注意；有的只是氢气含量超过注意值，若无明显增长趋势，也可判断为正常。

（4）变压器本体油中气体色谱分析超过注意值时，应进行跟踪分析，根据各特征气体和总烃含量的大小及增长趋势，结合产气速率、综合判断。必要时缩短跟踪周期。

（5）当变压器内产气速率大于溶解速率时，会有一部分气体进入气体继电器或储油柜中。当气体继电器内出现气体时，分析其中的气体，有助于对设备的状况做出判断。同样分析溶解于油中的气体，尽早发现变压器内部存在的潜伏性故障，并随时监视故障的发展状况。

（6）根据油色谱含量情况，运用 DL/T 722—2014《变压器油中溶解气体分析和判断导则》，结合变压器历年的试验（如绕组直流电阻、空载特性试验、绝缘试验、局部放电测量和油微水测量等）结果，并结合变压器的结构、运行、检修等情况进行综合分析，可判断故障的性质及部位。根据具体情况对设备采取不同的处理措施（如缩短试验周期、加强监视、限制负荷、近期安排内部检查或立即停止运行等）。

（7）在某些情况下，有些气体可能不是设备故障造成的。如油中含有水，可以与铁作用生成氢；过热的铁芯层间油膜裂解也可生成氢；新的不锈钢中也可能在加工过程中或焊接时吸附氢而又慢慢释放至油中。特别是在温度较高、油中有溶解氧时，设备中某些油漆（醇醛树脂）在某些不锈钢的催化下，甚至可能产生大量的氢气；某些改型聚酰亚胺型的绝缘材料也可生成某些气体溶解于油中。油在阳光照射下也可以生成某些气体。设备检修时，暴露在空气中的油可吸收空气中的 CO_2 等。有些油初期会产生氢气（在允许范围左右），以后逐步下降。因此应根据不同的气体性质分别给予处理。

（8）当油色谱数据超注意值时还应注意：排除有载调压变压器中切换开关油室的油向变压器本体油箱渗漏，或选择开关在某个位置动作时，悬浮电位放电的影响；设备曾经有过故障，而故障排除后绝缘油未经彻底脱气，部分残余气体仍留在油中；设备带油补焊；原注入的油中就含有某些气体等可能性。

11-26 正常运行中的变压器本体内绝缘油的色谱分析中氢、乙炔和总烃含量异常超标的原因是什么？如何处理？

答：主要原因是分接开关油室和变压器本体油室之间发生渗漏。

一般处理方法是停止有载分接开关的分接变换操作，对变压器本体绝缘油进行色谱跟踪分析，如溶解气体组分含量与产气率呈下降趋势，则判断为分接开关油室的绝缘油渗漏到变压器本体中。

将分接开关揭盖寻找渗漏点，如无渗漏油，则应吊出芯体，抽尽油室中绝缘油，在变压器本体油压下观察绝缘护筒内壁、分接引线螺栓及转轴密封等处是否有渗漏油。然后，更换密封件或进行密封处理，必要时对变压器进行吊罩检修。对有载分接开关放气孔或放油螺栓紧固，或更换密封圈（对变压器进行吊罩检修）。

11-27 变压器在什么情况下应进行额外的油中溶解气体分析？

答：当怀疑变压器有内部缺陷（如听到异常声响）、气体继电器有信号、经历了过负荷运行以及发生了出口或近区短路故障时，应进行额外的取样分析。

11-28 有载分接开关的切换开关，在切换过程中产生的电弧使油分解，所产生的气体中有哪些成分？主要成分的浓度可能达到多少？

答：产生的气体主要由乙炔（C_2H_2）、乙烯（C_2H_4）、氢气（H_2）组成，还有少量甲烷和丙烯。切换开关油箱中的油被这些气体充分饱和。

切换开关油箱中的油分解产生这些气体充分饱和时，主要成分的浓度常见为：乙炔的浓度超过 10 000μL/L、乙烯达到 30 000～40 000μL/L、氢气达到 20 000～30 000μL/L。

第五节　油中溶解气体分析方法在气体继电器中的应用

11-29 变压器集气室的作用和原理是什么？

答：从注油、放油管路的碟阀或连接变压器油箱管路的碟阀注入绝缘油，必须经过集气室才能够进入储油柜或油箱内。集气室的内部结构能够将夹杂在绝缘油中的气体分离出来，并使其积聚在其上部而不会进入储油柜或油箱内。随着积聚的气体量增多，油标管内（透明玻璃管）的油面就会下降，当油面下降到油标管中部时，应通过排气管路下面的蝶阀排出气体，使油标管内充满绝缘油即可。集气室底部安装有排污管路及碟阀，通过该管路的碟阀可以排出储油柜中的污油。

11-30 何为平衡判据？它在判断故障上如何使用？

答：在气体继电器中聚集有游离气体时，应使用平衡判据。

（1）所有故障的产气速率均与故障的能量释放紧密相关。对于能量较低、气体释放缓慢的故障（如低温热点或局部放电），所生成的气体大部分溶解于油中，就整体而言，基本处于平衡状态；对于能量较大（如铁芯过热）造成故障气体释放较快，当产气速率大于溶解速率时可能形成气泡。在气泡上升的过程中，一部分气体溶解于油中（并与已溶解于油中的气体进行交换），改变了所生成气体的组分和含量。未溶解的气体和油中被置换出来的气体，最终进入继电器而积累下来；对于有高能量的电弧性放电故障，大量气体迅速生成，所形成的大量气泡迅速上升聚集在继电器里，引起继电器报警。这些气体几乎没有机会与油中溶解气体进行交换，因而远没有达到平衡。如果长时间留在继电器中，某些组分，特别是电弧性故障产生的乙炔，很容易溶于油中，而改变继电器里的游离气体组分，甚至导致错误的判断结果。因此当气体继电器发出信号时，除应立即取气体继电器中的游离气体进行色谱分析外，还应同时取本体油进行溶解气体分析，并比较油中溶解气体与继电器中的游离气体的浓度，以判断游离气体与溶解气体是否处于平衡状态，进而可以判断故障的持续时间和气泡上升的距离。

比较方法是首先要把游离气体中各组分的浓度值，利用各组分的奥斯特瓦尔德系数 K_i（见表 11-6）计算出平衡状况下油中溶解气体的理论值，再与从油样分析中得到的溶解气体组分的浓度值进行比较。

计算公式为

$$K = \frac{C_{o,i}}{C_i} = \frac{K_i \times C_{g,i}}{C_i}$$

式中：K 为不平衡度或不平衡指数；$C_{o,i}$ 为油中溶解组分 i 浓度的理论值，$\mu L/L$；C_i 为油中溶解组分 i 的浓度，$\mu L/L$；$C_{g,i}$ 为继电器中游离气体中组分 i 的浓度，$\mu L/L$；K_i 为组分 i 的奥斯特瓦尔德系数。

表 11-6　　　　　　　　　各种气体在矿物绝缘油中的奥斯特瓦尔德系数

气体组分	K_i		
	IEC 60599—1999[①]《使用中的浸渍矿物油的电气设备 溶解和游离气体分析结果解释的导则》		GB/T 17623—1998[②]《绝缘油中溶解气体组分含量的气相色谱测定法》
	20℃	50℃	50℃
H_2	0.05	0.05	0.06
O_2	0.17	0.17	0.17
N_2	0.09	0.09	0.09
CO	0.12	0.12	0.12
CO_2	1.08	1.00	0.92
CH_4	0.43	0.40	0.39
C_2H_4	1.70	1.40	1.46
C_2H_6	2.40	1.80	2.30
C_2H_2	1.20	0.9	1.02

① 这是从国际上几种最常用的牌号的变压器油得到的一些数据的平均值。实际数据与表中的这些数据会有些不同，然而可以使用上面给出的数据，而不影响从计算结果得出的结论。

② 国产油测试的平均值。

注　GB/T 17623—1998 已被 GB/T 17623—2008《绝缘油中溶解气体组分含量的气相色谱测定法》代替，因数据 K_i 只能在 GB/T 17623—1998 中查到，故此处沿用。

（2）判断方法如下：

1）如果理论值和油中溶解气体的实测值近似相等，可认为气体是在平衡条件下释放出来的。这里有两种可能：一种是故障气体各组分浓度均很低，说明设备是正常的。应搞清这些非故障气体的来源及继电器报警的原因。另一种是溶解气体浓度略高于理论值，则说明设备存在较缓慢地产生气体的潜伏性故障。

2）如果气体继电器内的故障气体浓度明显超过油中溶解气体浓度，说明释放气体较多，设备内部存在产生气体较快的故障，应进一步计算气体的增长率。

3）判断故障性质的方法，原则上与油中溶解气体相同，但是，应将游离气体浓度换算为平衡状况下的溶解气体浓度，然后计算比值。

4）也可采用下列经验值进行判断：如果 K 接近为 1，且故障气体各组分体积分数均很低，说明设备是正常的；如果 $1 \leq K < 2$，说明设备故障发展的缓慢；如果 $K > 3$，说明设备故障较严重，K 越大，故障越严重，故障发展的越迅速。

11-31　变压器轻瓦斯继电器报警如何处理？

答：变压器轻瓦斯继电器动作发信号时，应立即对变压器进行检查，查明动作原因，进行相应的处理，包括：

（1）检查变压器油位、绕组温度、声音是否正常，是否因变压器漏油引起。

（2）检查气体继电器内有无气体，若有，用取气装置抽取部分气体，检查气体颜色、气味、可燃性，以判断是变压器内部故障还是油中溶解空气析出，并同时取油样和气样做气相色谱试验，以进一步根据有关规程和导则判断变压器的故障性质。若气体继电器内的气体为无色、无臭且不可燃，色谱分析判断为空气，则变压器可继续运行；若信号动作是因为油中剩余空气逸出或强油循环系统吸入空气而动作，而且信号动作时间间隔逐次缩短，将造成跳闸时，则应将气体保护改接信号；若气体是可燃的，色谱分析后其含量超过正常值，经常规试验给予综合判断，如说明变压器内部已有故障，必须将变压器停运，以便分析动作原因和进行检查、试验。轻瓦斯动作发信号后，如一时不能对气体继电器内的气体进行色谱分析，则可按气体的颜色来初步判断鉴别故障。若无气体，则应检查二次回路。

（3）检查储油柜、压力释放装置有无喷油、冒油，盘根和塞垫有无凸出变形。

（4）如果轻瓦斯动作发信号后经分析已判为变压器内部存在故障，且发信号间隔时间逐次缩短，则说明故障正在发展，这时应立即将该变压器停运。

11-32　新投入运行的变压器在试运行中轻瓦斯动作主要有哪些情况？应如何分析处理？

答：轻瓦斯动作主要有下面一些情况：

（1）在加油、滤油和吊芯等工作中，将空气带入变压器内部不能及时排出，当变压器运行后，油温逐渐上升，内部储存的空气被逐渐排出使轻瓦斯动作。一般气体继电器的动作次数与内部储存的气体多少有关。

（2）变压器内部确有故障。

（3）直流系统有两点接地而误发信号。

针对上述原因，应采取的分析处理方法如下：

（1）首先检查变压器的声响、温度等情况并进行分析，如无异常现象，则将气体继电器内部气体放出，记录出现轻瓦斯信号的时间，根据出现轻瓦斯时间间隔的长短，可以判断变压器出现轻瓦斯的原因。如果一次比一次长，说明是内部存有气体，否则说明内部存在故障。

（2）如有异常现象，应取气体继电器内部的气体进行点燃试验或色谱分析试验，以判断变压器内部是否确有故障。

（3）如果油面正常，气体继电器内没有气体，则可能是直流系统接地而引起的误动作。

11-33 变压器气体继电器重瓦斯保护动作后如何处理？

答：重瓦斯保护动作后，应采取的分析处理方法如下：

（1）变压器跳闸后，立即停油泵，并将情况向调度及有关部门汇报，然后根据调度指令进行有关操作。

（2）若只是重瓦斯保护动作时应重点考虑是否呼吸不畅或排气未尽、保护及直流等二次回路是否正常、变压器外观有无明显反映故障性质的异常现象、气体继电器中积聚气体是否可燃，并根据气体继电器中气体和油中溶解气体的色谱分析结果，必要的电气试验结果和变压器其他保护装置动作情况综合判断。

（3）跳闸后外部检查无任何故障迹象和异常，气体继电器内无气体且动作掉牌信号能复归。检查其他线路上若无保护动作信号掉牌可能属振动过大原因误动跳闸，可以投入运行；若有保护动作信号掉牌，属外部有穿越性短路引起的误动跳闸，故障线路隔离后，可以投入运行。经确认是二次触点受潮等引起的误动，故障消除后向上级主管部门汇报，可以试送。

（4）跳闸前轻瓦斯报警时，变压器声音、油温、油位、油色无异常，变压器重瓦斯动作跳闸其他保护未动作，外部检查无任何异常，但气体继电器内有气体。拉开变压器各侧隔离开关，由专业人员取样进行化验分析，如气体纯净无杂质、无色（或很淡不易鉴别），只要气体无味、不可燃或者色谱分析是 O_2、N_2，就可能是进入空气太多、析出太快，此时查明进气的部位并处理，然后放出气体测量变压器绝缘无问题后，由检修人员处理密封不良问题。最后根据调度和主管生产领导命令试送一次，并严密监视运行情况。若不成功应做内部检查。

（5）色谱分析有疑问时应测量变压器绝缘及绕组直流电阻，必要时根据安全工作规程做好现场的安全措施，吊罩检查。在未查明原因或消除故障之前不得将变压器投入运行。

（6）现场有明火等特殊情况时，应进行紧急处理。

（7）按要求编写现场事故处理报告。

11-34 变压器有载分接开关重瓦斯动作跳闸如何检查处理？

答：有载分接开关重瓦斯保护动作时，在未查明原因或消除故障之前不得将变压器投入运行。此时，运维人员应进行下列检查：

（1）检查变压器各侧断路器是否跳闸，察看其他运行变压器及各线路的负荷情况。

（2）检查各保护装置动作信号、直流系统及有关二次回路、故障录波器动作等情况。

（3）储油柜、压力释放和吸湿器是否破裂，压力释放装置是否动作。

（4）检查变压器有无着火、爆炸、喷油、漏油等情况。

（5）检查有载分接开关及本体气体继电器内有无气体积聚，或收集的气体是空气或是故障气体。

（6）检查变压器本体及有载分接开关油位情况。

（7）检查有载分接开关气体继电器接线盒内有无进水受潮或异物造成端子短路。

分接开关重瓦斯保护动作后的处理包括：立即将情况向调度及有关部门汇报，并根据调度指令进行有关操作，同时根据《电力安全工作规程》做好现场的安全措施；现场有明火等特殊情况时，应进行紧急处理。

第六节 色谱综合分析判断

11-35 变压器油色谱分析的原理是什么？

答： 油色谱分析的原理是变压器在发生突发性事故之前，绝缘的劣化及潜伏性故障在运行电压下将产生光、电、声、热、化学变化等一系列效应及信息。对大型电力变压器，目前几乎是用油来绝缘和散热，变压器油与油中的固体有机绝缘材料（纸和纸板等）在运行电压下因电、热、氧化和局部电弧等多种因素作用会逐渐变质，裂解成低分子烃类气体和一氧化碳及二氧化碳气体，并大部分溶解于油中；如变压器内部存在的潜伏性过热或放电故障又会加快产气的速率，同时绝缘油随着故障点温度的升高依次裂解产生烷烃、烯烃和炔烃。随着故障的缓慢发展，裂解出来的气体形成气泡在油中经过对流、扩散，就会不断地溶解在油中直至饱和甚至析出。因此，当变压器内部发生过热和放电故障时，变压器油和其他绝缘材料就会发生化学分解，产生特定的烃类气体和 H_2、碳氧化物等，一般随着温度的升高，产气量最大的烃类气体依次为 CH_4、C_2H_6、C_2H_4、C_2H_2 等。出口短路会引起绕组的匝（饼）间短路，是瞬间高能量的工频续流放电，有时涉及固体绝缘，因此 C_2H_2 含量的变化往往较大，若经受短路破坏的时间较长，CO、CO_2 的含量也会明显增加，一旦 C_2H_2 急剧上升，说明绕组可能烧坏或烧断，线包绝缘遭到破坏。同一类性质的故障，其产生气体的组分和含量一定程度上反映出变压器绝缘老化或故障的类型及发展程度，可作为反映电气设备各异常的特征量。因此通过测量特征气体的成分和含量、分析变压器内部发热或放电点的温度，就可确定变压器经受出口短路等故障后是否遭到破坏。

同样，故障气体的产气速率对反映故障的存在、严重程度及其发展趋势更加直接和明显，可以进一步确定故障的有无及性质，也是诊断故障的存在与发展的另一个依据。

11-36 如何对用油设备进行色谱综合分析判断？

答： DL/T 722—2014《变压器油中溶解气体分析和判断导则》所规定的原则是带有指导性的一般规律，因此不能机械地照搬照用。通常设备内部故障的形式和发展总是比较复杂的，往往与多种因素有关，这就需要全面地进行分析。

首先要根据历史情况和设备的特点以及环境等因素，确定所分析的气体究竟是来自外部或是内部。所谓外部原因，包括冷却系统潜油泵故障、油箱带油补焊、油流继电器触点火花、注入油本身未脱净气等。如果排除了外部的可能性，在分析内部故障时，要进行综合分析。例如绝缘预防性试验结果和检修的历史档案、设备当时的运行情况（温升、过负荷、过励磁、过电压等）、设备的结构特点、制造厂同类产品有无故障先例、设计和工艺有无缺陷等。

根据油中热解气体分析结果对设备进行诊断时，还应从安全和经济两方面考虑。对于某些热故障，一般不应盲目地建议吊罩、吊芯，进行内部检查修理，而应首先考虑这种故障是否可以采取其他措施，如改善冷却条件、限制负荷等来缓和或控制其发展。事实上，有些热故障即使吊罩、吊芯也难以找到故障源。对于这一类设备，应采取临时对策来限制故障的发展，只要油中热解气体未达到饱和，即使不吊罩、吊芯修理，也有可能安全运行一段时间，以便考虑进一步的处理方案。这样，既能避免热性损坏，又避免了人力物力的浪费。

关于脱气处理的必要性，要分几种情况区别对待：当油中气体接近饱和时，应进行脱气处理，避免气体继电器动作或油中析出气泡，发生局部放电；当油中含气量较高而不便于监视其产气率时，也可以考虑进行脱气处理，脱气处理后，从起始值进行监测。但是需要注意的是，油的脱气处理并不是处理故障的手段，少量的故障气体在油中并不危及设备的安全运行。因此在监视故障的过程中，过分频繁的脱气处理是不必要的。

在分析故障的同时，应广泛采用新的测试技术，例如电气或超声波法的局部放电测量和定位，铁芯多点接地，油及固体绝缘材料中的微量水分测定，油中糠醛含量的测定，以及油中金属含量的测定等，以利于寻找故障的线索。

11-37 变压器内部有放电性故障时如何处理？

答：（1）若经色谱分析判定变压器内部存在放电性缺陷，首先应判断是否涉及固体绝缘（当涉及固体绝缘局部劣化故障时产生的 CO 比 CO_2 更加明显，且有突变性，CO_2/CO 比值会降低，有时 CO_2/CO 比值小于 3（开放式变压器），而密封设备由于没有气体逸散损失，CO_2/CO 比值小于 2 才可能表征设备内部故障涉及固体绝缘局部热裂解），有条件时可进行局部放电的超声波定位检测，初步判断放电部位。如果放电涉及固体绝缘，变压器应及早停运，进行其他检测和处理。

（2）若在判断变压器存在放电性缺陷的同时，发现变压器存在受潮或进空气等缺陷，在判明未损伤变压器绝缘的前提下，应首先对变压器进行干燥和脱气处理。

（3）不涉及固体绝缘的放电，可能来自悬浮放电、接触不良和磁屏蔽的放电等，应区别放电程度和发展速度，决定停电处理的时机。

（4）若经色谱分析判断变压器故障类型为电弧放电兼过热，一般故障表现为绕组匝间、层间短路、相间闪络、分接头引线间油隙间络、引线对箱壳放电、绕组烧断、分接开关飞弧、因环路电流引起电弧、引线对接地体放电等。对于这类放电，一般应立即安排变压器停运，进行其他检测和处理。

11-38 变压器内部有过热性故障时如何处理？

答：（1）对于高温过热故障，一旦查明且故障继续发展，在特征组分含量又严重超标的情况下，也应当立即停电处理。若故障发生在电路而又无法停电，应降负荷运行，加强跟踪分析；若故障发生在磁路，短期又不好处理（如铁芯内部环流），则应立即停电检查，防止铁芯严重烧损，若是铁芯多点接地，在接地电流不是非常大的情况下可采取措施，在接地引线中串入一大功率、阻值适当的电阻以限制接地电流，对于死接地点，大电流冲击又不能排除其故障的情况下，可临时断开正常的接地线，让该接地点代为接地，阻断外部环流通道，但这只是临时应急措施，且存在一定风险，等时机合适时还要停电处理。

（2）对于中、低温过热故障，可进行跟踪分析，跟踪周期刚开始时，根据情况定为 2 周一次，若故障发展缓慢要变为 1～3 个月一次，如果涉及固体绝缘加速老化或劣化，表现为 CO、CO_2 浓度很高，增长迅速，产气速率超标 3 倍以上（CO_2/CO 比值大于 10），油中糠醛含量也超标 2 倍以上，即使总烃含量增长缓慢，也应尽早停电处理，防止绝缘劣化到一定程度时演变成绕组匝、层间短路引发电弧放电故障。

第十二章　红外热成像检测试验

第一节　红外热成像检测基础知识

12-1　红外线从哪里来的？

答：红外线是一种电磁波，它在电磁波连续频谱中的位置处于无线电波与可见光之间的区域。红外线（Infrared Ray）是从物质的内部发射出来，产生红外线的根源是物质的内部运动，红外辐射的物理本质是热辐射。任何高于绝对零度（−273.15℃，即−459.67°F）的物体都会向外辐射红外线。红外线是一种电磁波，其频谱如图 12-1 所示，不为人肉眼所见，它反映的是物体表面的能量场，即温度场。通常把波长大于红色光线波长 0.75μm，小于 1000μm 的这一段电磁波称作"红外线"，也常称作"红外辐射"。

同时，红外线是一种与可见光相邻的不可见光，具有可见光的一般性能，诸如直线传播、反射、折射、干涉、衍射、偏振的特性。同时具有粒子性。

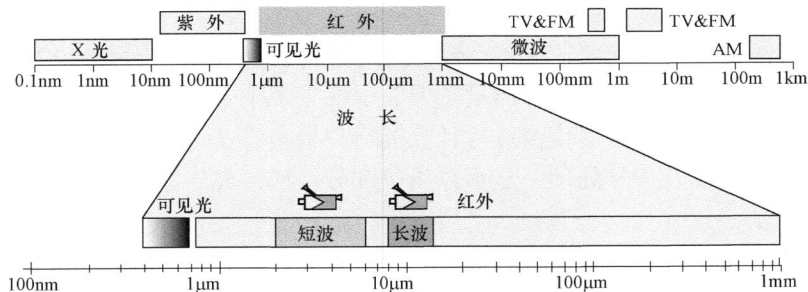

图 12-1　电磁辐射频谱示意图

不同的材料、不同的温度、不同的表面光度、不同的颜色等，所发出的红外辐射强度都不同。

12-2　红外辐射峰值波长与对应的温度测量关系是什么？

答：红外辐射峰值波长与对应的温度测量关系，详见表 12-1。

表 12-1　　　　　　　　　　　　　　红外辐射峰值波长与对应的温度关系

类　别	峰值波长范围（μm）	温度范围（℃）
近红外	0.76～1.5	3540～1658
中红外	1.5～15	1658～−80
远红外	15～750	−80～−269
极远红外	750～1000	−269～−270

12-3　红外诊断的特点是什么？

答：红外诊断电力设备内部缺陷是通过设备外部温度分布场和温度的变化，进行分析比较或推导来实现的。应用红外辐射探测诊断方法，能够以非接触、实时、快速和在线监测方式获取设备状态信息，是判定电力设备是否存在热缺陷，特别是外部热缺陷的有效方法。

12-4　什么是红外热像技术？什么是红外检测（红外热成像）？

答：红外热像技术就是利用非接触式红外热像设备获取和分析热像信息的一门科学。红外检测就是用红外线热像仪来捕捉（接收）物体表面发出的红外辐射，显示物体表面辐射能量密度的分布情况。该检测方法是通过观察物体的红外热分布图，并测量所需位置的温度，来判断设备故障所在的位置及程度，是一种被动的、非接触式的检测。

12-5　红外热成像仪与红外测温仪有什么区别？

答：红外热成像仪也就是红外热成像仪，红外热成像仪是一种非接触式的通过探测器探测红外（热）能的测温设备，并将其转化成电子信号加以处理，进而在视频显示器生成热图像。而红外测温仪是利用光电探测器，利用红外能量聚焦在光电探测器上并转变为相应的电信号，该信号再经换算转变为被测目标的温度值。这是两者测温原理的区别。相同点都是通过探测器使探测到的信号转变成电信号。

红外热成像仪是检测热量的，而红外测温仪是测试温度的。这是两者之间最根本的区别。红外热成像仪是通过非接触探测红外能量（热量），并将其转换为电信号，进而在显示器上生成热图像和温度值，并可以对温度值进行计算的一种检测设备。而红外测温仪由光学系统，光电探测器，信号大器及信号处理，显示输出等部分组成。光学系统汇聚其视场内的目标红外辐射能量，

事实上，两者具有很多共性，都是对红外线进行处理的设备，只是应用不同而已。红外热成像仪偏重物体成像，比如军事上用得对人体成像的红外热成像仪。而红外测温仪偏重物体温度，寻找发热点、温度分布等。调节仪器温度检测上限和下限的不同来寻找所要温度的物体，一般在工业用途上比较多。

12-6　工业检测红外热成像仪的构成有哪几部分？

答：工业检测（测温型）红外热成像仪由成像部分和测温校准系统构成。

12-7　红外热成像仪有效的检测距离能达到多远？

答：红外热成像仪有效的检测距离与仪器空间分辨率、检测目标大小、目标温度等因素有关。

例如：（24 度镜头）空间分辨率为 1.3mrad，代表仪器在 10m 远可分辨出大于或等于 13mm 的目标，100m 远可分辨出大于或等于 13cm 的目标。同理：（12 度镜头）空间分辨率为 0.65mrad，代表仪器在 10m 远可分辨出大于或等于 6.5mm 的目标，100m 远可分辨出大于或等于 6.5cm 的目标。

12-8　什么是电力设备红外热像检测？

答：电力设备红外热像检测就是利用红外热像技术，对电力系统中具有电流、电压致热效应或其他致热效应的带电设备进行检测和诊断。

12-9　红外检测设备种类有哪些？

答：红外检测设备种类繁多，根据不同的功能已覆盖整个红外波段，按其性质可分为两大类：第一类是依据物体辐射特性进行测量和控制，第二类是依据材料的红外光学特性进行分析和控制。目前，我国电力系统及其相关行业所使用的红外检测设备可分为红外测温仪、红外热电视、红外热成像仪三种。

12-10　红外点温仪通常分为哪几类？

答：红外点温仪根据其分类原则不同，其分类也有所差异。

（1）按其工作原理的不同，红外点温仪可分为：

1）单色测温仪；

2）全辐射测温仪；

3）比色测温仪。

（2）按其测量温度范围分类，红外点温仪可分为：

1）低温点温仪，测量温度 300℃以下；

2）中温点温仪，测量温度 300～900℃；

3）高温点温仪，测量温度 900℃以上。

（3）如果按照其结构形式分类，红外点温仪可分为：

1）便携式点温仪；

2）固定式点温仪。

12-11　红外热成像仪的功能是什么？

答：红外热成像仪是一种成像测温装置，它的基本功能有：

（1）测温。每个单元接收红外辐射，将接收到的红外辐射转换成电信号，再将每个单元的电信号的大小用灰度等级的形式表示。

（2）生成"热像"。将灰度等级重组生成图像数据格式，并将其显示到显示器上，即成为热像。

12-12　通用的红外线术语和惯用词有哪些？

答：通用的红外线术语和惯用词见表 12-2。

表 12-2　　　　　　　　　通用红外线术语和惯用词

术语或惯用词	说　　明
FOV	视场角：可通过红外镜头看到的水平角度
IFOV	瞬时视场角：红外照相机的几何分辨率的度量方法

术语或惯用词	说　明
Trefl	反射温度、反射环境温度
Tatm	环境温度、大气温度
Dst	距检测目标间的距离
FPA	焦平面阵列：一种红外探测器类型
Laser LocatIR	照相机中的一种电动光源，可发射细长、集中的激光束以指向位于照相机前方的某个物体部位
NETD	温差的等量干扰。红外照相机图像干扰级别的一种度量方法
传导	热能导入材料的过程
估计大气透射值	由用户提供的透射值，取代计算所得的大气透射值
像素	表示"图像元素"。指图像中的单个点
光谱（辐射）发射度	物体每单位时间、面积和波长所发射的能量（$W/m^2/\mu m$）
参考温度	据以比较常规测量值的温度
双等温线	具有双色带而非一种色带的等温线
反射率	物体反射的辐射量与收到的辐射量之比。系数介于 0 和 1 之间
发射度	物体每单位时间和面积所发射的能量（W/m^2）
发射率（发射系数）	物体辐射量与黑体辐射量之比。系数介于 0 和 1 之间
可见光	指红外照相机的可见光模式，相对于普通模式-热像模式。当照相机处于视频模式时，可以捕捉一般的视频图像，而在红外模式下照相机捕捉的是热像图像
吸收率（吸收系数）	物体吸收的辐射量与收到的辐射量之比。系数介于 0 和 1 之间
图像校准（内部或外部）	补偿活动物体图像不同部位的热敏差异并使照相机稳定的一种方法
外部光学器件	附加镜头、滤光片、挡热板等，可置于照相机与被测量物体之间
大气	介于被测量物体与照相机之间的气体，通常为空气
对流	使热气或液体上升的过程
干扰	红外图像中不希望得到的细微干扰
手动调节	通过人工更改某些参数来调节图像的一种方法
温宽	温标的间隔，通常以信号值表示
温差	两个温度值相减所得的值
温度范围	红外照相机目前的总体温度测量限制，照相机可具有数个温度范围，用限制当前校准的两个黑体温度值表示
温标	当前显示红外图像所采用的方法，以限定颜色的两个温度值表示
滤光片	仅对某些红外线波长透明的材料
激光指示器	照相机中的一种电动光源，可发射细长、集中的激光束以指向位于照相机前方的某个物体部位
灰体	对于每种波长发射固定比例的黑体能量的物体
热谱	红外图像
物体信号	照相机收到的与物体辐射量相关的未校准值物体信号

术语或惯用词	说　明
物体参数	描述测量物体所处的环境及物体本身（例如发射率、环境温度、距离等）的一组值
环境	向被测量物体发出辐射的物体和气体
电平	温标的中心值，通常以信号值表示
相对湿度	空气中的水分与物理可能达到的值的百分比，相对湿度与空气温度有关
空腔辐射体	具有内部吸收能力的，需通过瓶颈查看的瓶形辐射体
等温线	突出显示高于或低于某一温度间隔线，或介于多条温度间隔线之间的图像部分的一种方法
等温线空腔	需通过瓶颈查看并具有统一温度的瓶形辐射体
红外线	一种不可见的辐射光，其波长约为 $2\sim13\mu m$
自动调色板	以不均匀的颜色分布显示红外图像，可同时显示低温物体与高温物体
自动调节	使照相机执行内部图像校正的功能
色温	黑体颜色用以匹配特定颜色的温度
计算所得大气透射值	根据空气的温度、相对湿度及与物体的距离计算所得的透射值
调色板	用于显示红外图像的颜色集合
辐射	物体或气体发射电磁能量的过程
辐射体	一件红外线辐射设备
辐射功率	物体每单位时间所发射的能量（W）
辐射度	物体每单位时间、面积和角度所辐射的能量（$W/m^2/sr$）
连续调节	一种调节图像的功能。此功能根据图像内容不断调节亮度和对比度
透射（或透射率）系数	气体和物质可具有不同程度的透明度。透射是透过气体和物质的红外辐射量。系数介于 0 和 1 之间
透明等温线	显示颜色的线性分布特征的一种等温线，它不包括图像的突出显示部分
饱和色	温度超过现有平均值/量程设置值的区域将着以饱和色。饱和度颜色包含"上溢"和"下溢"色。另外还有一种红饱和色，用于标记由探测器充满的所有区域，表示温度范围可能需要调整
黑体	完全没有反射能力的物体，所有辐射均源于其自身的温度
黑体辐射源	用于校准红外照相机的具有黑体属性的红外辐射装置

12-13　什么是辐射率（发射率）？

答：辐射率（发射率）就是实际物体红外辐射的功率与相同条件下黑体红外辐射功率的比值。用符号 ε 表示，其比值是一个小于 1 的数。

12-14　红外热成像仪性能的重要参数有哪些？其具体含义各是什么？

答：表征红外热成像仪性能的参数主要有：

（1）温度分辨率：也就是温度分辨率-灵敏度（NETD），噪声等效温差（可分辨两点之间的温度差别的能力）。

（2）测温精度：仪器测量温度的精确性（如±2℃）。

（3）空间分辨率（IFOV）：是红外测温仪器分辨空间尺寸能力的技术参数（仪器可分辨物体大小的能力）。以毫弧度表示。计算如下

$$空间分辨率=\pi/180\times镜头度数\div像素数$$

（4）"有效"的检测距离：与仪器空间分辨率、检测目标大小、目标温度等因素有关。

（5）辐射率-发射率：是描述被测物体辐射本领的参数。也是反映物体表面状况。在检测过程中，由于辐射率对测温影响很大，所以必须正确地选择辐射系数。对于电力设备，其发射率一般取 0.85~0.95。

（6）自动校准功能：此功能保证仪器检测准确、工作稳定。

（7）综合功能：检测仪器的探测器、辅助检测配套功能、仪器本身及后处理软件功能等。

12-15 带电设备红外诊断的几个基本概念如带电设备、温升、温差、相对温差、环境温度参照体等指的是什么？

答：带电设备红外诊断的基本概念如下：

（1）带电设备：传导负荷电流（试验电流）或加有运行电压（试验电压）的设备。

（2）温升：用同一检测仪器相继测得的被测物表面温度和环境温度参照体表面温度之差。

（3）温差：用同一检测仪器相继测得的不同被测物或同一被测物不同部位之间的温度差。

（4）相对温差：两个对应测点之间的温差与其中较热点的温升之比的百分数。

（5）环境温度参照体：用来采集环境温度的物体叫环境温度参照体，它可能不具有当时的真实环境温度，但它具有与被测物相似的物理属性并与被测物体处在相似的环境之中。

12-16 什么是反射温度？

答：反射温度就是从目标发射进热像仪的辐射叫作反射表象温度，即反射温度，也称作反射环境温度，常写作 Trefl。另外，在实际红外热成像检测中，反射总是存在的，反射是红外热像图谱错误分析的根源。

12-17 影响辐射率的因素有哪些？

答：影响辐射率的因素有：物体的颜色、粗糙度、材质、温度、厚度、平整度。

12-18 什么是黑体？

答：黑体就是在理想状态下对一切波长的入射辐射吸收率都等于 1 的物体。

12-19 影响红外线穿过大气的主要因素是什么？

答：由物体所发出的红外辐射在穿过大气到达测量系统时会受到衰减，其中：

（1）衰减主要来自气体分子（水蒸气等）和各种微粒（尘埃、雪、冰晶等）的吸收与散射。

（2）气体分子吸收辐射，而微粒散射辐射。

（3）不同物体吸收红外辐射的波长是不同的，如水气为 $6.3\mu m$；二氧化碳，硫和氮的氧化物等为 $2.7\mu m$ 和 $15\mu m$。

（4）大气衰减与波长密切相关。在某些波长，数千米的距离也只有很少的衰减，而在另

一些波长，经过几米的距离辐射就衰减得几乎没有什么了。

（5）大气衰减阻止了初始总辐射到达热像仪。如果不利用校正措施，那么随着距离增大，测量的温度读数越来越偏小。

12-20　影响电力设备红外测试的因素有哪些？

答：影响电力设备红外测试的因素有：

（1）被测目标物体的辐射率（发生率）。

（2）测量者与被观测目标间的距离。

（3）被测目标物体周围环境的自然状况（如太阳光、风力）。

（4）被测设备所带负荷的大小。

（5）被测目标物体环境周围的环境温度及空气的相对湿度。

（6）被测目标物体周围邻近物体的热辐射。

（7）粉尘散射。

（8）红外热成像仪不同工作波段（红外辐射的特点是温度高的物体辐射波长短）等。

第二节　红外热成像检测实际操作常见问题

12-21　红外热成像仪常见问题有哪些？如何解决？

答：通常红外热成像仪常见问题及解决方法如下：

（1）红外热成像仪无法启动。首先，要确定红外热成像仪的电池已经充满电；然后，请确定电池已经被牢固地安装在电池仓内；再按下电源开关键，此时开关上方的电源指示灯应该在 $1\sim2s$ 内点亮。红外热成像仪启动的时候内部发出声响。这是红外热成像仪正常的启动步骤，内部的声音是红外热成像仪正在初始化调焦电机等设备发出的，属于正常现象。

（2）红外热成像仪屏幕会闪动，调整焦距也没有反应。这是电池没电的反应，请取出电池充电，并换上充满的电池，否则在电量不足的条件下使用机器，有可能造成红外热成像仪的损坏。

（3）红外热成像仪启动后看不到图像。因为本红外热成像仪在用户停止操作一段时间后，自动进入节电模式，寻像器会自动关闭。只要按下任意键，可再次启动寻像器。

（4）红外热成像仪看不清观测目标。先确定镜头盖已经拿下，然后将红外热成像仪对准要观测的目标，调整焦距至合适的位置，按下"A"自动调整键，即可清晰地观察目标。

（5）红外热成像仪调整的参数不能保存。操作人员在普通活动状态调整的参数，将被自动保存为机器的默认状态参数；但是，如果操作人员打开以前存储的热图，那么红外热成像仪将调用该图的参数作为当前分析的参数；只要操作人员一旦解除冻结状态，那么红外热成像仪又将自动调入操作人员调整的默认状态参数。

（6）红外热成像仪不能打开和保存图像。当操作人员没有插入 PC 卡时，"文件"菜单下与 PC 卡操作相关的菜单条目将自动不可用，当操作人员插入 PC 卡开机或者在开机状态下插入 PC 卡，屏幕上会出现"正在初始化 PC 卡"的提示框；完成后，那些不可用的条目将变成可用，此时操作人员就可以对 PC 卡进行操作了。

12-22　如何对红外热成像仪的维护与保养？

答：红外热成像仪应进行如下的维护与保养：

（1）红外热成像仪应由专人保管维护，保存在保险柜内，并采取防火、防潮、防盗措施。

（2）开机时按一下电源按钮即可，不要反复按电源按钮。

（3）安装存储卡时要注意方向的正确性，用力要适当。

（4）现场使用仪器时，注意挂好仪器的背带、环带，注意不要刮伤镜头，不使用时应及时盖上镜头盖。

（5）对仪器充电充满后应拔掉电源，如要延长充电时间，不要超过 30min。

（6）仪器使用完毕后，要关闭电源，取出电池，盖好镜头盖，把仪器放入便携箱内保存。

（7）禁止用手或纸巾直接擦镜头，也不要用水清洗镜头，应用镜头纸轻轻擦拭。

（8）仪器的机身和附件可用软布擦拭清洁，清除污垢时，应用浸有温和清洁液并拧干的软布擦拭，然后用干的软布擦净。

（9）仪器长时间放置时，定期开机运行一段时间，以保持性能稳定。

（10）仪器不可对着太阳、高温热炉、人眼睛等直射，在污染、潮湿、寒冷的环境检测，做好相应的防尘、防潮、保温等防护措施。

12-23　红外热成像检测特点是什么？

答：红外线热像系统的应用范围很广，主要用于预知维护、状态检测、目标搜索、研究发展、医学诊断和制造监控等。特别是用于检测电力设备，具有很大的优越性：

（1）远离被检测设备，保证工作人员安全。

（2）非接触测温，对被测物体没有损害。

（3）大面积快速扫描检测，节省时间。

（4）测温范围宽，准确度高。

（5）检测到位，能准确、直观地检测出设备的故障点。

（6）红外热成像是开展状态检修重要的、必需的手段。

12-24　如何设置检测目标的辐射率？

答：根据被测目标物体的属性，正确选择被测目标物体的辐射率，尤其要考虑金属材料表面氧化对选取辐射率的影响，具体可参照附录 A 常用材料发射率的参考值。

12-25　辐射率与目标物体有什么联系？

答：辐射率与目标物体本身的材质、目标物体表面的光滑度有关。

12-26　带电设备的红外热成像检测周期如何规定？

答：检测周期应根据电气设备在电力系统中的作用及重要性，并参照设备的电压等级、负荷电流、投运时间、设备状况等决定。

一般地，可参照 DL/T 664—2008《带电设备红外诊断应用规范》、Q/GDW 1168 —2013《输变电设备状态检修试验规程》等对各类电力设备规定检测周期。

12-27 红外热成像检测常用的判断方法有哪些？

答：红外热成像检测常用的判断方法有：

（1）表面温度判断法：主要适用于电流致热型和电磁效应引起发热的设备。根据测得的设备表面温度值，对照 GB/T 11022—2011《高压开关设备和控制设备标准的共用技术要求》中高压开关设备和控制设备各种部件、材料及绝缘介质的温度和温升极限的有关规定，结合环境气候条件、负荷大小进行分析判断。

（2）同类比较判断法：根据同组三相设备、同相设备之间及同类设备之间对应部位的温差进行比较分析。

（3）图像特征判断法：主要适用于电压致热型设备。根据同类设备的正常状态和异常状态的热像图，判断设备是否正常。注意尽量排除各种干扰因素对图像的影响，必要时结合电气试验或化学分析的结果，进行综合判断。

（4）相对温差判断法：主要适用于电流致热型设备。特别是对小负荷电流致热型设备，采用相对温差判断法可降低小负荷缺陷的漏判率。对电流致热型设备，发热点温升值小于 15K 时，不宜采用相对温差判断法。

（5）档案分析判断法：分析同一设备不同时期的温度场分布，找出设备致热参数的变化，判断设备是否正常。

（6）实时分析判断法：在一段时间内使用红外热像仪连续检测某被测设备，观察设备温度随负载、时间等因素变化的方法。

12-28 现场测温通常有哪些测温方式？

答：按照测量体是否与被测介质接触，可分为接触式测温法和非接触式测温法两大类。

12-29 什么是接触式测温法？有什么优缺点？

答：接触式测温法是测温元件直接与被测对象接触，两者之间进行充分的热交换，最后达到热平衡。

优点：直观可靠。

缺点：

（1）感温元件影响被测温度场的分布。

（2）接触不良等会带来测量误差。

（3）温度太高和腐蚀性介质对感温元件的性能和寿命会产生不利影响。

12-30 什么是非接触式测温法？有什么优缺点？

答：非接触式测温法是感温元件不与被测对象相接触，而是通过辐射进行热交换。

优点：

（1）避免接触被测目标；

（2）具有较高的测温上限；

（3）非接触式测温反应速度快，故便于测量运动物体的温度和快速变化的温度。

缺点：由于受物体的发射率、被测对象到仪表之间的距离以及烟尘、水汽等其他介质的影响，测温误差相对较大。

12-31 摄取一幅红外图谱最为快捷、最简单的操作方法是什么？

答：最为快捷、最简单摄取一幅红外图谱的操作方法是：

（1）对准目标，按住 A 键保持 1～2s，自动调焦，或用操纵杆手动调焦，使图像清晰。

（2）按一下 A 键，自动调整图像的对比度和明亮度，使图像层次分明，即高低温清晰分辨，或者手动调节对比度和明亮度。

（3）按一下 S 键冻结图像，查看目标温度。

（4）按住 S 键保持 1s，保存图像即可。

以上四个步骤就可以完成一幅图像的拍摄。

12-32 如何获得一幅清晰准确的红外热图谱呢？

答：若想获取一幅清晰准确的红外热图谱，则应按照下列步骤摄取图谱：

（1）正确地调整焦距。

（2）选择正确的测温量程。

（3）估测最大的测量距离。

（4）尽量使得工作背景单一，即图谱背景最简洁。

（5）保证拍摄的时候热像仪的平稳，不得晃动或抖动。

（6）多角度全方位拍摄图谱。

如果因为上述操作的失误而引起的图像质量下降，将无法通过软件进行后期的调整、修复！

12-33 如何使摄取的红外图像最佳化？

答：红外图像最佳的摄取，应从以下三点实现：

（1）选择不同的调色板。根据图谱的性质选取铁红、彩虹、黑白（白热）、彩虹 900 等；

（2）选择合适的温度范围。即在不超过测量范围的情况下，尽可能选用低的温度范围；

（3）选择合适的电平值和温宽值，也就是图像的亮度和对比度。也就是选取调节适当的电平和温宽值，使摄取的图像层次感更好。

12-34 如要精确地测量物体的温度，应设置哪些参数？

答：为了精确地测量被测物体温度，必须将各种不同辐射源的影响考虑在内。虽然补偿操作一般是由热像仪自动联机完成的，但必须为热像仪设置提供下列被测物体的参数：

（1）物体的辐射率。

（2）反射温度。

（3）物体与热像仪之间的距离。

（4）相对湿度。

12-35 电气设备通常需要重点检测的部位有哪些？

答：一般地，电气设备需要重点检测的部位有，详见表 12-3。

表 12-3　　　　　　　　　　　　　　　　　　　电气设备重点检测的部位

序号	设备名称	重点检测部位	常见故障类型
1	变压器	储油柜	储油柜缺油或假油位；储油柜内有积水；隔膜脱落
		高压套管及将军帽接头、中低压套管及接线夹	套管缺油；介质损耗增大；导电回路连接部位接触不良
		高压套管末屏（根部）	电容型套管末屏接地不良（精确测温）
		外壳及箱体螺丝	变压器漏磁通产生的涡流损耗引起箱体或部分连接螺杆发热
		冷却装置及油路系统异常	潜油泵过热；管道堵塞或阀门未开
2	高压断路器	外部接线夹	外部连接部位接触不良
		内部触头部分	动静触头、中间触头及静触头座接触不良
3	电磁式电压互感器	本体	内部异常；缺油
4	电容式电压互感器	分压电容器	整体或局部有明显发热；上中部出现明显的温度梯度，可能是内部缺油，$\tan\delta$ 增大；
		电磁单元（中间变压器）	内部损耗异常；缺油；匝间短路
5	电流互感器	本体	缺油外壳发热
		顶部接线端	内部连接部位接触不良，表现在出线头或顶部油位处
6	避雷器	本体	阀片受潮、老化；裂纹
7	电力电容器	本体	缺油；$\tan\delta$ 增大
		连接端子	连接松动
8	耦合电容器	本体	整体或局部有明显发热
9	隔离开关	动静触头、接线夹、转动端头	合闸位置不当；导电组件装配不当；压接质量差
10	母线导线	连接头、压接头、金具	连接部位接触不良；固定金具涡流发热
11	穿墙套管	连接头、套管支撑板	导电回路连接部位接触不良；大电流穿墙套管的支撑铁板未开口，引起涡流损耗发热
12	绝缘子	瓷绝缘子	低值绝缘子；零值绝缘子；污秽严重
		合成硅橡胶绝缘子	伞裙破损或芯棒受潮；球头松动、进水
13	GIS 组合电器	穿墙套管处	涡流发热
		隔离开关处	局部有明显发热
		桶体器身	发热
14	电缆	出线接头	接触不良
		电缆头（中间接头）	局部、整体绝缘不良，气隙，绝缘受损，分相处电容放电
		电缆头出线套管	绝缘不良
		电缆整体	整体发热
		屏蔽接地线（如可测）	接触不良
15	二次回路	端子排	接触不良、锈蚀等
16	直流回路蓄电池	直流母线接线端	发热
		蓄电池内部及接线端、熔断器	缺电解液、内部、接线端发热

序号	设备名称	重点检测部位	常见故障类型
17	各种屏柜	空气开关、熔断器、继电器等	接触不良、压接螺丝松动，容量不足发热
18	电抗器	接头	接触不良发热
		绕组	内部损耗发热
		固定支架	漏磁损耗发热
19	输电线路	导线线夹	连接部位接触不良
		绝缘子	低值绝缘子，零值绝缘子，污秽严重
		硅橡胶复合绝缘子	绝缘（伞裙）破损劣化，芯棒局部受潮；球头松动
20	支柱绝缘子	瓷柱本体	裂纹；表面污秽
		合成硅橡胶	伞裙破损或芯棒受潮
		瓷质外绝缘	柱体、沟槽	表面裂纹；表面及沟槽污秽
21	阻波器	出线接头、避雷器	接触不良发热、受潮
22	防雷接地体	接地引下线	接触不良发热、引下线质量低劣

12-36　为什么线路红外检测中会出现目标温度过低或负数？

答：线路检测出现这种特殊现象的原因有：

（1）仪器空间分辨率不够。

（2）检测环境温度影响；测温距离过远，被测物体在图像中比例过小，天空背景过大，天空的红外线极少，且无法大量进入仪器，导致天空实际红外测温所得的温度远远低于实际温度，一般趋近于负无限大，一般仪器的最终测试结果是将被测物体的温度和天空背景温度平均，所以最后导致被测物体温度过低。

（3）检测角度。

（4）仪器本身问题。

（5）仪器调整。

12-37　线路红外检测出现目标温度过低或负数应如何处理？

答：线路红外检测出现目标温度过低或负数这一特殊现象，一般应采取如下措施：

（1）检查仪器的参数设定。

（2）调整焦距达最清楚。

（3）调整检测距离或加长焦镜头增加空间分辨率。

（4）改变检测角度尽量正对目标，减少天空各种反射对目标的影响。

（5）热图三相比较判断。

（6）如果测温距离过远，被测物体在图像中比例过小，天空背景过大。可以将测试仪器背景温度的参数调节为最小。

（7）上传检测热图，寻求协助。

12-38　如何保证红外成像检测结果的正确？

答：保证红外成像检测结果的正确要注意以下问题：

（1）在进行一般检测时：

1）要防止太阳照射与背景辐射影响。户外设备检测应选择在阴天、日出前或日落后一段时间内，最好在晚上。户内设备检测时，应关闭照明灯。当附近有高温设备时，应进行遮挡或选择合适的检测方向。

2）要防止环境温度的影响。应避开环境温度过高和过低的夏季和冬季，检测在春季4、5月份和秋季9、10月份；变电站选择日出或日落后3h检测；选择理想的环境温度参照体，如不发热的相似设备表面，来采集环境温度参数，可在一定程度上弥补环境温度变化带来的检测误差。

3）要防止运行状态的影响。检测和负荷电流有关的设备时，应选择在满负荷下检测；检测和电压有关的绝缘时，应保证在额定电压下，电流越小越好；检测温度时，应使设备达到稳定状态为止。

4）要防止大气中物质的影响。由于红外线在传输路径大气中存在水汽、CO、CH_4 和悬浮微粒，使其衰减，因此检测应尽量安排在大气较干燥的季节，并且湿度不超过85%；在保证安全条件下，检测距离尽量缩短为5m左右。

5）要防止发射率的影响。检测时应正确设定发射率，并在检测结果处理时，进行发射率修正。

6）要防止气象条件的影响。选择无雾、无雨、云天气进行；尽量在无风的天气监测，实在不行，则进行风速修正。

（2）在进行精确检测时，除满足一般检测的环境要求外，还满足以下要求：

1）风速一般不大于0.5m/s。

2）检测期间天气为阴天、多云天气、夜间或晴天日落2h后。

3）避开强电磁场，防止强电磁场影响红外热像仪的正常工作。

4）被检测设备周围应具有均衡的背景辐射，应尽量避开附近热辐射源的干扰，某些设备被检测时还应避开人体热源等的红外辐射。

第三节　红外热成像检测结果分析常见问题

12-39　电力设备热故障主要有哪几类？

答：电力设备热故障主要有电流致热型、电压致热型和综合致热型三类。

（1）电流致热型设备是由于电流效应引起发热的设备。

（2）电压致热型设备是由于电压效应引起发热的设备。

（3）综合致热型设备是既有电压效应，又有电流效应，或者电磁效应引起发热的设备。

12-40　电力设备电压致热效应型缺陷的发热机理是什么？

答：高压电气设备内部绝缘由于绝缘介质老化，介质损耗增大或密封不良、进水受潮、油质劣化，也会产生致热效应。发热功率（P）与运行电压（U）的平方成正比，与负荷电流（I）大小无关。即：

$$P=U^2\omega C\tan\delta$$

式中：U 为施加的电压，V；ω 为交变电压角频率；C 为介质的等值电容，F；$\tan\delta$ 为介质损耗因数。

这种因加上电压才具有致热效应的部位，形成的缺陷成为电压致热效应型缺陷。

12-41　按照红外诊断的方式看设备内外部缺陷有什么特点？

答： 按照红外诊断的方式分析，设备内外部缺陷的特点如下：

（1）内部缺陷的特点：故障比例小，温升小，危害大，对红外检测设备、检测环境条件、检测水平要求高，根据相关单位提供的长期实测数据及大量案例的综合统计，电力设备外部热缺陷一般占设备缺陷总数的 90%～93%，内部热缺陷仅占 7%～10%左右。

（2）外部缺陷的特点：局部温升高，易用红外热成像仪发现，如不能及时处理，情况恶化快，易形成事故，造成损失。外部热缺陷占热缺陷比例较大。

12-42　各类电力设备发热类型的典型红外热成像图谱有哪些？

答： 电力设备发热类型的典型红外热成像图谱见表 12-4。

表 12-4　　　　　　　　　　电力设备发热类型的典型红外热成像图谱

类型	电力设备	发热类型	典型红外热成像图谱
变压器类设备	电力变压器高压套管	500kV 主变压器高压套管渗油而缺油	
		110kV 套管表面局部污秽	

类型	电力设备	发热类型	典型红外热成像图谱
变压器类 设备	变压器储油柜	变压器储油柜隔膜脱落	
	变压器散热器	主变压器散热器 蝶阀未开启	
		变压器散热片渗油 表面污染（正常）	
	变压器箱体 漏磁产生 涡流发热	箱沿螺栓因漏磁 产生涡流发热温 42K	
		变压器漏磁通 引起箱体发热	

类型	电力设备	发热类型	典型红外热成像图谱
变压器类设备	变压器箱体脱漆（正常）	变压器箱体脱漆（发射率设置不当）虚拟发热	
电抗器类	阳极电抗器	阳极电抗器铁损激增致局部过热	
	平波电抗器	平波电抗器均压环涡流发热 79.8℃	
互感器类	电容式电压互感器	110kV CVT tanδ 偏大且部分电容元件击穿	

类型	电力设备	发热类型	典型红外热成像图谱
互感器类	电容式电压互感器	110kV 电容式电压互感器电磁单元发热	
开关类设备	断路器	110kV SF₆ 断路器外绝缘表面污秽	
		10kV 真空断路器导电基座发热	
	GIS 设备	220kV 母线侧电流互感器二次引出线压接头接触不良	
		500kV GIS 电流互感器外壳接地不良发热	

类型	电力设备	发热类型	典型红外热成像图谱
开关类设备	隔离开关	220kV 隔离开关 U 相动静触头处发热	
		220kV 隔离开关拐臂导电处接触不良	
避雷器类设备	500kV 氧化锌避雷器	500kV 避雷器内部受潮	
	300kV 氧化锌避雷器	330kV 避雷器本体相间温差大于 10K 内部阀片受潮	

类型	电力设备	发热类型	典型红外热成像图谱
电容器类设备	电力电容器	10kV 电容器内部单元击穿	
		10kV 电容器熔断器发热	
	断路器电容器	断路器电容器受潮 $\tan\delta$ 大发热	
母线类	管型母线	110kV 管母引线线夹接触不良发热	
		110kV 管型母线段软连接接触不良发热	

类型	电力设备	发热类型	典型红外热成像图谱
母线类	矩（带）形母线	矩形母线固定金具涡流发热	
		支柱绝缘子固定金具涡流发热	
其他设备	接地线	220kV 架空地线结点接触不良导致金具发热	
		35kV 电抗器劣质接地引下线材质发热	
	输电线路预绞丝发热	II 官柳线 58 号相小号侧耐张预绞丝	

类型	电力设备	发热类型	典型红外热成像图谱
其他设备	输电线路预绞丝发热	Ⅱ滨柳线 92 号相小号侧耐张预绞丝	
	电力电缆	电缆护套受损出现裂纹	
	绝缘子	10kV 母线型支柱绝缘子发热	
		500kV 复合绝缘子端部棒芯受潮	
电气二次及低压设备	电气二次设备	110kV GIS 压力表信号接点盒内插头受潮	

类型	电力设备	发热类型	典型红外热成像图谱
电气二次及低压设备	电气二次设备	低压中性线（零线）汇流排接线处发热	
	低压电器	低压熔断器夹座夹头接触不良发热	
		低压刀开关触头刀片及转动部发热	
	端子箱	二次端子箱内部元器件发热（外部）	
	蓄电池	蓄电池连接端部发热	

附录 常用材料发射率的参考值

材料	温度（℃）	发射率近似值	材料	温度（℃）	发射率近似值
抛光铝或铝箔	100	0.09	棉纺织品（全颜色）	—	0.95
轻度氧化铝	25～600	0.10～0.20	丝绸	—	0.78
强氧化铝	25～600	0.30～0.40	羊毛	—	0.78
黄铜镜面	28	0.03	皮肤	—	0.98
氧化黄铜	200～600	0.59～0.61	木材	—	0.78
抛光铸铁	200	0.21	树皮	—	0.98
加工铸铁	20	0.44	石头	—	0.92
完全生锈轧铁板	20	0.69	混凝土	—	0.94
完全生锈氧化钢	22	0.66	石子	—	0.28～0.44
完全生锈铁板	25	0.80	墙粉	—	0.92
完全生锈铸铁	40～250	0.95	石棉板	25	0.96
镀锌亮铁板	28	0.23	大理石	23	0.93
黑亮漆（喷在粗糙铁上）	26	0.88	红砖	20	0.95
黑或白漆	38～90	0.80～0.95	白砖	100	0.90
平滑黑漆	38～90	0.96～0.98	白砖	1000	0.70
亮漆（所有颜色）	—	0.90	沥青	0～200	0.85
非亮漆	—	0.95	玻璃（面）	23	0.94
纸	0～100	0.80～0.95	碳片	—	0.85
不透明塑料	—	0.95	绝缘片	—	0.91～0.94
瓷器（亮）	23	0.92	金属片	—	0.88～0.90
电瓷	—	0.90～0.92	环氧玻璃板	—	0.80
屋顶材料	20	0.91	镀金铜片	—	0.30
水	0～100	0.95～0.96	涂焊料的铜	—	0.35
冰	—	0.98	铜丝	—	0.87～0.88